ライブラリ 新数学基礎テキスト＝TK5

ガイダンス 確率統計

基礎から学び本質の理解へ

石谷 謙介 著

サイエンス社

● 編者のことば ●

　本ライブラリは理学・工学系学部生向けの数学書である．世の中での数学の重要性は日々高まっており，きちんと数学を学んだ学生の需要は大きい．たとえば最近人工知能の進歩が大きな話題となっており，ディープラーニングの威力が華々しいが，ディープラーニングの基礎は高度に数学的である．また次世代のコンピュータとして，量子コンピュータへの期待が大きいが，ここにも最先端の数学が使われている．もっと基礎的な話題としては統計学の知識が多くの社会的な場面で必須となっているが，統計学をきちんと理解するのには高校レベルの数学では全く不十分である．現在の文明を維持し，さらに発展させていくためには多くの人が大学レベルの数学を学ぶことが必要である．

　このように大学基礎レベルの数学の必要性が高まっているところであるが，そのような数学をしっかり学ぶことは容易ではない．様々な新しいディジタルメディアが登場している現代だが，残念ながら数学を簡単にマスターする方法は開発されていないし，近い将来開発される見込みもない．結局は講義を聴いたりすることに加えて，自分で本を読み，手を動かして論理を追って計算を体験する以上の方法はないのである．私が大学生だった頃に比べ，大学の数学の講義のスタイルには大きな変化があり，一方的に抽象的な証明だけを延々と続けるという教員はほぼいなくなったであろう．このように講義スタイルは昔よりずっと親切になっていると思うが，学びの本質的なポイントには変化はないと言ってよい．

　しかしそのような勉強のための本にはまだ様々な工夫の余地がある．これがすでに多くある教科書に加えて，本ライブラリを世に出す理由である．各著者の方々には，豊富な教育経験に基づき，わかりやすい記述をお願いしたところである．本ライブラリは前に私が編者を務めた「ライブラリ 数学コア・テキスト」よりは少し高めのレベル設定となっている．本ライブラリが数学を学ぶ大学生の皆さんの良い助けになることを願っている．

　2019 年 9 月　　　　　　　　　　　　　　　　　　　　　編者　河東泰之

●序　文●

本書執筆の背景

　確率統計は，数学の基盤となる一分野として，世の中の様々な領域で活用される学問であり，科学技術の発展に貢献するだけでなく，不確実性を伴う社会事象を客観的に表現し予測するための手段にもなっている．さらに，近年は，デジタル社会の基礎知識である「数理・データサイエンス・AI」に関する知識・技能を身に付けることの重要性が指摘されており，これらの知識・技能の基盤となる確率統計の素養がますます必要とされている．しかしながら確率統計をしっかりと理解するのは容易ではなく，現状では統計手法の背景にある理論の理解を後回しにして，推定・検定の知識・計算方法および統計ソフトの使い方を学ぶ学生も多い．このように数学的な背景を理解せずに推定・検定の知識・計算方法や統計ソフトの使い方を身に付けたとしても，統計ソフトの使い方が正しいか否かの判断を誤ったり，新しい見地からの統計データ分析手法を開発する必要に迫られた場合に，一からロジックを組み立てるための基盤となる肝心の「数学的な思考力」，「数学的な表現力」，「総合的な数学力」が身に付いていないというケースもあり得る．たとえば著者が専門とする数理ファイナンスや金融工学とよばれる分野の分析対象の中には伝統的な統計学の推定・検定の知識・計算方法の枠に収まるか否かを直ちに判別できないものも多く，その場合には必要な統計分析の数学的ロジックの全てを各自がオーダーメイドで組み立て直し，計算機で実装する必要がある．このような場面で頼りとなるのは，推定・検定に関する多くの知識よりも，目の前の複雑な問題の本質を数学的な考え方で把握・抽出・整理する「数学的な思考力」，それらを数学の概念を用いて正しく定式化する「数学的な表現力」，およびそのように定式化された問題を大学基礎レベルの様々な数学の知識やプログラミング技術を統合して解決する「総合的な数学力」であると考えられる．

本 書 の 特 徴

　本書は，大学における理系初学年の学生を対象とした半年（半期週1コマ90分15回）の確率統計の講義において，基本事項を修得できるように配慮して書かれた教科書である．本書の理解のために必要な予備知識は，高校数学で習得する範囲の知識並びに偏微分・重積分の計算方法，および直交行列の基本性質である．偏微分・重積分の計算方法，および直交行列の基本性質は，高校数学を習得した学生であれば理解するのは難しくなく，本書の付録にまとめているのでそちらを参照してもらいたい．なお，大学1年で習う微分積分や線形代数に関する知識がなくても本書は理解可能である．このように，本書の特徴は，全ての定理，系，補題，例題，問や演習問題に理系の大学1年生レベルで理解可能な証明または解説をつけた点にある．

　また，執筆の背景で述べたような状況を考えて，将来，読者がそれぞれの専門分野に進み統計学を応用する必要性に迫られたときに，基礎的な数学を活用して分析に必要なロジックを一から構築できるよう以下で述べるような試みを行った．

本 書 の 構 成

　まず，前半の1章から5章の確率論の部分では，完全加法族の概念を用いずに事象の説明を行うことで，多少の数学的な厳密性を犠牲にしつつも，理系の大学1年生でも理解しやすい解説をつける試みを行った．次に後半の6, 7章の統計的推測の部分でも，読者がこの手法についての理解を深められるよう，統計的推測の背景にある理論について，理系の大学1年生レベルの基礎的な数学力があれば理解可能な証明や解説をつけた．

　そのため，本書においては，数学の様々な知識や技術を統合してどのように基礎的な推定・検定のロジックが組み立てられているのかを詳しく解説することで，このロジック構築プロセスを読者に体験してもらうことに重点が置かれている．なお，本書の学習内容は「読者が紙と鉛筆で手を動かして計算を体験できる内容」に絞ったため，本書を読み進めるために電卓や計算機は必要ないが，計算機を用いた統計データ処理も重要であるため，各自が本書と並行して，または本書の次のステップとして勉強をしてもらいたい．このように，読者が確率統計の裏にあるロジックの構築プロセスを体験しながら，かつそれらを支

える数学の基礎学力を高めながら，具体的な例題，問や演習問題に取り組むことができるよう，できるだけ丁寧に記載し，わかりやすくした.

本書の利用方法

　次に本書の利用方法についてであるが，できるだけテンポよく読み進めるためには，定理や系や例で紹介する内容（簡単なものから少し難しいものまである）に軽く目を通した後に，これらの知識を活用して例題・問・演習問題が解けるようになることを学習目標とするのがよい．例題・問・演習問題を解き進める上で，使われている定理や系の証明を確認したい場合は，もう一度それらが記載された箇所を読み直すことをお勧めする.

　特に問や演習問題の利用方法について付言すると，本書の問や演習問題は難しい数学の知識は必要とせず，高校の数学を修得した理系の大学1年生であれば無理なく解ける問題を選りすぐって掲載している．該当部分を読んだ際に必ず解いてほしい問題を問として配置し，理解をさらに深めるために有用な問題を演習問題として掲載している．理解を定着させるためには問と演習問題も必ず解いてほしいが，仮にこれらの問や演習問題を解かなかったとしても，後の内容を理解する上で影響がでないよう配慮している.

　定理 3.1.1 の応用，大数の強法則や中心極限定理の証明等，やや詳しい解説は，小節を設けて小活字で行った.

　また，確率論や統計学の応用に興味がある読者のために，一歩進んだ深い内容をトピックスで扱った．こちらについては本書を最初に読み進める際は省略してもよいが，理系の大学1年生でも理解できるようできるだけ丁寧に解説したため，興味を持った方の参考になれば幸いに思う.

　なお付録では，確率統計の講義で中心的に扱うには細かすぎるが，理系の大学1年生が他書を参照せずに本書の内容を厳密に理解するために必要な数学上の話題を解説した.

謝　辞

　執筆中の原稿を読み，貴重なコメントを下さった以下の方々に感謝します.

大池優士さん，大榊海城さん，木場蓮さん，櫻木春平さん，高橋孝輔さん，

田中さくらさん，田辺真輝さん，前島正寿さん，舛谷亮祐さん，
矢田真貴子さん，簗島瞬さん，山本千晴さん，和田拓也さん（五十音順）

　本書執筆をお勧め下さった河東泰之先生には原稿を精読のうえ大変有益なご助言を頂きました．また，サイエンス社の田島伸彦氏と平勢耕介氏に終始大変お世話になりました．この場を借りて感謝申し上げます．

2021 年 9 月

石谷　謙介

　2 刷の発行にあたりそれまでに気付いた誤りなどを訂正しましたが，その多くは本書を精読下さった読者の方々：赤羽根凜さん，内山翔太さん，岡田和樹さん，小川航世さん，木竜寛斗さん，小城一翔さん，近藤修一さん，倉知美保さん，白川龍史さん，西山侑太さん，羽毛田睦土さん，平井瑛大さん，平野彰宏さん，森哲也さん，守屋幸治さんにご指摘頂いたものです．紙面を借りて謝辞を述べさせて頂きます．

　3 刷の発行にあたりそれまでに気付いた誤りなどを訂正しましたが，その多くは本書を精読下さった読者の方々：倉知美保さん，佐藤尚さん，杉浦敏仁さん，関口真廷さん，山形侑史さんにご指摘頂いたものです．紙面を借りて謝辞を述べさせて頂きます．

ホームページのお知らせ

　正誤表，本書の内容に基づく講義用スライド，R 言語のサンプルプログラム等，本書に関する最新の情報は，以下の URL から入手することができます．

https://www.saiensu.co.jp

この URL は，サイエンス社が運営しているホームページです．

目　　　次

第1章

事 象 と 確 率

　偶然性に支配される現象を記述するためには，確率は欠かすことのできない概念である．本章では確率の基本的な性質を明らかにし，条件付き確率，事象の独立性やベイズの定理について解説する．

1.1 事　　象

　1個のさいころを投げるとき，出る目の数は 1, 2, 3, 4, 5, 6 のうちのどれかであるが，どの目が出るかは偶然によって決まる．このさいころの例のように，同じ状態のもとで繰り返すことができ，その結果が偶然によって決まる実験や観察などを**試行**という．試行の結果起こる事柄を**事象**といい，試行の結果起こり得る個々の結果を**根元事象**（または**標本点**）という．つまり，根元事象とは，観測されうる事象の最小単位である．事象は $A, B, C, \ldots$ などの大文字の記号で表し，根元事象は $\omega, \omega', \ldots$ などの小文字の記号で表す．すべての根元事象を集めた集合は**標本空間**（または**全事象**）といい，$\Omega = \{\omega, \omega', \ldots\}$ と表す．このとき事象は，ある条件をみたす根元事象の集まりである，つまり標本空間 Ω の部分集合である，と捉えることができる．根元事象を1つも含まないものを $\emptyset$ で表し，この $\emptyset$ を**空事象**とよび，$\emptyset$ も形式的に事象とみなす．

　このように，事象は集合の言葉を用いて表すことになる．たとえば，1から10までの偶数全体の集合 A の表記には，

$$A = \{2, 4, 6, 8, 10\}$$

のように，要素を書き並べて表す**外延的記法**と，

$$A = \{2n \mid n = 1, 2, 3, 4, 5\}$$

のように，要素の条件を述べて表す**内包的記法**がある．外延的記法は何が集合の要素かわかりやすいのが利点なのに対し，内包的記法は集合の性質がわかり

やすいのが利点である．この 1 から 10 までの偶数全体の集合 A において，2 が A の要素であることを，2 が A に**属する**といい，$2 \in A$ と表記する．一方で 3 は A の要素ではないので，この場合は $3 \notin A$ と表記する．

次に実数すべてからなる集合を $\mathbb{R}$ や $(-\infty, \infty)$ と表記し，その部分集合である区間を

$$[a,b] = \{x \mid a \le x \le b\}, \ (a,b] = \{x \mid a < x \le b\}, \ [a,b) = \{x \mid a \le x < b\},$$
$$(a,b) = \{x \mid a < x < b\}, \ (-\infty, a] = \{x \mid x \le a\}, \ (a, \infty) = \{x \mid a < x\}$$

などの記号を用いて表記する．一般に，集合 A と B の直積集合とは，A から 1 つ要素 x を取り出し，B からも 1 つ要素 y を取り出して，組にした (x,y) を要素として持つ新たな集合のことを指す．集合 A と B の直積集合は

$$A \times B = \{(x,y) \mid x \in A, \ y \in B\}$$

と表記する．座標平面上の点は実数 x, y を用いて (x,y) で表されるため，座標平面は $\mathbb{R}$ と $\mathbb{R}$ の直積集合 $\mathbb{R} \times \mathbb{R}$ とみなせる．なお，$\mathbb{R} \times \mathbb{R}$ は，別の記号 $\mathbb{R}^2$ で表記することも多い．また，$[a,b] \times [c,d]$ は座標平面上の長方形を表す．他にも，座標平面上の単位円板 $D = \{(x,y) \mid x^2 + y^2 \le 1\}$ を考えるとき，D 内の第 1 象限 A は

$$A = \{(x,y) \mid (x,y) \in D, \ x > 0, \ y > 0\}, \tag{1.1}$$
$$A = \{(x,y) \in D \mid x > 0, \ y > 0\} \tag{1.2}$$

などの表記の仕方がある．

$\boxed{\textbf{例 1.1.1}}$　2 枚の硬貨を同時に投げるとき，4 つの根元事象を

$$\omega_1 = (表, 表), \ \omega_2 = (表, 裏), \ \omega_3 = (裏, 表), \ \omega_4 = (裏, 裏)$$

と表し，標本空間を $\Omega = \{\omega_1, \omega_2, \omega_3, \omega_4\}$ と定める．たとえば，「少なくとも表が 1 枚現れる事象」は，Ω の部分集合として $A = \{\omega_1, \omega_2, \omega_3\}$ と表せる．なお，Ω のすべての事象は次の 16 個の集合である．

$$\emptyset, \ \{\omega_1\}, \ \{\omega_2\}, \ \{\omega_3\}, \ \{\omega_4\},$$
$$\{\omega_1, \omega_2\}, \ \{\omega_1, \omega_3\}, \ \{\omega_1, \omega_4\}, \ \{\omega_2, \omega_3\}, \ \{\omega_2, \omega_4\}, \ \{\omega_3, \omega_4\},$$
$$\{\omega_1, \omega_2, \omega_3\}, \ \{\omega_1, \omega_2, \omega_4\}, \ \{\omega_1, \omega_3, \omega_4\}, \ \{\omega_2, \omega_3, \omega_4\}, \ \Omega.$$

問 1.1.1　Ω を n 個の根元事象からなる標本空間とするとき，Ω の事象は 2^n 個ある

ことを示せ.

　一般に事象 A, B において, $A \cup B = \{\omega \in \Omega \mid \omega \in A$ または $\omega \in B\}$ を A と B の**和事象**といい, A または B が起こることを意味する. $A \cap B = \{\omega \in \Omega \mid \omega \in A$ かつ $\omega \in B\}$ を A と B の**積事象**といい, A と B が同時に起こることを意味する. なお, 3つ以上の事象の場合も, 同様に和事象と積事象を考えることができる. $A^c = \{\omega \in \Omega \mid \omega \notin A\}$ を A の**余事象**といい, A が起こらないことを意味する. 別の言い方をすると, 余事象 A^c は, A 以外が起こることを意味する. また $A \cap B^c$ を**差事象**といい, $A \setminus B$ という記号で表す. この差事象 $A \setminus B$ は, A は起こるが B は起こらないことを意味する. $A \cap B = \emptyset$ (空事象) のとき, A と B が同時に起こることがないことを意味しており, A と B は (互いに) **排反**または (互いに) **素**であるという. A と B が排反のとき, $A \cup B$ を, $A + B$ という別の記号で表すこともある. A に含まれる根元事象 ω が必ず B にも含まれるとき, つまり「$\omega \in A$ なら $\omega \in B$」が成り立つとき, A は B の**部分事象**であるといい, $A \subset B$ または $B \supset A$ と表す. $A \subset B$ かつ $B \subset A$ が成り立つとき, A と B は等しいといい, $A = B$ と表す.

　事象の無限列 $A_1, A_2, \ldots, A_n, \ldots$ に対して, 少なくとも1つの A_n が起こる事象 (和事象) を $\bigcup_{n=1}^{\infty} A_n$ と表し, すべての A_n が起こる事象 (積事象) を $\bigcap_{n=1}^{\infty} A_n$ と表す. この和事象と積事象を内包的記法で表すと

$$\bigcup_{n=1}^{\infty} A_n = \{\omega \in \Omega \mid \omega \in A_i \text{ となる自然数 } i \geq 1 \text{ が存在}\},$$

$$\bigcap_{n=1}^{\infty} A_n = \{\omega \in \Omega \mid \text{任意の自然数 } i \geq 1 \text{ に対して } \omega \in A_i \text{ が成立}\}$$

である. また $A_1, A_2, \ldots, A_n, \ldots$ が (互いに) 排反であるとは, $i \neq j$ なら $A_i \cap A_j = \emptyset$ が成立することをいい, この場合は $\bigcup_{n=1}^{\infty} A_n$ を, $\sum_{n=1}^{\infty} A_n$ や $A_1 + A_2 + A_3 + \cdots$ という別の記号で表すこともある. なお, 以上で説明した表記方法は, 事象だけでなく一般の集合の演算に対しても用いられる.

$\boxed{\textbf{例 1.1.2}}$ $a < c < b < d$ のとき, 次の関係式が成り立つ.

$$(a, b) \subset (a, b] \subset [a, b], \quad [a, b) \setminus [c, d) = [a, c), \quad [a, b) \cup [c, d) = [a, d),$$

$$\mathbb{R} \setminus \{a, b\} = (-\infty, a) \cup (a, b) \cup (b, \infty), \quad \mathbb{R} = \bigcup_{n=1}^{\infty} (-n, n) = \bigcup_{n=1}^{\infty} (-n, n].$$

例 1.1.3　A, B, C を3つの事象とする.

(1)　$A \cup B \cup C$ は「3つの中のどれかが起こる」ことを意味する.

(2)　$A \cap B \cap C^c + A \cap B^c \cap C + A^c \cap B \cap C$ は「2つだけが起こる」ことを意味する.

(3)　$(A \cap B) \cup (B \cap C) \cup (C \cap A)$ は「2つは起こる」ことを意味する.

(4)　$(A \cap B \cap C)^c$ は「全部は起こらない」ことを意味する.

問 1.1.2　A, B, C を3つの事象とする. このとき「3つの事象のうち1つだけが起こる」という事象を集合演算 $\bigcup$, $\bigcap$, c を用いて表せ.

例 1.1.4　一般に,事象 A, B, C に対し,次の5つの関係式が成り立つ.

(1)　$(A \cup B) \cap C = (A \cap C) \cup (B \cap C)$　（**分配法則 1**）

(2)　$(A \cap B) \cup C = (A \cup C) \cap (B \cup C)$　（**分配法則 2**）

(3)　$(A \cup B)^c = A^c \cap B^c, \quad (A \cap B)^c = A^c \cup B^c$　（**ド・モルガンの法則**）

(4)　$(A^c)^c = A, \quad A \subset B \iff A^c \supset B^c$

(5)　$A \setminus B = A \setminus (A \cap B)$

ここで,上記の関係式 (1), (3), (5) の順に用いることで,次式

$$(A \cup B) \cap (A^c \cup B^c) = (A \cap (A^c \cup B^c)) \cup (B \cap (A^c \cup B^c))$$
$$= (A \cap (A \cap B)^c) \cup (B \cap (A \cap B)^c) = (A \setminus B) \cup (B \setminus A)$$

が成り立つため,次の関係式

$$(A^c \cup B^c) \cap (A \cup B) = (A \setminus B) \cup (B \setminus A) \tag{1.3}$$

が得られる. なお,(1.3) で与えられる事象は「A と B の**対称差**」とよばれる.

例題 1.1.1

標本空間 Ω と事象 A を

$$\Omega = \{x \mid x \text{ は } 15 \text{ 以下の自然数}\} = \{1, 2, 3, \dots, 15\},$$
$$A = \{x \in \Omega \mid x \text{ は } 15 \text{ 以下の素数}\}$$

とする. このとき,事象 B が次の関係

$$(A^c \cup B^c) \cap (A \cup B) = \{1, 2, 7, 11, 13, 15\} \tag{1.4}$$

をみたすとき，事象 B を外延的記法で表記せよ．

【解答】　A の定義から $A = \{2, 3, 5, 7, 11, 13\}$ である．このことと (1.3), (1.4) より，$A \setminus B = \{2, 7, 11, 13\}$ がわかる．次に，$A \setminus B$ の結果と (1.3), (1.4) より，$B \setminus A = \{1, 15\}$ がわかる．以上の結果と A の定義より，$A \cap B = \{3, 5\}$ もわかる．したがって，$B = \{1, 3, 5, 15\}$ を得る．　　　　　　　　　　　　　　　　　□

問 1.1.3　$\Omega = \{1, 2, 3, \ldots\}$ とおき，標本空間 Ω は自然数全体とする．事象 A, B を
$$A = \{n \in \Omega \mid n \text{ は } 12 \text{ で割り切れる}\},$$
$$B = \{n \in \Omega \mid n \text{ は } 15 \text{ で割り切れる}\}$$
とする．このとき，次の条件をみたす事象を A, B を用いて書き表せ．
(1)　3 でも 4 でも割り切れる
(2)　60 で割り切れる
(3)　15 で割り切れるが，4 では割り切れない

注意 1.1.1　この節では，事象とは「試行の結果起こる事柄」であり，かつ標本空間 Ω の部分集合であると説明した．しかし，次節で「確率 P を与える対象としての事象」を考察する場合，「一定の条件をみたす Ω の部分集合の集まり」（**完全加法族**）に着目し，「この完全加法族に属する Ω の部分集合が事象である」と，数学的に厳密に捉えなおす必要がある．その理由として，「Ω の部分集合がすべて事象である」と誤解すると，確率が当然みたすべき性質と両立できずに論理的に破綻する可能性があることが挙げられる．しかし，本書で解説する話題であれば，「事象とは試行の結果起こる事柄である」と直観的に捉えた方が初学者には理解しやすいと考えられるため，本書では完全加法族の概念は持ち出さずに議論を進める．完全加法族の概念については，測度論とよばれる分野の文献を参照されたい．

1.2　確　　率

1 つの試行において，ある事象 A が起こることが期待される割合を，事象 A の確率といい，この割合を $P(A)$ で表す．ここで，$P(A)$ の P は，確率を意味する英語 probability の頭文字である．このように，事象を 1 つ与えると実数が得られるため，確率は「事象を変数とする実数値関数」とみなせる．しかし，確率は，事象を変数とする関数であれば何でも良いわけではなく，3 つの条件をみたす関数でなければならない．その 3 条件とは

- (P1) 確率は 0 以上かつ 1 以下の値を取り得る
- (P2) ある事象が同時には起こり得ない複数の事象に分割されるとき，分割前の事象の確率は，分割されたそれぞれの事象の確率の和になる
- (P3) 標本空間の確率は 1 であり，空事象の確率は 0

である．以上の内容を数学的に言い換えると次のとおりである．

定義 1.2.1（**確率の公理**）　Ω を標本空間とする．各事象 A に対して，実数値 $P(A)$ を 1 つ対応させる関数 P が次の 3 条件 (P1), (P2), (P3) をみたすとき，関数 P を Ω 上の**確率**とよび，標本空間 Ω と関数 P の組 (Ω, P) を**確率空間**という．

(P1)　任意の事象 A に対して $0 \leq P(A) \leq 1$

(P2)　事象の列 $A_1, A_2, \ldots, A_n, \ldots$ が互いに排反ならば

$$P\left(\bigcup_{n=1}^{\infty} A_n\right) = \sum_{n=1}^{\infty} P(A_n) \quad (\text{完全加法性})$$

(P3)　標本空間に対して $P(\Omega) = 1$ であり，空事象に対して $P(\emptyset) = 0$

注意 1.2.1　以降で，(Ω, P) は確率空間を表すものとする．

注意 1.2.2　Ω 上の確率 P は $P(\cdot)$ と表すこともある．

注意 1.2.3　(Ω, P) は確率空間とする．事象 A と B が互いに排反のとき，$A_1 = A$, $A_2 = B$, $A_n = \emptyset$ $(n \geq 3)$ とおけば，$A_1, A_2, \ldots, A_n, \ldots$ も互いに排反であり，$A \cup B = \bigcup_{n=1}^{\infty} A_n$ と表せる．したがって，(P2) より，次の式変形

$$P(A \cup B) = P\left(\bigcup_{n=1}^{\infty} A_n\right) = \sum_{n=1}^{\infty} P(A_n)$$
$$= P(A) + P(B) + P(\emptyset) + P(\emptyset) + \cdots = P(A) + P(B)$$

が成り立つ．この式変形の結果をまとめると次の (P2′) となる．

(P2′)　$A \cap B = \emptyset$ ならば $P(A \cup B) = P(A) + P(B)$　（**加法性**）

次に，事象 $A_1, A_2, \ldots, A_n$ が互いに排反であるとき，$A = A_1$, $B = \bigcup_{i=2}^{n} A_i$ とおくと，$A \cup B = \bigcup_{i=1}^{n} A_i$ が成り立つ．一方で，次の関係式

$$A \cap B = A_1 \cap \bigcup_{i=2}^{n} A_i = \bigcup_{i=2}^{n} (A_1 \cap A_i) = \bigcup_{i=2}^{n} \emptyset = \emptyset$$

が成り立つため，A と B は排反である．したがって，P の加法性より，次式

$$P\left(\bigcup_{i=1}^{n} A_i\right) = P(A \cup B) = P(A) + P(B) = P(A_1) + P\left(\bigcup_{i=2}^{n} A_i\right)$$

が成り立つ．同様の議論を $n-2$ 回繰り返すことで，次の式展開

$$P\left(\bigcup_{i=1}^{n} A_i\right) = P(A_1) + P(A_2) + P\left(\bigcup_{i=3}^{n} A_i\right)$$
$$= \cdots = P(A_1) + P(A_2) + \cdots + P(A_n)$$

が成り立つ．以上の議論をまとめると次の (P2″) となる．

　(P2″)　事象 $A_1, \ldots, A_n$ が互いに排反なら $P(\bigcup_{i=1}^{n} A_i) = \sum_{i=1}^{n} P(A_i)$

例 1.2.1　標本空間が N 個の根元事象の集まり $\{\omega_1, \omega_2, \ldots, \omega_N\}$ である試行において，事象 A の**経験的確率** $P(A)$ を定義する．まず，この試行を n 回繰り返したとき，A の起きた回数を $n(A)$ で表す．経験的に，相対頻度 $n(A)/n$ は，n が大きくなるにつれて一定の値に近づくことが多く，この一定の値を事象 A の**経験的確率**とよび，

$$P(A) = \lim_{n \to \infty} \frac{n(A)}{n}$$

と表す．なお，事象 A と B が排反であれば $n(A) + n(B) = n(A \cup B)$ が成り立つ．したがって，このとき $P(A) + P(B) = P(A \cup B)$ が成り立ち，この関係式が (P2′) の加法性に該当する．経験的確率は，「硬貨を投げる試行やくじ引きの試行などの結果として起こる事象の確率」を計算するときに利用する．

例 1.2.2　標本空間 Ω が長さ（1 次元），面積（2 次元），体積（3 次元）を持つとき，事象 A の**幾何的確率** $P(A)$ を

$$P(A) = \frac{|A|}{|\Omega|} \qquad (\text{事象 } A \text{ の大きさの } \Omega \text{ の大きさに対する割合}) \qquad (1.5)$$

と定義し，この $P(\cdot)$ を Ω 上の幾何的確率とよぶ．ここで，$|\cdot|$ は事象の大きさ，つまり 1 次元なら長さ，2 次元なら面積，3 次元なら体積を表す．長さ，面積，体積の性質より，$P(\cdot)$ は加法性をみたす．なお，$P(\cdot)$ は完全加法性をみたすことも知られている．たとえば 2 次元の幾何的確率は，「ルーレットやダーツなどの試行の結果として起こる事象の確率」を計算するときに利用する．

┌─ **例題 1.2.1** ─────────────

1 の目が出る確率が p^2, 2, 3, 4, 5 の目が出る確率がそれぞれ p, 6 の目が出る確率が 1/2 である「歪んださいころ」が 1 個ある.この「歪んださいころ」を 1 回投げるとき,奇数の目が出る確率を求めよ.

└────────────────────

【解答】 $p^2 + 4p + \dfrac{1}{2} = 1$ を解くと,$p = \dfrac{3}{\sqrt{2}} - 2$ が得られる.ここで,式変形 $p^2 + p + p = p^2 + 4p - 2p$ より,求める確率は $\dfrac{1}{2} - 2\left(\dfrac{3}{\sqrt{2}} - 2\right) = \dfrac{9}{2} - 3\sqrt{2}$ と計算できる. □

┌─ **例題 1.2.2** ─────────────

標本空間を $\Omega = \{1, 2, 3\}$ とする.次の (1), (2), (3) の P のうち,Ω 上の確率ではないものをすべて選び,その理由を答えよ.

(1) $P(\emptyset) = 0$, $P(\{1\}) = \dfrac{1}{3}$, $P(\{2\}) = \dfrac{1}{3}$,

$P(\{1,2\}) = \dfrac{2}{3}$, $P(\{2,3\}) = \dfrac{1}{2}$, $P(\Omega) = 1$.

(2) $P(\emptyset) = 0$, $P(\{1\}) = P(\{2\}) = \dfrac{1}{2}$, $P(\{3\}) = 0$,

$P(\{1,2\}) = P(\{1,3\}) = P(\{2,3\}) = \dfrac{1}{2}$, $P(\Omega) = 1$.

(3) $P(\emptyset) = 0$, $P(\{1\}) = P(\{2\}) = \dfrac{1}{2}$, $P(\{3\}) = 0$,

$P(\{1,2\}) = 1$, $P(\{1,3\}) = P(\{2,3\}) = \dfrac{1}{2}$, $P(\Omega) = 1$.

└────────────────────

【解答】 まず,(1) の P は Ω 上の確率ではない.なぜなら

$$1 = P(\Omega) = P(\{1\} \cup \{2,3\}) \neq P(\{1\}) + P(\{2,3\}) = \dfrac{1}{3} + \dfrac{1}{2}$$

となり,この P は加法性をみたさないためである.次に,(2) の P も Ω 上の確率ではない.なぜなら

$$\dfrac{1}{2} = P(\{1,2\}) = P(\{1\} \cup \{2\}) \neq P(\{1\}) + P(\{2\}) = \dfrac{1}{2} + \dfrac{1}{2}$$

となり,この P も加法性をみたさないためである.なお,(3) の P は Ω 上の確率である. □

確率の公理を用いると，次の「確率の基本公式」を証明することができる．

定理 1.2.1　（**確率の基本公式**）　(Ω, P) は確率空間とする．次が成り立つ．

(P4)　事象 A, B が $A \subset B$ のとき $P(A) \leq P(B)$ （単調性）

(P5)　事象 A に対して，$P(A^c) = 1 - P(A)$ （余事象の確率）

(P6)　事象 A, B に対して，$P(A \cup B) = P(A) + P(B) - P(A \cap B)$

(P7)　事象 $A_1, A_2, \ldots, A_n$ に対して，$P\left(\bigcup_{i=1}^n A_i\right) \leq \sum_{i=1}^n P(A_i)$

[証明]　(P4)：$B = A \cup (B \setminus A)$ と分解でき，A と $B \setminus A$ は排反である．したがって，P の加法性より，$P(B) = P(A \cup (B \setminus A)) = P(A) + P(B \setminus A)$ が成り立つ．ここで，(P1) より $P(B \setminus A) \geq 0$ であるため，$P(A) \leq P(B)$ が成り立つ．

(P5)：$\Omega = A \cup A^c$ と表す．A と A^c は排反であるため，P の加法性より，次式

$$P(A) + P(A^c) = P(A \cup A^c) = P(\Omega) = 1$$

が成り立ち，$P(A)$ を右辺に移項すると $P(A^c) = 1 - P(A)$ を得る．

(P6)：$A = (A \cap B) \cup (A \cap B^c)$ と表すとき，2つの事象 $A \cap B$ と $A \cap B^c$ は排反である．したがって，P の加法性より，次式が成り立つ．

$$P(A) = P(A \cap B) + P(A \cap B^c). \tag{1.6}$$

同様に，$B = (B \cap A) \cup (B \cap A^c)$ と P の加法性より，次式が成り立つ．

$$P(B) = P(B \cap A) + P(B \cap A^c). \tag{1.7}$$

次に，$A \cup B = (A \cap B^c) \cup (A \cap B) \cup (B \cap A^c)$ と表すとき，3つの事象 $A \cap B^c$ と $A \cap B$ と $B \cap A^c$ は互いに排反であるため，P の加法性より，

$$P(A \cup B) = P(A \cap B^c) + P((A \cap B) \cup (B \cap A^c))$$
$$= P(A \cap B^c) + P(A \cap B) + P(B \cap A^c) \tag{1.8}$$

が成り立つ．(1.6), (1.7), (1.8) より，$P(A \cup B)$ は次のように計算できる．

$$P(A \cup B) = P(A) - P(A \cap B) + P(A \cap B) + P(B) - P(B \cap A)$$
$$= P(A) + P(B) - P(A \cap B).$$

(P7)：$A = A_1$, $B = \bigcup_{i=2}^n A_i$ と定め，(P6) を適用すると，次式

$$P\left(\bigcup_{i=1}^n A_i\right) = P(A \cup B) = P(A) + P(B) - P(A \cap B) \tag{1.9}$$

が成り立つ．ここで，(P1) より $P(A \cap B) \geq 0$ であるため，(1.9) より

$$P\left(\bigcup_{i=1}^{n} A_i\right) \leq P(A) + P(B) = P(A_1) + P\left(\bigcup_{i=2}^{n} A_i\right)$$

が成り立つ. 上と同じ議論を $n-2$ 回繰り返すと次の不等式が得られる.

$$P\left(\bigcup_{i=1}^{n} A_i\right) \leq P(A_1) + P(A_2) + P\left(\bigcup_{i=3}^{n} A_i\right)$$

$$\leq P(A_1) + P(A_2) + P(A_3) + P\left(\bigcup_{i=4}^{n} A_i\right)$$

$$\leq \cdots \leq P(A_1) + P(A_2) + P(A_3) + \cdots + P(A_n). \qquad \square$$

次の系から,「確率が 1 である 2 つの事象の積事象」も確率が 1 であること がわかる.

系 1.2.1 (確率 1 の事象の積事象)　(Ω, P) は確率空間とする. 事象 A, B が $P(A) = P(B) = 1$ をみたすとき,　$P(A \cap B) = 1$ が成り立つ.

[証明]　$P((A \cap B)^c) = 1 - P(A \cap B)$ であるため,　$P((A \cap B)^c) = 0$ が成り立つ ことを証明する. まず,　$(A \cap B)^c = A^c \cup B^c$ と (P7) より, 次の不等式

$$P((A \cap B)^c) = P(A^c \cup B^c) \leq P(A^c) + P(B^c) \qquad (1.10)$$

が成り立つ. 次に,　$P(A^c) = 1 - P(A) = 0$ と $P(B^c) = 1 - P(B) = 0$ が成り立つ ため, この 2 つの結果と不等式 (1.10) より,　$P((A \cap B)^c) \leq 0 + 0 = 0$ が成り立つ. 一方で, 確率の公理 (P1) から $P((A \cap B)^c) \geq 0$ であるため, まとめると $P((A \cap B)^c) = 0$ が成り立つことを証明できた. $\qquad \square$

── 例題 1.2.3 ──────

(Ω, P) は確率空間とする. 事象 A, B が $P(A) = 1/5$, $P(A \cap B) = 1/7$ をみたすとき,　$P(A^c \cup B)$ を求めよ.

【解答】　$A^c \cup B = A^c \cup (A \cap B)$ と表すと,　A^c と $A \cap B$ は互いに排反である. し たがって,　P の加法性と (P5) より,　$P(A^c \cup B)$ は次のように計算できる.

$$P(A^c \cup B) = P(A^c) + P(A \cap B) = 1 - P(A) + P(A \cap B) = \frac{33}{35}. \qquad \square$$

問 1.2.1　(Ω, P) は確率空間とする. 任意の事象 A, B, C に対して次が成り立つこ

とを示せ.

$$P(A \cup B \cup C) = P(A) + P(B) + P(C)$$
$$- P(A \cap B) - P(B \cap C) - P(A \cap C) + P(A \cap B \cap C).$$

1.3 条件付き確率・事象の独立

> **定義 1.3.1**　(Ω, P) は確率空間とし,$P(A) > 0$ となる事象 A を考える.このとき,事象 A が起こったときに事象 B が起こる確率を
>
> $$P_A(B) := \frac{P(A \cap B)}{P(A)}$$
>
> で表し,この $P_A(B)$ を「A が起こったときの B の**条件付き確率**」とよぶ.なお,$P_A(B)$ は $P(B|A)$ とも表す.

注意 1.3.1　次で確認するように,定義 1.3.1 の条件付き確率 $P_A(\cdot)$ は,確率の公理 (P1), (P2), (P3) をみたす.

(P1)　単調性より,任意の事象 B に対し $0 \le P(A \cap B) \le P(A)$ であるため,$0 \le P_A(B) \le 1$ が成り立つ.

(P2)　事象の列 $B_1, B_2, \ldots, B_n, \ldots$ が互いに排反のとき,事象の列 $A \cap B_1, A \cap B_2, \ldots, A \cap B_n, \ldots$ も互いに排反である.したがって,次式が成り立つ.

$$P_A\left(\bigcup_{n=1}^{\infty} B_n\right) = \frac{P(A \cap (\bigcup_{n=1}^{\infty} B_n))}{P(A)} = \frac{P(\bigcup_{n=1}^{\infty}(A \cap B_n))}{P(A)}$$
$$= \frac{\sum_{n=1}^{\infty} P(A \cap B_n)}{P(A)} = \sum_{n=1}^{\infty} P_A(B_n).$$

(P3)　$A \cap \Omega = A$ であるため,$P_A(\Omega) = 1$ が成り立つ.また,$A \cap \emptyset = \emptyset$ であるため,$P_A(\emptyset) = 0$ が成り立つ.

以上より,(Ω, P_A) も確率空間である.一方で,$P_A(A) = P(A)/P(A) = 1$ が成り立つため,(Ω, P_A) が確率空間であることと同様に,(A, P_A) が確率空間であることもわかる.したがって,$P_A(\cdot)$ は「事象 A を標本空間とみなしたときの確率」である.

例 1.3.1　1 枚の硬貨を 5 回続けて投げる試行を考える.「少なくとも 2 回以上表が出た」ことが事前にわかっているとき,「ちょうど 3 回表が出た確率」を計算したい.そのためにまず,事象 A と B を次のように定める.

$$A = \{\text{少なくとも2回以上表が出る}\}, \quad B = \{\text{3回表が出る}\}.$$

このとき，$P(A)$ と $P(B)$ は次のように計算できる.

$$P(A) = 1 - P(A^c) = 1 - \frac{1+5}{2^5} = \frac{13}{16}, \quad P(B) = \frac{{}_5\mathrm{C}_3}{2^5} = \frac{5}{16}.$$

この計算結果と，関係式 $A \cap B = B$ より，求める確率 $P_A(B)$ は

$$P_A(B) = \frac{P(A \cap B)}{P(A)} = \frac{P(B)}{P(A)} = \frac{5}{13}.$$

2つの事象 A, B が独立であるとは，A と B が互いに影響を与えないという意味であり，このことを数学的に表現すると次のとおりである.

> **定義 1.3.2** (Ω, P) は確率空間とする．事象 A, B が**独立**であるとは，関係式 $P(A \cap B) = P(A)P(B)$ が成り立つことをいう.

注意 1.3.2 (Ω, P) は確率空間とする．事象 A, B が独立であり，かつ $P(A) > 0$ をみたすとき，次式が成り立つ.

$$P_A(B) = \frac{P(A \cap B)}{P(A)} = \frac{P(A)P(B)}{P(A)} = P(B).$$

したがって，このとき「A が起こったか否か」は B が起こる確率に影響を与えない.

注意 1.3.3 (Ω, P) は確率空間とする．$P(\Omega) = 1$ と $P(\emptyset) = 0$ より，任意の事象 A に対し，次の2つの関係式

$$P(\Omega \cap A) = P(A) = P(\Omega)P(A), \quad P(\emptyset \cap A) = P(\emptyset) = P(\emptyset)P(A)$$

が成り立つ．したがって，標本空間 Ω と任意の事象は独立であり，空事象 $\emptyset$ と任意の事象も独立である．次に，事象 A が自分自身と独立になる場合は，関係式 $P(A) = P(A \cap A) = P(A)^2$ より，$P(A) = 0$ または 1 である.

例 1.3.2 (Ω, P) は確率空間とする．事象 A, B が独立ならば，A と B^c，A^c と B，A^c と B^c の3つの「事象のペア」のうち，どのペアも独立である．まず，事象 C と D に対して，C は互いに排反な2つの事象の和事象として $C = (C \cap D) \cup (C \cap D^c)$ と表せるため，$P(C \cap D) = P(C)P(D)$ であれば

$$P(C) = P(C \cap D) + P(C \cap D^c) = P(C)P(D) + P(C \cap D^c)$$
$$\implies P(C \cap D^c) = P(C)(1 - P(D)) = P(C)P(D^c)$$

が成り立つ．このことは「一般に，2つの事象が独立であれば，その一方を余事象に置き換えた事象のペアも独立である」ことを意味する．したがって，A と B の独立性から，A と B^c の独立性や，A^c と B の独立性が得られる．さらに，A と B^c の独立性から，A^c と B^c の独立性が得られる．

── 例題 1.3.1 ──

　1個のさいころを1回投げるとき，A は偶数の目が出る事象，B は3以下の目が出る事象，C は1または2の目が出る事象とする．このとき，A と B は独立でないが，A と C は独立であることを示せ．

【解答】 $P(A) = P(B) = 1/2,\ P(C) = 1/3$ および次の計算結果からわかる．

$$P(A \cap B) = P(\{2 \text{ の目が出る}\}) = \frac{1}{6} \neq \frac{1}{4} = P(A)P(B),$$

$$P(A \cap C) = P(\{2 \text{ の目が出る}\}) = \frac{1}{6} = P(A)P(C). \qquad \square$$

問 1.3.1 (Ω, P) は確率空間とする．事象 A, B が独立で $P(A) = 1/3, P(B) = 7/8$ のとき，$P(A \cup B)$ を求めよ．

　複数の事象の独立性を定義すると次のとおりである．

　定義 1.3.3（**事象の独立**）　(Ω, P) は確率空間とする．n 個の事象 $A_1, A_2, \ldots, A_n$ が独立であるとは，$1 \leq p \leq n$ となる任意の自然数 p と，$1 \leq i_1 < i_2 < \cdots < i_p \leq n$ をみたす任意の p 個の自然数の組 $(i_1, i_2, \ldots, i_p)$ に対して，次の関係式

$$P(A_{i_1} \cap A_{i_2} \cap \cdots \cap A_{i_p}) = P(A_{i_1})P(A_{i_2}) \cdots P(A_{i_p})$$

が成り立つことをいう．

　定義 1.3.3 にしたがえば，たとえば3つの事象 A, B, C が独立であるとは，次の4つの関係式が成り立つことをいう．

$$P(A \cap B) = P(A)P(B), \quad P(B \cap C) = P(B)P(C),$$

$$P(A \cap C) = P(A)P(C), \quad P(A \cap B \cap C) = P(A)P(B)P(C).$$

なお，上記の4つの関係式のうち，$P(A \cap B \cap C) = P(A)P(B)P(C)$ だけが成立しても，A, B, C のどの2組も独立でないことがある．逆に，A, B, C の

どの 2 組が独立でも，$P(A \cap B \cap C) = P(A)P(B)P(C)$ が成り立たないこと
がある．詳しくは注意 1.3.4 で解説する．

問 1.3.2　(Ω, P) は確率空間とする．事象 A, B, C が独立であるとき，A と $B \cup C$
も独立であることを示せ．

注意 1.3.4　確率空間 (Ω, P) と，3 つの事象 A, B, C に対し，$P(A \cap B \cap C) =$
$P(A)P(B)P(C)$ が成立しても，A, B, C のどの 2 組も独立でないことがある．逆
に，A, B, C のどの 2 組も独立であったとしても，$P(A \cap B \cap C) = P(A)P(B)P(C)$
が成り立つとは限らない．実際に，Ω を座標平面上の一辺の長さが 1 の正方形

$$\Omega = \left\{ (x, y) \mid 0 \leq x \leq 1,\ 0 \leq y \leq 1 \right\}$$

と定め，$P(\cdot)$ は Ω 上の 2 次元の幾何的確率とする．ここで，$0 < a, b < 1/2$ をみた
す正数 a, b を取り，正方形 E, F, G, H を次のように Ω の四隅に配置する．

$$
\begin{aligned}
E &= \left\{ (x, y) \mid 0 \leq x \leq a,\ 0 \leq y \leq a \right\}, \\
F &= \left\{ (x, y) \mid 1 - b \leq x \leq 1,\ 0 \leq y \leq b \right\}, \\
G &= \left\{ (x, y) \mid 1 - b \leq x \leq 1,\ 1 - b \leq y \leq 1 \right\}, \\
H &= \left\{ (x, y) \mid 0 \leq x \leq b,\ 1 - b \leq y \leq 1 \right\}.
\end{aligned}
$$

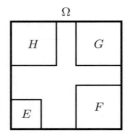

この Ω の四隅の正方形 E, F, G, H を組み合わせることで，事象 A, B, C を

$$A = E \cup F, \quad B = E \cup G, \quad C = E \cup H$$

と定める．このとき，$A \cap B = A \cap C = B \cap C = A \cap B \cap C = E$ が成り立つ．
　(1)　$a = 1/10$, $b = \sqrt{a - a^2} = 3/10$ のとき，次のように計算できる．

$$P(A) = P(B) = P(C) = a^2 + b^2 = \frac{1}{10},$$

$$P(A \cap B) = P(A \cap C) = P(B \cap C) = P(A \cap B \cap C) = a^2 = \frac{1}{100}.$$

この計算結果より，$P(A \cap B) = P(A)P(B)$ 等が成り立つため，A, B, C のどの 2 組も
独立である．しかし，$1/100 \neq 1/1000$ であるため，$P(A \cap B \cap C) \neq P(A)P(B)P(C)$
である．

(2) $a = 1/8$, $b = \sqrt{a^{2/3} - a^2} = \sqrt{15}/8 \ (< 1/2)$ のとき，次のように計算できる．

$$P(A) = P(B) = P(C) = a^2 + b^2 = \frac{1}{4},$$

$$P(A \cap B) = P(A \cap C) = P(B \cap C) = P(A \cap B \cap C) = a^2 = \frac{1}{64}.$$

この計算結果より，$P(A \cap B \cap C) = P(A)P(B)P(C)$ が成り立つ．しかし，$(1/4)^2 \neq 1/64$ であるため，A, B, C のどの2組も独立ではない．

━━ 例題 1.3.2（2人の子供問題）━━

ある夫婦には2人の子供がいる．このとき，次の問に答えよ．

(1) 2人の子供のうち，1人目の子供（上の子）の性別が男とわかったとき，2人目の子供（下の子）の性別も男である確率を求めよ．

(2) 2人の子供のうち，少なくとも1人は男の子がいるとわかったとき，2人の子供の性別がどちらも男である確率を求めよ．

(3) 2人の子供のうち，無作為に1人を選んで調べた性別が男であったとき，もう1人の子供の性別も男である確率を求めよ．

ただし，生まれてくる子供の性別は等しい確率で男女になるとし，兄弟姉妹間での性別は独立とする．

【解答】 男の子を b と表し，女の子を g と表す．

(1) たとえば (g, b) と書くとき，括弧の左の g は1人目の子供（上の子）が女であることを意味し，括弧の右の b は2人目の子供（下の子）が男であることを意味するものとする．このとき，標本空間 Ω を次で定義する．

$$\Omega = \bigl\{ (b, b), \ (b, g), \ (g, b), \ (g, g) \bigr\}.$$

次に，「兄弟姉妹間での性別の独立性」より，Ω 上の確率 P は

$$P(\{(b,b)\}) = P(\{(b,g)\}) = P(\{(g,b)\}) = P(\{(g,g)\}) = \left(\frac{1}{2}\right)^2 = \frac{1}{4}$$

と定義すればよい．このとき，事象 A, B を

$$A = \bigl\{ (b, b), \ (b, g) \bigr\}, \quad B = \bigl\{ (b, b) \bigr\}$$

と定めると，求める確率 $P_A(B)$ は次のように計算できる．

$$P_A(B) = \frac{P(A \cap B)}{P(A)} = \frac{P(B)}{P(A)} = \frac{(1/4)}{(2/4)} = \frac{1}{2}.$$

(2) ここでは，(1) と同じ確率空間 (Ω, P) と同じ事象 B を用いて説明する．この

とき，事象 C を $C = \{(b,b),\ (b,g),\ (g,b)\}$ と定めると，求める確率 $P_C(B)$ は次のように計算できる．

$$P_C(B) = \frac{P(C \cap B)}{P(C)} = \frac{P(B)}{P(C)} = \frac{(1/4)}{(3/4)} = \frac{1}{3}.$$

(3)　たとえば (g,b,i) $(i = 1,2)$ と書くとき，括弧の左の g は 1 人目の子供（上の子）が女であることを意味し，括弧の真ん中の b は 2 人目の子供（下の子）が男であることを意味し，括弧の右の i は，$i = 1$ のとき無作為に選んだ子供が 1 人目の子供（上の子）であり，$i = 2$ のとき無作為に選んだ子供が 2 人目の子供（下の子）であることを意味するものとする．このとき，標本空間 Ω を次で定義する．

$$\Omega = \big\{(b,b,1),\ (b,g,1),\ (g,b,1),\ (g,g,1),$$
$$(b,b,2),\ (b,g,2),\ (g,b,2),\ (g,g,2)\big\}.$$

次に，「兄弟姉妹間での性別の独立性」と「性別を調べる子供の選び方が無作為であること」より，Ω 上の確率 P は

$$P(\{(b,b,i)\}) = P(\{(b,g,i)\}) = P(\{(g,b,i)\}) = P(\{(g,g,i)\})$$
$$= \left(\frac{1}{2}\right)^3 = \frac{1}{8} \qquad (i = 1,2)$$

と定義すればよい．このとき，事象 A, B を

$$A = \{(b,b,1),\ (b,g,1),\ (b,b,2),\ (g,b,2)\}, \quad B = \{(b,b,1),\ (b,b,2)\}$$

と定めると，求める確率 $P_A(B)$ は次のように計算できる．

$$P_A(B) = \frac{P(A \cap B)}{P(A)} = \frac{P(B)}{P(A)} = \frac{(2/8)}{(4/8)} = \frac{1}{2}. \qquad \square$$

注意 1.3.5（2 人の子供問題）　不確実性を伴う現実の事象を適切に表現し分析するためには，与えられた情報と設定した問をもとに，適切な確率空間を選択することが重要である．以下では，例題 1.3.2 で紹介した「2 人の子供問題」を用いてこのことを説明する．

　たとえば，ある世帯 A の家の隣に，別の世帯 B が引っ越してきたとする．その世帯 B の夫婦が，世帯 A のもとに引越しの挨拶に来て，その会話から「世帯 B には 2 人の子供がいる（どちらも性別は不明）」ことがわかった．ある日，世帯 A の妻が，世帯 B の家の玄関から 1 人の男の子が出てくるのを確認し，この情報をもとに，世帯 A の妻は夫に「世帯 B には少なくとも 1 人は男の子がいる」（※玄関から出てきた男の子の情報は伝えない）と伝えたとする．このとき，世帯 A の妻が，「玄関から出てきた男の子」の情報をもとに，「世帯 B のもう片方の子供の性別が男である確率」を計算するとき，例題 1.3.2 (3) の計算方法を用いて，求める確率は 1/2 と判断するのが適切と考えられる．一方で，世帯 A の夫が，「少なくとも 1 人は男の子である」とい

う情報をもとに，「世帯 B の 2 人の子供の性別がどちらも男である確率」を計算するとき，例題 1.3.2 (2) の計算方法を用いて，求める確率は 1/3 と判断するのが適切と考えられる．なお，世帯 A の夫は妻と異なり，「玄関から出てきた男の子」という特定の人物の情報を持たない．そのため，世帯 A の妻の問を表現するための確率空間と，夫の問を表現するための確率空間は異なる．

問 1.3.3 ある夫婦には 3 人の子供がいる．そのうち少なくとも 1 人は男の子がいるとわかったとき，3 人の子供のうち少なくとも 1 人は女の子がいる確率を求めよ．ただし，生まれてくる子供の性別は等しい確率で男女になるとし，兄弟姉妹間での性別は独立とする．

標本空間が互いに排反な n 個の事象 $A_1, A_2, \ldots, A_n$ に分割されるとき，確率 $P(B)$ は，「A_k を標本空間とみなしたときの確率 $P(B|A_k)$」に "重み" $P(A_k)$ を掛けた値を，$k = 1$ から $k = n$ まで足し合わせることで計算できる．

定理 1.3.1 (**全確率の公式**) (Ω, P) は確率空間とする．n 個の事象 $A_1, A_2, \ldots, A_n$ は互いに排反 ($A_j \cap A_k = \emptyset$, $j \neq k$) で，次の 2 条件

$$\Omega = \bigcup_{k=1}^{n} A_k, \qquad P(A_i) > 0 \quad (i = 1, 2, \ldots, n)$$

をみたすとする．このとき，任意の事象 B に対して次式が成り立つ．

$$P(B) = \sum_{k=1}^{n} P(A_k)P(B|A_k).$$

[証明] まず，条件 $\Omega = \bigcup_{k=1}^{n} A_k = A_1 \cup A_2 \cup \cdots \cup A_n$ より，次の関係式

$$B = B \cap \Omega = B \cap \left(\bigcup_{k=1}^{n} A_k \right) = \bigcup_{k=1}^{n} (B \cap A_k)$$

が成り立つ．次に，$A_1, A_2, \ldots, A_n$ が互いに排反なので，次の n 個の事象

$$B \cap A_1, \ B \cap A_2, \ \ldots, \ B \cap A_n$$

も互いに排反である．したがって，(P2") より，次式が成り立つ．

$$P(B) = \sum_{k=1}^{n} P(B \cap A_k) = \sum_{k=1}^{n} P(A_k) \frac{P(B \cap A_k)}{P(A_k)} = \sum_{k=1}^{n} P(A_k)P(B|A_k). \quad \square$$

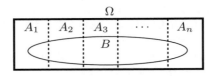

例題 1.3.3

　白玉 5 個，赤玉 2 個の計 7 個が入っている箱がある．この箱から玉を
1 個取り出して，元に戻さずに取り出した玉と同じ色の玉を 6 個追加し，
再び箱から玉を 1 個取り出す．このとき，2 回目に取り出された玉が白玉
である確率を求めよ．

【解答】 1 回目に白玉を取り出す事象を A_1，1 回目に赤玉を取り出す事象を A_2 と定
めると，$A_1 \cap A_2 = \emptyset$ と $A_1 \cup A_2 = \Omega$ が成り立つ．したがって，2 回目に白玉を取
り出す事象を B とおくと，全確率の公式より，$P(B)$ は次のように計算できる．

$$P(B) = P(A_1)P(B|A_1) + P(A_2)P(B|A_2)$$
$$= \frac{5}{7} \cdot \frac{4+6}{6+6} + \frac{2}{7} \cdot \frac{5+0}{6+6} = \frac{5}{7}. \qquad \square$$

　全確率の公式を用いると，次のベイズの**定理**が得られる．ベイズの定理は，
条件付き確率を使った確率の計算において，「条件付ける事象を入れ替える計
算」が必要になるときに役に立つ定理である．

　定理 1.3.2 （ベイズの定理）　(Ω, P) は確率空間とする．n 個の事象 A_1,
$A_2, \ldots, A_n$ は互いに排反 $(A_j \cap A_k = \emptyset, \ j \neq k)$ で，次の 2 条件

$$\Omega = \bigcup_{k=1}^{n} A_k, \qquad P(A_i) > 0 \quad (i = 1, 2, \ldots, n)$$

をみたすとする．このとき，$P(B) > 0$ をみたす任意の事象 B に対して次
式が成り立つ．

$$P(A_j|B) = \frac{P(A_j)P(B|A_j)}{\sum_{k=1}^{n} P(A_k)P(B|A_k)} \quad (j = 1, 2, \ldots, n).$$

[証明] 全確率の公式より，$j = 1, 2, \ldots, n$ に対して次式が成り立つ．

$$P(A_j|B) = \frac{P(B \cap A_j)}{P(B)} = \frac{P(A_j)P(B|A_j)}{P(B)} = \frac{P(A_j)P(B|A_j)}{\sum_{k=1}^{n} P(A_k)P(B|A_k)}. \qquad \square$$

注意 1.3.6 ベイズの定理（定理 1.3.2）は，「事象 B が起きたことを知ったときの事象 A_j が起こる条件付き確率」$P(A_j|B)$ を計算するときに役に立つ．そのため，$P(A_j|B)$ は**事後確率**とよばれる．一方で，確率 $P(A_j)$ は，事象 B に関する試行の結果を前提としていないため，**事前確率**または**先験確率**とよばれる．

例題 1.3.4

ある会社では，同じ製品を機械 A, B, C で作っていて，全製品のうち，A が 20%，B が 35%，C が 45% を生産しており，不良品が出る率は A が 6%，B が 4%，C が 2% であるとする．無作為に 1 個の製品を取り出してみたところ不良品であった．このとき，この製品が A で作られた確率を求めよ．

【解答】 取り出した製品が機械 A, B, C で製造された事象を，それぞれ A, B, C とおく．また，取り出した製品が不良品である事象を E とおく．条件より，

$$P(A) = \frac{20}{100}, \ P(B) = \frac{35}{100}, \ P(C) = \frac{45}{100} \ \cdots \text{（事前確率）},$$

$$P(E|A) = \frac{6}{100}, \ P(E|B) = \frac{4}{100}, \ P(E|C) = \frac{2}{100}$$

が成り立つ．よって，ベイズの定理より，$P(A|E)$ は次のように計算できる．

$$P(A|E) = \frac{P(A)P(E|A)}{P(A)P(E|A) + P(B)P(E|B) + P(C)P(E|C)}$$

$$= \frac{0.2 \times 0.06}{0.2 \times 0.06 + 0.35 \times 0.04 + 0.45 \times 0.02} = \frac{12}{35}. \qquad \square$$

トピックス 1（モンティ・ホール問題） ベイズの定理に関連した話題として，有名なモンティ・ホール問題を紹介する．この問題では，直観的な推論に基づくと間違う人も多く，かつ理論的な解説に納得できない人も多いため，モンティ・ホールのジレンマともよばれる．あるテレビ番組の中で，3 つのカーテン c_1, c_2, c_3 があり，そのうち 1 つは正解で商品が隠されており，残りの 2 つは不正解という状況を考える．このとき，番組の司会者モンティ・ホール氏は，どのカーテンに商品が隠されているかを知っており，次のルールで挑戦者に商品の隠れたカーテンを当てさせるとする．まず，挑戦者は，3 つの中から 1 つのカーテンを選ぶ（まだこのカーテンは開けない）（c_1 とする）．次に，司会者が，残りの 2 つのカーテンのうち不正解のカーテンから無作為に 1 つ選んで開けてみせる（c_2 とする）．最後に，挑戦者は，残った 2 つのカーテン c_1, c_3 の中から好きなほうを選び直せるとする．このとき，挑戦者は次のどちら

の選択肢を取れば当選確率が高まるだろうか.

- 「スイッチ」：最初に選んだカーテン c_1 から，カーテン c_3 に変更する.
- 「スティック」：最初に選んだカーテン c_1 から変更しない.

次の (1), (2) のように直観的に推論する人も多いかもしれない.

(1)　c_1 に留まっても，c_3 に変更しても，当選確率は $1/2$ である.

(2)　c_1 から c_3 に変更して，もし c_1 が当たっていたら後悔するので，変更しない.

(2) の推論には心理的な要素が含まれているので間違いとも正しいとも言えない. 実は，(1) の推論は誤りである. 以下では，実際にどちらの選択肢が当選確率が高いかを，ベイズの定理を用いて計算して比較する. そのために，次の事象を定義する.

$$A = \{\text{司会者が } c_2 \text{ のカーテンを開ける}\},$$
$$C_i = \{c_i \text{ のカーテンに当たりがある}\} \quad (i = 1, 2, 3).$$

まず，司会者のカーテンの開け方から，条件付き確率に関する 3 つの関係式

$$P(A|C_1) = \frac{1}{2}, \quad P(A|C_2) = 0, \quad P(A|C_3) = 1 \tag{1.11}$$

が得られる. (1) の推論では，司会者の行動に関する 3 つの条件付き確率 (1.11) を考慮に入れていない.

ここで，ベイズの定理を用いて「スイッチして当選する事後確率」を計算すると

$$P(C_3|A) = \frac{P(A|C_3)P(C_3)}{P(A|C_1)P(C_1) + P(A|C_2)P(C_2) + P(A|C_3)P(C_3)}$$
$$= \frac{1 \cdot \frac{1}{3}}{\frac{1}{2} \cdot \frac{1}{3} + 0 \cdot \frac{1}{3} + 1 \cdot \frac{1}{3}} = \frac{2}{3}$$

である. 次に，「スティックして当選する事後確率」も同様に計算すると

$$P(C_1|A) = \frac{P(A|C_1)P(C_1)}{P(A|C_1)P(C_1) + P(A|C_2)P(C_2) + P(A|C_3)P(C_3)}$$
$$= \frac{\frac{1}{2} \cdot \frac{1}{3}}{\frac{1}{2} \cdot \frac{1}{3} + 0 \cdot \frac{1}{3} + 1 \cdot \frac{1}{3}} = \frac{1}{3}$$

であるため，スイッチした方が当選確率が倍になることがわかる. なお，問題の設定を次のように一般化すると，「スイッチした方が当選確率が高くなる」ことを納得しやすくなる. まず n は 10000 のような大きい数を想定し，n 枚のカーテンの中に 1 つ商品が隠されているとする. 最初に挑戦者が 1 つのカーテンを選ぶ段階では当選確率は $1/n$ である. その後，司会者が残り $n-1$ 枚のカーテンのうち，はずれの $n-2$ 枚のカーテンを開けて見せる. その際，司会者側から見ると，自らが当たりのカーテンがどれなのか絞り込み，挑戦者を正解に導いている感覚を覚えるであろう. 最後に，挑戦者は残った 2 つのカーテンのうち好きな方を選び直せるとする. このとき，「挑戦者が最初に選んだカーテンから変える（スイッチする）方が当選確率が高くなる」ことは，直観的にすぐわかるのではないだろうか. 実際にベイズの定理を用いて計算すると，スティックした場合の当選確率は $1/n$ であり，スイッチした場合の当選確率は

$(n-1)/n$ である.

●●●●●●●●●●●●●●●●●●●● **演 習 問 題** ●●●●●●●●●●●●●●●●●●●●

演習 1.1　A, B, C, D の 4 人の名刺が，1 枚ずつ別々の封筒に入れてある．この 4 人がそれぞれ封筒を 1 つ選ぶとき，4 人とも他人の名刺が入った封筒を選ぶ確率を求めよ.

演習 1.2　3 個のさいころを同時に投げるとき，出る目の合計が 9 になる確率と，10 になる確率を求めよ．（補足：ガリレオ・ガリレイが取り組んだ計算問題.）

演習 1.3　大小 2 個のさいころを n 回続けて同時に投げるとき，少なくとも 1 回は「6 のゾロ目」（どちらも 6 の目）が出る確率を求めよ.

演習 1.4　1 個のさいころを n 回続けて投げるとき，次の事象が起こる確率を求めよ.

 (1)　少なくとも 1 回は 6 の目が出る

 (2)　少なくとも 2 回は 6 の目が出る

演習 1.5　k 人で繰り返しじゃんけんをするとき，以下に答えよ.

 (1)　$k = 3$ とする．このとき，1 回目のじゃんけんであいこになる確率を求めよ.

 (2)　1 回目のじゃんけんで r 人が勝ち残る確率 p_r を求めよ．$(1 \leq r \leq k-1.)$

 (3)　$k = 2$ とする．このとき，n 回目までにじゃんけんで 1 人が勝ち残る確率 q_n と，$q_n > 0.9$ をみたす n の最小値を求めよ.

演習 1.6　1 個のさいころを何回も続けて投げるとき，初めて 6 の目が出るまで全部偶数の目が出る確率を求めよ.

演習 1.7　表が出る確率が $2/3$ である 1 枚のコインを n 回続けて投げるとき，表が偶数回出る確率 p_n を求めよ.

演習 1.8　ある駅では，18 時発から 19 時発までの間の電車は 10 分おきに発車している．A, B の 2 人が 18 時から 19 時の間にこの駅にそれぞれ無作為に到着するとき，A, B が同じ電車に乗り合わせる確率を求めよ．ただし，発車時刻と同時刻に到着した場合は乗車できないものとする.

演習 1.9　1 個のさいころを 3 回続けて投げるとき，i 回目と j 回目の目が同じである事象を A_{ij} $(1 \leq i < j \leq 3)$ で表す．このとき，A_{ij} のどの「相異なる 2 組」も独立であるが，A_{12}, A_{13}, A_{23} の 3 組は独立ではないことを示せ.

演習 1.10　A, B, C の 3 人が次の順番

$$A \to B \to C \to A \to B \to C \to A \to \cdots$$

で繰り返しさいころを投げ，最初に 6 の目を出した人を勝者とすることにした．この

とき，A, B, C が勝者となる確率をそれぞれ求めよ．

演習 1.11　(Ω, P) は確率空間で，事象 A と B は独立とする．$p = P(A)$, $q = P(B)$ とおくとき，$P(A^c \cap B^c)$ の値を p, q を用いて表せ．

演習 1.12　(Ω, P) は確率空間とする．事象 A, B, C に対し $p = P(A)$, $q = P(B)$, $r = P(C)$, $s = P(A \cup B)$, $t = P(A \cup C)$, $u = P(B \cup C)$, $v = P(A \cup B \cup C)$ とおく．このとき，$P(A \cap B \cap C)$ の値を p, q, r, s, t, u, v を用いて表せ．

演習 1.13　$0 < 2b < a$ とし，長さ a の線分 AB 上に 2 点 P, Q を無作為に取る．

(1)　線分 PQ の長さが b 以下である確率を求めよ．

(2)　2 点 P と Q で線分 AB を 3 つの小線分にわけるとき，これらの小線分で三角形ができる確率を求めよ．

(3)　線分 PB 上に点 R を無作為に取るとき，線分 AP と線分 RB の長さがいずれも b より大きくなる確率を求めよ．（補足：解答には第 3 章の同時密度関数の概念，および例題 3.2.2 の考え方が必要となる．）

演習 1.14　(Ω, P) は確率空間で，事象 A と B は $P(A) > 0$, $P(B) > 0$ をみたすとする．以下の問に答えよ．

(1)　A と B が独立なら，A と B は排反ではないことを示せ．

(2)　A と B が排反なら，A と B は独立ではないことを示せ．

演習 1.15　(Ω, P) は確率空間とする．事象 A と B に対して以下の問に答えよ．ただし，$0 < P(B) < 1$ とする．

(1)　A と B が独立であるとき，$P(A|B) = P(A|B^c)$ であることを示せ．

(2)　$P(A|B) = P(A|B^c)$ であるとき，A と B が独立であることを示せ．

演習 1.16　あるウィルスの検査試薬は，ウィルスに感染しているのに誤って陰性と判断する確率が 1% であり，感染していないのに誤って陽性と判断する確率が 2% である．全体の 1% がこのウィルスに感染している集団から 1 つの個体を取り出すとき，「陽性だったときに，実際にはウィルスに感染していない確率」を求めよ．

演習 1.17　間隔 d で平行線が描かれた床の上に，長さが l $(0 < l \leq d)$ の針を無作為に落とすとき，この針と平行線が交わる確率を求めよ．（補足：「ビュフォンの針」として知られる問題．）

第2章

確率変数とその分布

　この章では，確率変数と分布の概念，および分布を特徴付ける分布関数や，平均，分散について解説し，確率変数の標準化の考え方を紹介する．

　この章では，(Ω, P) は確率空間を表すものとする．

2.1 基本的な確率変数とその分布

例 2.1.1　2個のさいころを同時に投げる試行の標本空間 $\Omega = \{\omega = (i, j) \mid 1 \le i, j \le 6\}$ を考える．この試行の結果，2個のさいころの出る目の差の絶対値を X とすると，X は 0 から 5 までの整数の値を取る．この X がどのような値を取るかは，偶然的要因があるため予め知ることはできない．そのため，このような X は偶然的変量（または変量）とよばれる．この偶然的変量 X が特定の値を取る確率を計算することは可能であり，たとえば X の値が 5 になるのは，出る目の対が $(1, 6)$, $(6, 1)$ の 2 通りの場合であるから $P(X = 5) = 2/36$ である．他の可能な値についてもその確率を求めると次の表のようになる．偶然的変量の取り得る値と，その値を取る確率の対応表は分布とよばれる．

X の値	0	1	2	3	4	5
確率	6/36	10/36	8/36	6/36	4/36	2/36

偶然的変量は数学的には確率変数とよばれ，その定義は次のとおりである．

定義 2.1.1　（**確率変数**）　標本空間 Ω 上で定義された実数値関数 $X: \Omega \ni \omega \mapsto X(\omega) \in \mathbb{R}$（実数全体の集合）を Ω 上の **確率変数** とよぶ．また，Ω 上の確率 P を考えるとき，Ω 上の確率変数 X のことを，確率空間 (Ω, P) 上の確率変数とよぶこともある．なお，Ω 上の確率変数 X を，$\{X(\omega)\}_{\omega \in \Omega}$

と表すこともある.

記号 2.1.1　(Ω, P) を確率空間で，X は Ω 上の確率変数とする．このとき，1 変数関数 $\varphi(x)$ に対して，Ω 上の確率変数 $\varphi(X)$ は

$$\varphi(X)(\omega) = \varphi(X(\omega)) \qquad (\omega \in \Omega)$$

と定義される．以下では E を実数 $\mathbb{R}$ の部分集合とする．このとき，$X(\omega)$ が E に属する根元事象 ω の集合 $\{\omega \in \Omega \mid X(\omega) \in E\}$ を，$\{X \in E\}$ と略記することもある．さらに，確率 $P(\{\omega \in \Omega \mid X(\omega) \in E\})$ は $P(X \in E)$ と略記することもある．他にも，たとえば $P(\{\omega \in \Omega \mid a \le X(\omega) \le b\})$ は $P(a \le X \le b)$，$P(\{\omega \in \Omega \mid X(\omega) = x\})$ は $P(X = x)$ と略記することもある．

　次に，X に加えて Y も Ω 上の確率変数とする．このとき，2 変数関数 $v(x, y)$ に対して，Ω 上の確率変数 $v(X, Y)$ は

$$v(X, Y)(\omega) = v(X(\omega), Y(\omega)) \qquad (\omega \in \Omega)$$

と定義される．また，E に加えて F も実数 $\mathbb{R}$ の部分集合とする．このとき，$X(\omega)$ が E に属し，同時に $Y(\omega)$ が F に属する根元事象 ω の集合

$$\{\omega \in \Omega \mid X(\omega) \in E \text{ かつ } Y(\omega) \in F\}$$

を，$\{X \in E, Y \in F\}$ や $\{X \in E\} \cap \{Y \in F\}$ と略記したり，ベクトル表記を用いて $\{(X, Y) \in E \times F\}$ と略記することもある．また，「任意の $\omega \in \Omega$ で成立する確率変数に関する関係式」については，変数部分の (ω) を略して表記することが多い．たとえば，$X(\omega)Y(\omega)^2 > 3Y(\omega) + 2$（$\omega \in \Omega$）という関係式を略記する場合は，$XY^2 > 3Y + 2$ と表記する．

次の「定義関数」は，本書の様々な場面で活用する.

定義 2.1.2（**定義関数**）　集合 A 上で 1，A の外で 0 である関数

$$1_A(x) = \begin{cases} 1, & x \in A \\ 0, & x \notin A \end{cases}$$

を A の**定義関数**または**指示関数**とよぶ.

例 2.1.2 （事象の定義関数） Ω を標本空間とする. 任意の $\omega \in \Omega$ に対して $1_\Omega(\omega) = 1$ や $1_\emptyset(\omega) = 0$ が成り立つ. 定数関数 $c1_\Omega$ は, 普通は単に c と書く. また事象 A, B に対して, 次の関係式が成り立つ.

(1) $1_A(\omega) + 1_{A^c}(\omega) = 1$, $1_A(\omega)1_B(\omega) = 1_{A \cap B}(\omega)$ $(\omega \in \Omega)$,

(2) $1_{A \cup B}(\omega) = 1_A(\omega) + 1_B(\omega) - 1_{A \cap B}(\omega)$ $(\omega \in \Omega)$.

なお記号 2.1.1 で説明したように, 上記の関係式は (ω) を略して単に

$$(1) \quad 1_A + 1_{A^c} = 1, \quad 1_A 1_B = 1_{A \cap B}, \tag{2.1}$$

$$(2) \quad 1_{A \cup B} = 1_A + 1_B - 1_{A \cap B} \tag{2.2}$$

と表記することも多い.

問 2.1.1 事象 A, B に対し $1_{A+B} = 1_A + 1_B$ を示せ.

問 2.1.2 $\Omega = [0, 1]$ とし, 事象 $A = [0, 1/2]$ と $B = [1/4, 3/4]$ を考える. 横軸に $\omega \in [0, 1]$ を取り, 縦軸に y を取り, 次の関数の概形を描け.

(1) $y = 1_A(\omega) + 1_B(\omega)$ $(\omega \in [0, 1])$,
(2) $y = 3 \cdot 1_A(\omega) - 1_B(\omega)$ $(\omega \in [0, 1])$.

1 個のさいころを 1 回投げるとき, 出る目の値を X とすると, X は 1 から 6 までの整数値を $1/6$ ずつの確率で取る確率変数である. この X のように, 予め決められた有限個（または可算無限個）の値のみを取り得る確率変数は**離散型確率変数**とよばれる. 離散型確率変数を定義するためには, 次の「離散分布と確率関数の概念」が必要となる.

定義 2.1.3 （離散分布, 確率関数） 実数からなる集合 $\{x_1, x_2, \ldots\}$ $(i \neq j$ なら $x_i \neq x_j)$ の上で定義された関数 $p(x)$ に対して $p_k = p(x_k)$ $(k \geq 1)$ とおく. $p_k \geq 0$ $(k \geq 1)$ であり, かつ $\sum_{k \geq 1} p_k = 1$ をみたすとき,

$$\begin{pmatrix} x_k \\ p_k \end{pmatrix}_{k \geq 1} = \begin{pmatrix} x_1 & x_2 & \cdots \\ p_1 & p_2 & \cdots \end{pmatrix} \qquad (2.3)$$

を**離散分布**または単に**分布**とよび，関数 $p(x)$ を**確率関数**とよぶ.

注意 2.1.1　定義 2.1.3 において，$p_{n+1} = p_{n+2} = \cdots = 0$（$n$ は自然数）であるとき，

$$\begin{pmatrix} x_1 & x_2 & \cdots & x_n & x_{n+1} & x_{n+2} & \cdots \\ p_1 & p_2 & \cdots & p_n & 0 & 0 & \cdots \end{pmatrix}$$

で与えられる離散分布 (2.3) は，確率が 0 の部分は省略して，次の記号

$$\begin{pmatrix} x_k \\ p_k \end{pmatrix}_{1 \leq k \leq n} = \begin{pmatrix} x_1 & x_2 & \cdots & x_n \\ p_1 & p_2 & \cdots & p_n \end{pmatrix} \qquad (2.4)$$

で表すことが多い.

　離散型確率変数を定義すると次のとおりである.

定義 2.1.4（**離散型確率変数**）　(Ω, P) 上の確率変数 X に対して，(2.3) で与えられる離散分布があって，$P(X = x_k) = p_k$ $(k \geq 1)$ が成り立つとき，X は離散分布 (2.3) に**従う**といい，このことを次の記号

$$X \sim \begin{pmatrix} x_1 & x_2 & \cdots \\ p_1 & p_2 & \cdots \end{pmatrix} \qquad (2.5)$$

で表す. この X のように，離散分布に従う確率変数を**離散型確率変数**とよぶ.

注意 2.1.2　X が離散分布 (2.3) に従うとき，任意の $a < b$ に対して次式が成り立つ.

$$P(a \leq X \leq b) = \sum_{\substack{k \geq 1 \\ a \leq x_k \leq b}} p_k.$$

ここで右辺は，$a \leq x_k \leq b$ をみたす自然数 k についての p_k の和を表す.

注意 2.1.3　1 章では，標本空間 Ω や確率空間 (Ω, P) について詳しく解説した. しかし，この章以降では，標本空間 Ω や確率空間 (Ω, P) の情報は明示せず，分布の情報をもとに議論を進めることが多い.

例題 2.1.1

男の子 5 人，女の子 3 人の中から無作為に 3 人を選び，この 3 人の中に含まれる男の子の人数を X とする．このとき，X が従う分布を求め，事象 $A = \{\omega \in \Omega \mid 1 \leq X(\omega) \leq 2\}$ の確率 $P(A)$ を求めよ．

【解答】 8 人から 3 人を選ぶ選び方は $_8\mathrm{C}_3 = 56$ 通り．男の子 k 人，女の子 $3-k$ 人を選ぶ選び方は $_5\mathrm{C}_k \cdot {}_3\mathrm{C}_{3-k}$ であるから，X は次の離散分布

$$\begin{pmatrix} k \\ _5\mathrm{C}_k \cdot {}_3\mathrm{C}_{3-k}/{}_8\mathrm{C}_3 \end{pmatrix}_{k=0}^3 = \begin{pmatrix} 0 & 1 & 2 & 3 \\ 1/56 & 15/56 & 30/56 & 10/56 \end{pmatrix} \quad (2.6)$$

に従う．よって，$P(A) = P(X=1) + P(X=2) = 15/56 + 30/56 = 45/56$ である．
□

注意 2.1.4 例題 2.1.1 における確率空間 (Ω, P) の構成方法を 4 通り紹介する．ただし，初学者には難しく感じられるかもしれないため，とばして読み進めても問題ない．準備のため，男の子 5 人の集合を $B = \{b_1, b_2, b_3, b_4, b_5\}$ と表し，女の子 3 人の集合を $G = \{g_1, g_2, g_3\}$ と表す．

【構成法 1】 3 人を同時に選ぶとき，根元事象は $B \cup G$ の相異なる 3 つの元からなる集合とし，標本空間 Ω を

$$\Omega = \{\omega = \{\omega_1, \omega_2, \omega_3\} \mid \omega_k \in B \cup G \ (1 \leq k \leq 3), \ \omega_i \neq \omega_j \ (i \neq j)\}$$

と定義する．たとえば $\{b_2, b_3, g_2\}$ と $\{b_3, b_2, g_2\}$ は同じ集合であるため，同一の根元事象である．そのため，Ω の根元事象の数は $_8\mathrm{C}_3$ である．Ω 上の確率 P は，各根元事象 $\omega \in \Omega$ に対して $P(\{\omega\}) = 1/{}_8\mathrm{C}_3$ と定義する．このとき，(Ω, P) 上の確率変数 X を

$$X(\omega) = 「\omega_i \in B \text{ となる } i \in \{1,2,3\} \text{ の個数」} \quad (\omega = \{\omega_1, \omega_2, \omega_3\} \in \Omega)$$

と定めれば，X の離散分布は (2.6) と一致する．

【構成法 2】 3 人を順番に選ぶとき，直積集合を $(B \cup G)^3 = (B \cup G) \times (B \cup G) \times (B \cup G)$ と表し，標本空間 Ω を

$$\Omega = \{\omega = (\omega_1, \omega_2, \omega_3) \in (B \cup G)^3 \mid \omega_i \neq \omega_j \ (i \neq j)\}$$

と定義する．たとえば根元事象 (b_2, b_3, g_2) は「$b_2 \to b_3 \to g_2$ の順番に選ばれた結果」を表すものとする．このとき，Ω の根元事象の数は $_8\mathrm{P}_3$ である．Ω 上の確率 P は，各根元事象 $\omega \in \Omega$ に対して $P(\{\omega\}) = 1/{}_8\mathrm{P}_3$ と定義する．このとき，(Ω, P) 上の確率変数 X を

$$X(\omega) = 「\omega_i \in B \text{ となる } i \in \{1,2,3\} \text{ の個数」} \quad (\omega = (\omega_1, \omega_2, \omega_3) \in \Omega)$$

と定める．たとえば $\{X = 1\}$ は，互いに素な A_1, A_2, A_3 を用いて

$$\{(\omega_1, \omega_2, \omega_3) \in \Omega \mid X(\omega) = 1\} = A_1 \cup A_2 \cup A_3$$
$$A_i = \{(\omega_1, \omega_2, \omega_3) \in \Omega \mid \omega_i \in B,\ \omega_j \in G\ (j \neq i)\}$$

と表せて，各 A_i に含まれる根元事象の数は $5 \times {}_3\mathrm{P}_2 = 5 \times 3 \times 2$ であるため，

$$P(X = 1) = P(A_1) + P(A_2) + P(A_3) = 3P(A_1)$$
$$= 3 \times \frac{5 \times {}_3\mathrm{P}_2}{{}_8\mathrm{P}_3} = 3 \times \frac{{}_5\mathrm{C}_1 \times {}_3\mathrm{C}_2 \times 2}{{}_8\mathrm{C}_3 \times 3!} = \frac{{}_5\mathrm{C}_1 \times {}_3\mathrm{C}_2}{{}_8\mathrm{C}_3}$$

と計算できる．その他の場合についても同様に計算することで，次式

$$P(X = k) = \frac{{}_5\mathrm{C}_k \times {}_3\mathrm{C}_{3-k}}{{}_8\mathrm{C}_3} \quad (k = 0, 1, 2, 3)$$

が成り立つため，X の離散分布は (2.6) と一致する．

【構成法 3】 標本空間は $\Omega = \{0, 1, 2, 3\}$ で，Ω 上の確率 P は (2.6) の確率を用いて

$$P(\{0\}) = \frac{1}{56},\ P(\{1\}) = \frac{15}{56},\ P(\{2\}) = \frac{30}{56},\ P(\{3\}) = \frac{10}{56}$$

と定義する．このとき，(Ω, P) 上の確率変数 X を $X(\{\omega\}) = \omega\ (\omega \in \Omega)$ と定める
と，X の離散分布は (2.6) と一致する．

【構成法 4】 標本空間は $\Omega = [0, 1]$ とし，P は Ω 上の 1 次元の幾何的確率（長さ）
とする．ここで，(2.6) の確率を累積して積み上げた $\{q_k\}_{k=0}^4$ を

$$q_0 = 0,\ q_1 = q_0 + \frac{1}{56},\ q_2 = q_1 + \frac{15}{56},\ q_3 = q_2 + \frac{30}{56},\ q_4 = q_3 + \frac{10}{56} = 1$$

と定める．Ω は次の 4 つの部分区間を用いて分割し，(Ω, P) 上の確率変数 X を

$$\Omega = [q_0, q_1) \cup [q_1, q_2) \cup [q_2, q_3) \cup [q_3, q_4],\quad X(\omega) = \begin{cases} 0 & (\omega \in [q_0, q_1)) \\ 1 & (\omega \in [q_1, q_2)) \\ 2 & (\omega \in [q_2, q_3)) \\ 3 & (\omega \in [q_3, q_4]) \end{cases}$$

と定める．このとき，次の 4 つの関係式

$$P(\{\omega \in \Omega \mid X(\omega) = 0\}) = P([q_0, q_1)) = q_1 - q_0 = \frac{1}{56},$$

$$P(\{\omega \in \Omega \mid X(\omega) = 1\}) = P([q_1, q_2)) = q_2 - q_1 = \frac{15}{56},$$

$$P(\{\omega \in \Omega \mid X(\omega) = 2\}) = P([q_2, q_3)) = q_3 - q_2 = \frac{30}{56},$$

$$P(\{\omega \in \Omega \mid X(\omega) = 3\}) = P([q_3, q_4]) = q_4 - q_3 = \frac{10}{56}$$

が成り立つため，X の離散分布は (2.6) と一致する．

以上で，例題 2.1.1 における確率空間の構成方法を 4 通り紹介した．なお，確率空間

の構成方法は，この 4 通り以外にも無数に存在することが知られている．【構成法 1】や【構成法 2】であれば，「根元事象がどのような試行に対応するか」を読者が想像しやすいと考えられる．【構成法 3】では，分布そのものを確率空間とみなす．【構成法 4】の考え方は逆関数法とよばれ，トピックス 3 でも詳しく紹介する．

例 **2.1.3**（**離散型確率変数と定義関数**） 標本空間 Ω 上の確率変数 X の取り得る値を $\{x_1, x_2, \ldots\}$（$i \neq j$ なら $x_i \neq x_j$）とする．このとき，$A_i = \{X = x_i\}$（$i \geq 1$）とおくと，X は

$$X(\omega) = \sum_{i \geq 1} x_i 1_{A_i}(\omega) \qquad (\omega \in \Omega)$$

と表せて，この事象の集まり $\{A_i\}_{i \geq 1}$ は次の 2 つの関係式

$$\Omega = \bigcup_{i \geq 1} A_i, \quad A_i \cap A_j = \emptyset \; (i \neq j) \tag{2.7}$$

をみたす．次に，Ω 上の確率変数 Y の取り得る値を $\{y_1, y_2, \ldots\}$（$i \neq j$ なら $y_i \neq y_j$）とする．このとき，$B_j = \{Y = y_j\}$（$j \geq 1$）とおくと，この Y についても，X と同様に

$$Y(\omega) = \sum_{j \geq 1} y_j 1_{B_j}(\omega) \qquad (\omega \in \Omega)$$

と表せる．まず，(2.1) より，$1_{A_i} 1_{B_j} = 1_{A_i \cap B_j}$ が成り立つ．よって，Ω 上の確率変数 XY は

$$
\begin{aligned}
X(\omega)Y(\omega) &= \left(\sum_{i \geq 1} x_i 1_{A_i}(\omega)\right) \cdot \left(\sum_{j \geq 1} y_j 1_{B_j}(\omega)\right) \\
&= \sum_{i \geq 1} \sum_{j \geq 1} x_i y_j 1_{A_i \cap B_j}(\omega) \qquad (\omega \in \Omega)
\end{aligned}
$$

と表せる．次に，事象の集まり $\{A_i \cap B_j\}_{i,j \geq 1}$ は，(2.7) と同様に，次の 2 つの関係式をみたす．

$$\Omega = \bigcup_{i \geq 1} \bigcup_{j \geq 1} (A_i \cap B_j), \quad (A_i \cap B_j) \cap (A_k \cap B_l) = \emptyset \; ((i,j) \neq (k,l)). \tag{2.8}$$

ここで，$A_i \cap B_j \neq \emptyset$ かつ $\omega \in A_i \cap B_j$ のとき $X(\omega) + Y(\omega) = x_i + y_j$ が成り立つため，このことと (2.8) より，Ω 上の確率変数 $X + Y$ は次のように表せる．

$$X(\omega) + Y(\omega) = \sum_{i \geq 1} x_i 1_{A_i}(\omega) + \sum_{j \geq 1} y_j 1_{B_j}(\omega)$$

$$= \sum_{i \geq 1} \sum_{j \geq 1} (x_i + y_j) 1_{A_i \cap B_j}(\omega) \qquad (\omega \in \Omega).$$

例 2.1.4 （ベルヌーイ分布）　$0 < p < 1$, $q = 1 - p$ に対して，次の離散分布

$$\begin{pmatrix} 0 & 1 \\ q & p \end{pmatrix}$$

をパラメータ p のベルヌーイ分布 (Bernoulli distribution) とよび，記号 $Be(p)$ で表す．成功か失敗か 2 つの結果しかない試行において，成功したら $X = 1$ と定め，失敗したら $X = 0$ と定める．このとき，X は確率変数であり，成功確率を p とおくと X は $Be(p)$ に従う．このような試行と確率変数 X を，それぞれベルヌーイ試行とベルヌーイ確率変数とよぶ.

例 2.1.5 （二項分布）　自然数 n, $0 < p < 1$, $q = 1 - p$ に対して，次の離散分布

$$\begin{pmatrix} k \\ {}_n C_k\, p^k q^{n-k} \end{pmatrix}_{0 \leq k \leq n} = \begin{pmatrix} 0 & 1 & \cdots & n \\ q^n & npq^{n-1} & \cdots & p^n \end{pmatrix} \tag{2.9}$$

をパラメータ (n, p) の二項分布 (binomial distribution) とよび，記号 $B(n, p)$ で表す．二項定理より，次の関係式

$$\sum_{k=0}^{n} {}_n C_k\, p^k q^{n-k} = (p + q)^n = 1$$

が成り立つため，(2.9) は離散分布の条件をみたす．$n = 1$ のとき，二項分布 $B(1, p)$ とベルヌーイ分布 $Be(p)$ は一致する．なお，「事象 A が起こる確率が p である試行」を独立に n 回繰り返すとき，この n 回の試行のうち A が起こる回数を X とおくと，X は二項分布 $B(n, p)$ に従うことが知られている．このことは系 3.1.1 で詳しく解説する.

例題 2.1.2

　白玉 5 個と黒玉 2 個の計 7 個が入っている袋がある．この袋から玉を同

時に4個取り出し，もとに戻す操作を3回行う．この3回の操作のうち，白玉が3個以上出る操作の回数を X とする．このとき，X はどのような分布に従うか述べ，$P(X=1)$ の値を求めよ．

【解答】 1回の操作で白玉が3個以上出る事象を A とすると，$P(A)$ は

$$P(A) = \frac{{}_5\mathrm{C}_3 \cdot {}_2\mathrm{C}_1 + {}_5\mathrm{C}_4}{{}_7\mathrm{C}_4} = \frac{5}{7}$$

である．よって，X は二項分布 $B(3, 5/7)$ に従い，$P(X=1)$ は次のように計算できる．

$$P(X=1) = {}_3\mathrm{C}_1 \cdot \left(\frac{5}{7}\right) \cdot \left(\frac{2}{7}\right)^2 = \frac{60}{343}. \qquad \square$$

例 2.1.6 （幾何分布） $0 < p < 1$, $q = 1 - p$ に対して，次の離散分布

$$\begin{pmatrix} k \\ pq^k \end{pmatrix}_{k \geq 0} = \begin{pmatrix} 0 & 1 & 2 & \cdots \\ p & pq & pq^2 & \cdots \end{pmatrix} \tag{2.10}$$

をパラメータ p の**幾何分布** (geometric distribution) とよび，記号 $Ge(p)$ で表す．なお，$\sum_{k=0}^{\infty} q^k = 1/(1-q) = 1/p$ より，(2.10) は離散分布の条件をみたす．「1回の試行で成功する確率が p である試行」を独立に何回も繰り返すとき，はじめて成功するまでに失敗した試行の回数を X とおくと，$P(X=k) = pq^k$ $(k = 0, 1, \ldots)$ が成り立つため，X は幾何分布 $Ge(p)$ に従う．

(Ω, P) 上の確率変数 X が幾何分布 $Ge(p)$ に従うとき，$\sum_{i=k}^{\infty} q^i = q^k/(1-q) = (1-p)^k/p$ より，次の関係式が成り立つ．

$$P(X \geq k) = (1-p)^k \qquad (k = 0, 1, \ldots). \tag{2.11}$$

また，$k, l \geq 0$ に対して $\{X \geq k + l\} \cap \{X \geq k\} = \{X \geq k + l\}$ が成り立つため，このことと (2.11) より，**無記憶性**とよばれる次の性質が得られる．

$$P(X \geq k + l \mid X \geq k) = P(X \geq l) \qquad (k, l \geq 0). \tag{2.12}$$

問 2.1.3 (2.12) が成り立つことを確認せよ．

例 2.1.7 （ポアソン分布） $\lambda > 0$ に対して，次の離散分布

$$
\begin{pmatrix} k \\ e^{-\lambda} \dfrac{\lambda^k}{k!} \end{pmatrix}_{k \geq 0} = \begin{pmatrix} 0 & 1 & 2 & \cdots \\ e^{-\lambda} & e^{-\lambda}\lambda & e^{-\lambda}\dfrac{\lambda^2}{2} & \cdots \end{pmatrix} \tag{2.13}
$$

を**ポアソン分布** (Poisson distribution) とよび，記号 $Po(\lambda)$ で表す．ここで e は**ネイピア数**とよばれる無理数で，自然対数の底でもあり，その値は $e = 2.718\cdots$ である．公式 (A.21) より $e^{\lambda} = \sum_{k=0}^{\infty} \lambda^k/k!$ であるため，(2.13) は離散分布の条件をみたす．1 年間当たりの交通事故の件数のように，「まれにしか起こらない事象が所定の時間内に発生する件数」を表す確率変数の分布は，ポアソン分布によく当てはまることが知られている．このことは，二項分布 $B(n,p)$ のパラメータ n が十分大きく，かつパラメータ p が十分小さい場合に，この二項分布 $B(n,p)$ をポアソン分布 $Po(\lambda)$ で近似できることと関係している．興味を持たれた方は A.4 節を参照されたい．

問 2.1.4　(Ω, P) 上の確率変数 X が $Po(\lambda)$ に従うとき，$P(2X \geq 5)$ を求めよ．

　定義 2.1.4 の離散型確率変数と対になる概念として連続型確率変数がある．連続型確率変数とは，生徒の身長や体重のように，取り得る値を無限に細かくできる確率変数のことを指す．連続型確率変数 X においては，X が一定の区間内に入る確率を計算することが重要である．なぜなら，X の取り得る値のすべてに正の確率を与えてしまうと，確率の総和が無限大となってしまい，確率の公理と矛盾が生じるからである．連続型確率変数が一定の区間内に入る確率を数学的に表現するためには，次の「密度関数の概念」が必要となる．

定義 2.1.5（**密度関数**）　$\mathbb{R}$ 上の実数値関数 $f(x)$ が次の 2 条件

$$
f(x) \geq 0, \qquad \int_{-\infty}^{\infty} f(x)\,dx = 1
$$

をみたすとき，$f(x)$ を（確率）**密度関数** (probability density function) とよぶ．$f(x)$ が密度関数のとき，任意の区間 $[a,b]$ に対して

$$
\mu_f([a,b]) = \int_{a}^{b} f(x)\,dx
$$

と定義し，この μ_f を「（密度関数）$f(x)$ から定まる**分布**」とよぶ．この

とき, $f(x)$ を「μ_f の密度関数」ともよぶ.

連続型確率変数が区間 $[a, b]$ 内の値を取る確率は, 密度関数の区間 $[a, b]$ 上の積分で定義する.

> **定義 2.1.6** (連続型確率変数) (Ω, P) 上の確率変数 X に対して, ある密度関数 $f(x)$ があって, 任意の $a < b$ に対して $P(a \le X \le b) = \mu_f([a, b])$ が成り立つとき, X は分布 μ_f に従うといい, このことを $X \overset{\mathrm{pdf}}{\sim} f(x)$ や $X \sim \mu_f$ と表す. $X \sim \mu_f$ のとき, $f(x)$ を「X の密度関数」とよび, X を**連続型確率変数**とよぶ.

注意 2.1.5 定義 2.1.6 の設定のもとで考察する. このとき, 任意の実数 a に対して

$$P(X = a) = P(a \le X \le a) = \int_a^a f(x)\, dx = 0$$

が成り立つため, X が一点に値を取る確率は 0 である. ここで, $a < b$ をみたす任意の実数 a, b に対して, 事象 $\{a \le X \le b\}$ の 2 通りの分解方法

$$\{a \le X \le b\} = \{a < X \le b\} \cup \{X = a\},$$
$$\{a \le X \le b\} = \{a < X < b\} \cup \{X = a\} \cup \{X = b\}$$

と, $P(X = a) = P(X = b) = 0$ を用いて, $\{a \le X \le b\}$ の確率を 2 通りの方法で計算すると次の 2 つの関係式

$$P(a \le X \le b) = P(a < X \le b) + P(X = a) = P(a < X \le b),$$
$$P(a \le X \le b) = P(a < X < b) + P(X = a) + P(X = b) = P(a < X < b)$$

が得られる. したがって, 次の関係式が成り立つ.

$$\int_a^b f(x)\, dx = P(a \le X \le b) = P(a < X \le b) = P(a < X < b).$$

なお同様の議論から, $P(a \le X < b)$ が $P(a \le X \le b)$ と等しいこともわかる.

例 2.1.8 (一様分布) $a < b$ に対して, 次の密度関数

$$f(x) = \frac{1}{b-a} 1_{[a,b]}(x) = \begin{cases} \dfrac{1}{b-a} & (a \le x \le b) \\ 0 & (x < a \text{ または } x > b) \end{cases}$$

から定まる分布 μ_f を $[a, b]$ 上の**一様分布** (uniform distribution) とよび, 記

号 $U(a, b)$ で表す．$c > 0$ は定数とし，A 駅では c 分おきに電車が発車しているとする．B さんが無作為に A 駅に到着するとき，到着後に次の電車が来るまでの B さんの待ち時間を表す確率変数は $U(0, c)$ に従う．

例 2.1.9 （指数分布）　$\lambda > 0$ に対して，次の密度関数

$$f(x) = \begin{cases} \lambda e^{-\lambda x} & (x \geq 0) \\ 0 & (x < 0) \end{cases}$$

から定まる分布 μ_f をパラメータ λ の**指数分布** (exponential distribution) とよび，記号 $\mathrm{Exp}(\lambda)$ で表す．$f(x)$ が密度関数の条件をみたすことは，次式

$$\int_{-\infty}^{\infty} f(x)\, dx = \int_0^{\infty} \lambda e^{-\lambda x}\, dx = -\int_0^{\infty} \frac{d}{dx}\, e^{-\lambda x}\, dx = -[e^{-\lambda x}]_{x=0}^{x=\infty} = 1$$

からわかる．次に，X が (Ω, P) 上の確率変数で $X \sim \mathrm{Exp}(\lambda)$ のとき，次式

$$P(X \geq x) = \int_x^{\infty} \lambda e^{-\lambda t}\, dt = e^{-\lambda x} \quad (x \geq 0) \tag{2.14}$$

が成り立つ．また，$x, y \geq 0$ に対して $\{X \geq x + y\} \cap \{X \geq x\} = \{X \geq x + y\}$ が成立するため，このことと (2.14) より，指数分布の**無記憶性**とよばれる次の性質が得られる．

$$P(X \geq y + x \mid X \geq x) = \frac{P(X \geq x + y)}{P(X \geq x)} = \frac{e^{-\lambda(x+y)}}{e^{-\lambda x}} = P(X \geq y).$$

　指数分布は，地震が起きる間隔や，製品が製造されたときから壊れるまでの時間などを表す確率変数が従う分布としてよく利用される．数学的には，指数分布は「単位時間あたりに起こる確率が常に一定である無作為なイベントの発生間隔」を表す確率変数が従う分布である．この点に興味を持たれた方は A.5 節を参照されたい．

問 2.1.5　(Ω, P) 上の確率変数 X が $\mathrm{Exp}(\lambda)$ に従うとき，$P(X \leq c) = 1/2$ をみたす定数 c を求めよ（c は $\mathrm{Exp}(\lambda)$ の**中央値**とよばれる）．

例 2.1.10 （正規分布）　実数 μ および $\sigma > 0$ に対して，次の密度関数

$$f(x) = \frac{1}{\sqrt{2\pi\sigma^2}} \exp\left\{ -\frac{(x - \mu)^2}{2\sigma^2} \right\} \quad (x \in \mathbb{R})$$

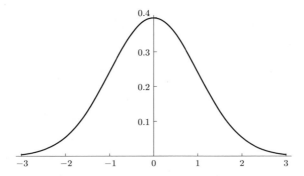

から定まる分布 μ_f を平均 μ, 分散 σ^2 の **正規分布** (normal distribution) とよび, 記号 $N(\mu, \sigma^2)$ で表す. 特に $N(0, 1)$ は **標準正規分布** (standard normal distribution) とよばれる. なお $\exp\{A\}$ や $\exp(A)$ は, e^A の別の表記法であり, A が複雑な式の場合は, e^A よりも $\exp\{A\}$ や $\exp(A)$ の表記を用いることが多い.

問 2.1.6 例 2.1.10 の $f(x)$ について, 以下を確かめよ.
(1) $y = f(x)$ は $x = \mu$ について対称であること.
(2) $y = f(x)$ は $x = \mu$ で極大値を持つこと.
(3) $y = f(x)$ は $x = \mu \pm \sigma$ で変曲点を持つこと.
(4) $f(x)$ は密度関数であること ((A.83) を用いてよい).

次に, 正規分布と線形変換の関係 (補題 2.1.2) を説明するにあたり, 補題 2.1.1 において, 密度関数と線形変換の関係を明らかにする. なお, 補題 2.1.1 は, 7 章の統計的仮説検定において, 検定統計量の尤度比関数を計算するときにも利用する.

補題 2.1.1 (**密度関数と線形変換**) X は (Ω, P) 上の確率変数で, $f(x)$ は X の密度関数とする. このとき, 実数 $c \neq 0$ と実数 d に対して, (Ω, P) 上の確率変数 $Y = cX + d$ の密度関数 $g(x)$ は次式で与えられる.

$$g(x) = \frac{1}{|c|} f\left(\frac{x - d}{c}\right).$$

[証明] 任意の $a < b$ に対し, 次式が成り立つことを証明する.

$$P(a \leq Y \leq b) = \int_a^b \frac{1}{|c|} f\left(\frac{y-d}{c}\right) dy. \tag{2.15}$$

(1) まず $c > 0$ の場合を考える. このとき, 次式が成り立つ.

$$P(a \leq Y \leq b) = P\left(\frac{a-d}{c} \leq X \leq \frac{b-d}{c}\right) = \int_{\frac{a-d}{c}}^{\frac{b-d}{c}} f(x)\, dx. \tag{2.16}$$

(2.16) の積分において $y = cx + d$ と変数変換を行うと, 関係式 $dy/dx = c$ と $c = |c|$ より, (2.15) が得られる.

(2) 次に $c < 0$ の場合を考える. このとき, 次式が成り立つ.

$$P(a \leq Y \leq b) = P\left(\frac{b-d}{c} \leq X \leq \frac{a-d}{c}\right) = \int_{\frac{b-d}{c}}^{\frac{a-d}{c}} f(x)\, dx. \tag{2.17}$$

(2.17) の積分において $y = cx + d$ と変数変換を行うと, 関係式 $dy/dx = c$ と $c = -|c|$ より, 次式が成り立つ.

$$P(a \leq Y \leq b) = \int_b^a \frac{1}{c} f\left(\frac{y-d}{c}\right) dy = \int_a^b \frac{1}{|c|} f\left(\frac{y-d}{c}\right) dy.$$

したがって, $c < 0$ の場合も (2.15) が得られる. □

次の補題 2.1.2 から, 正規分布に従う確率変数 X の線形変換 $cX + d$ も正規分布に従うことがわかる.

補題 2.1.2 (**正規分布と線形変換**) (Ω, P) 上の確率変数 X は正規分布 $N(\mu, \sigma^2)$ に従うとする. このとき, 実数 $c \neq 0$ と実数 d に対して, (Ω, P) 上の確率変数 $Y = cX + d$ は正規分布 $N(c\mu + d, c^2\sigma^2)$ に従う.

[証明] X の密度関数は

$$f(x) = \frac{1}{\sqrt{2\pi\sigma^2}} \exp\left\{-\frac{(x-\mu)^2}{2\sigma^2}\right\}$$

である. よって, 補題 2.1.1 より, Y の密度関数 $g(x)$ は

$$g(x) = \frac{1}{|c|} f\left(\frac{x-d}{c}\right) = \frac{1}{\sqrt{2\pi c^2 \sigma^2}} \exp\left\{-\frac{(x - c\mu - d)^2}{2c^2\sigma^2}\right\}$$

と計算できる. したがって, Y は正規分布 $N(c\mu + d, c^2\sigma^2)$ に従う. □

注意 2.1.6 (Ω, P) 上の確率変数 X が $N(\mu, \sigma^2)$ に従うとする. このとき, 補題 2.1.2 より, 確率変数 $Z = (X - \mu)/\sigma$ は標準正規分布 $N(0, 1)$ に従うことがわかり, この Z を X の**標準化**とよぶ. なお, $N(0, 1)$ に従う確率変数 Z に対する確率

$$p(u) = P(0 \leq Z \leq u) = \frac{1}{\sqrt{2\pi}} \int_0^u e^{-\frac{z^2}{2}} dz \tag{2.18}$$

の値は表 C.1 を利用して計算できる. 表 C.1 の利用方法を説明する.

(1) $p(0.12)$ の値を調べるとき, まず $0.12 = 0.1 + 0.02$ と分解する. 次に表 C.1 の「縦の 0.1 に対応する行」(上から 2 行目) の「横の .02 に対応する列」(左から 3 列目) の数値を探し, この数値が $p(0.12) = 0.0478$ である.

(2) $p(0.04)$ の値を調べるとき, まず $0.04 = 0.0 + 0.04$ と分解する. 次に表 C.1 の「縦の 0.0 に対応する行」(上から 1 行目) の「横の .04 に対応する列」(左から 5 列目) の数値を探し, この数値が $p(0.04) = 0.0160$ である.

(3) $p(0.40)$ の値を調べるとき, まず $0.40 = 0.4 + 0.00$ と分解する. 次に表 C.1 の「縦の 0.4 に対応する行」(上から 5 行目) の「横の .00 に対応する列」(左から 1 列目) の数値を探し, この数値が $p(0.40) = 0.1554$ である.

── 例題 2.1.3 ──

ある入学試験の点数 X は正規分布 $N(51, 625)$ に従うとする.

(1) 52 点以上かつ 54 点以下の割合を求めよ.

(2) 49 点以上かつ 52 点以下の割合を求めよ.

(3) 61 点以上を合格としたときの合格率を求めよ.

ただし, 表 C.1 を利用すること.

【解答】 X の標準化を $Z = (X - 51)/\sqrt{625} = (X - 51)/25$ とおくと, Z は標準正規分布 $N(0, 1)$ に従う. $N(0, 1)$ は密度関数 $f(x) = \frac{1}{\sqrt{2\pi}} e^{-\frac{x^2}{2}}$ から定まる分布である. $y = f(x)$ は y 軸に関して左右対称な形をしていることや,「確率の加法性」を用いて次の計算を行う.

(1) $P(52 \leq X \leq 54) = P(0.04 \leq Z \leq 0.12)$ であるため, この値は

$$P(52 \leq X \leq 54) = P(0 \leq Z \leq 0.12) - P(0 \leq Z \leq 0.04)$$
$$= 0.0478 - 0.0160 = 0.0318$$

と計算でき, 求める割合は 3.18% である.

(2) $P(49 \leq X \leq 52) = P(-0.08 \leq Z \leq 0.04)$ であるため, この値は

$$P(49 \leq X \leq 52) = P(-0.08 \leq Z \leq 0) + P(0 \leq Z \leq 0.04)$$
$$= P(0 \leq Z \leq 0.08) + P(0 \leq Z \leq 0.04) = 0.0319 + 0.0160 = 0.0479$$

と計算でき，求める割合は 4.79% である．

(3)　$P(X \geq 61) = P(Z \geq 0.40) = P(Z \geq 0) - P(0 \leq Z \leq 0.40) = 0.5 - 0.1554$
と計算できるため，求める合格率は 34.46% である．

なお，実際の試験の点数が負になることはない．しかし，$X \sim N(51, 625)$ のとき，X が負の値を取る確率は正であり，その値は次のとおりである．

$$P(X \leq 0) = P(Z \geq 2.04) = 0.5 - P(0 \leq Z \leq 2.04) = 0.0207. \qquad \square$$

2.2　分 布 関 数

確率変数 X が x 以下である確率 $P(X \leq x)$ を，x の関数とみなすとき，この関数は X の分布関数とよばれ，次のように定義される．

> **定義 2.2.1**（分布関数）　(Ω, P) 上の確率変数 X と実数 x に対して，事象 $\{X \leq x\} = \{\omega \in \Omega \mid X(\omega) \leq x\}$ の確率を
> $$F(x) = P(X \leq x) = P(\{\omega \in \Omega \mid X(\omega) \leq x\})$$
> と定め，x の単調増加関数 $F(x)$ を，X の**分布関数**（または**累積分布関数**）とよぶ．なお，$F(x)$ は $F_X(x)$ とも表す．

例 **2.2.1**　定義 2.2.1 の設定のもとで考察する．このとき，任意の $x < y$ に対して，標本空間 Ω や事象 $\{X \leq y\}$ は

$$\Omega = \{X \leq x\} \cup \{X > x\}, \quad \{X \leq y\} = \{X \leq x\} \cup \{x < X \leq y\}$$

と互いに素な 2 つの事象の和集合で表せる．よって，P の加法性より，次式

$$P(X > x) = 1 - F(x), \quad P(x < X \leq y) = F(y) - F(x)$$

が成り立つ．まず，X が離散分布 (2.3) に従うとき，次式が成り立つ．

$$F(x) = P(X \leq x) = \sum_{\substack{k \geq 1 \\ x_k \leq x}} p(x_k) = \sum_{\substack{k \geq 1 \\ x_k \leq x}} p_k.$$

次に，X の密度関数が $f(x)$ であるとき，次式

$$F(x) = P(X \leq x) = \int_{-\infty}^{x} f(t)\, dt$$

が成り立つ. よって, この $f(x)$ が x で連続であれば, 微分積分学の基本定理
より, $\frac{d}{dx} F(x) = f(x)$ が成り立つ.

なお, 分布関数 $F(x)$ がわかれば, 確率関数 $p(x)$ や密度関数 $f(x)$ を特定で
きることが知られている.

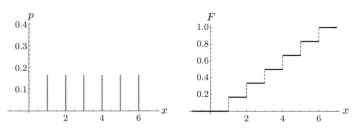

図 2.1 離散型確率変数の確率関数と分布関数.

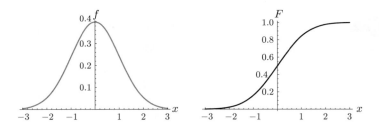

図 2.2 連続型確率変数の密度関数と分布関数.

トピックス 2（カントール関数） X は (Ω, P) 上の確率変数とする. X の密度関数が
$f(x)$ であるとき, X の分布関数 $F_X(x) = P(X \leq x) = \int_{-\infty}^{x} f(t)\, dt$ は実数 x の関数
として連続関数であるが, 逆の主張は成り立たない. つまり, X の分布関数 $F_X(x) =$
$P(X \leq x)$ が連続関数であっても, X の密度関数が存在しないことがある. たとえ
ば, $F_X(x)$ が**カントール関数**とよばれる関数の場合, $F_X(x)$ は連続関数であるが,
X の密度関数は存在しないことが知られている. 本書ではこのような確率変数は考察
の対象外とするが, 興味を持たれた読者は測度論の文献で勉強してもらいたい.

例題 2.2.1

　白玉が 7 個, 黒玉が 3 個の計 10 個が入った袋がある. この袋の中から
玉を 1 個取り出し, その玉を袋に戻さずに, さらに袋の中から玉を 1 個取
り出すとき, 取り出した 2 個の玉のうち白玉の個数を X とおく. このと

き，X の分布関数 $F(x)$ を求めよ．

【解答】　まず $x < 0$ のとき，関係式 $\{X \leq x\} = \emptyset$ より，$F(x) = P(\emptyset) = 0$ である．次に $0 \leq x < 1$ のとき，関係式 $\{X \leq x\} = \{X = 0\}$ より，$F(x) = P(X = 0) = (3 \cdot 2)/(10 \cdot 9) = 1/15$ である．また $1 \leq x < 2$ のとき，関係式 $\{X \leq x\} = \{X = 0\} \cup \{X = 1\}$ より，

$$F(x) = P(X = 0) + P(X = 1) = \frac{3 \cdot 2}{10 \cdot 9} + 2 \frac{7 \cdot 3}{10 \cdot 9} = \frac{8}{15}$$

である．最後に $x \geq 2$ のとき，次の関係式

$$\{X \leq x\} = \{X = 0\} \cup \{X = 1\} \cup \{X = 2\}$$

より，$F(x) = P(X = 0) + P(X = 1) + P(X = 2) = 1$ である．　　　□

問 2.2.1　$0 < p < 1$ とする．(Ω, P) 上の確率変数 X がベルヌーイ分布 $Be(p)$ に従うとき，X の分布関数 $F(x) = P(X \leq x)$ を求めよ．

例 2.2.2　$\lambda > 0$ とする．(Ω, P) 上の確率変数 X が指数分布 $\mathrm{Exp}(\lambda)$ に従うとき，X の密度関数を $f(x)$ とおくと，X の分布関数は次のように計算できる．

$$F(x) = P(X \leq x) = \int_{-\infty}^{x} f(t)\,dt = \begin{cases} 0 & (x < 0) \\ 1 - e^{-\lambda x} & (x \geq 0). \end{cases}$$

例題 2.2.2

　$c > 0$ は定数とし，(Ω, P) 上の確率変数 X の密度関数が

$$f(x) = \begin{cases} c(3 - x) & (0 \leq x \leq 3) \\ 0 & (x < 0 \text{ または } 3 < x) \end{cases}$$

であるとき，定数 c の値と X の分布関数 $F(x)$ を求めよ．

【解答】　$\int_{-\infty}^{\infty} f(x)\,dx = \int_{0}^{3} c(3 - x)\,dx = 9c/2$ であるため，$c = 2/9$ である．まず $x < 0$ の場合は，$F(x) = \int_{-\infty}^{x} 0\,dt = 0$ である．次に $0 \leq x < 3$ の場合は，

$$F(x) = \int_{-\infty}^{x} f(t)\,dt = \int_{0}^{x} c(3 - t)\,dt = \frac{2}{3}\,x - \frac{1}{9}\,x^2$$

である．最後に $x \geq 3$ の場合は，$F(x) = \int_{0}^{3} c(3 - t)\,dt = 1$ である．　　　□

トピックス 3（逆関数法）　分布関数の逆関数と，一様分布 $U(0,1)$ に従う確率変数を用いて，所望の分布に従う確率変数を生成する**逆関数法**を紹介する．逆関数法は，$U(0,1)$ に従う単純な乱数を利用して，一般の複雑な乱数を生成することを動機にして編み出された手法であり，計算機シミュレーションにおいて幅広く利用されている．以下では逆関数法の説明を簡単にするため，密度関数 $f(x)$ は任意の $x \in [m, M]$ に対して $f(x) > 0$ をみたし，区間 $[m, M]$ 以外の x に対して $f(x) = 0$ をみたすと仮定する．この $f(x)$ に対し，「密度関数が $f(x)$ である確率変数 X」を構成する手続きを述べる．まず，対応する分布関数 $F(x) = \int_{-\infty}^{x} f(t) \, dt$ を考える．この $F(x)$ は，$x \in [m, M]$ の範囲で狭義単調増加な連続関数であり，$F(m) = 0$ と $F(M) = 1$ をみたす．したがって，任意の $0 < y < 1$ に対して $y = F(x)$ をみたす $x \in [m, M]$ が唯 1 つ存在し，この x は逆関数を用いて $x = F^{-1}(y)$ と表せる．次に，$U(0,1)$ に従う (Ω, P) 上の確率変数 $\xi = \{\xi(\omega)\}_{\omega \in \Omega}$ を任意に取り固定する．この ξ に対して，(Ω, P) 上の確率変数 X を

$$X(\omega) = F^{-1}(\xi(\omega)) \quad (\omega \in \Omega) \tag{2.19}$$

と定める．このとき，任意の $a < b$ に対して，事象に関する次の関係式

$$
\begin{aligned}
\{\omega \in \Omega \mid a \leq X(\omega) \leq b\} &= \{\omega \in \Omega \mid a \leq F^{-1}(\xi(\omega)) \leq b\} \\
&= \{\omega \in \Omega \mid F(a) \leq \xi(\omega) \leq F(b)\} \tag{2.20}
\end{aligned}
$$

が成り立つ．(2.20) の両辺の事象の確率を計算すると，ξ は $U(0,1)$ に従うため，次式

$$P(a \leq X \leq b) = P(F(a) \leq \xi \leq F(b)) = F(b) - F(a) = \int_{a}^{b} f(x) \, dx \tag{2.21}$$

が得られる．(2.21) より，「(2.19) で定義した $X = \{X(\omega)\}_{\omega \in \Omega}$ の密度関数が $f(x)$ である」ことを証明することができた．

たとえば，X が指数分布 $\mathrm{Exp}(\lambda)$ に従う場合は，$m = 0$, $M = \infty$ かつ $F(x) = 1 - e^{-\lambda x}$ $(x \geq 0)$ であるため，(2.19) は次のように計算できる．

$$X(\omega) = -\frac{1}{\lambda} \log\big(1 - \xi(\omega)\big) \quad (\omega \in \Omega).$$

他にも，X が一様分布 $U(c, d)$ に従う場合は，$m = c$, $M = d$ かつ $F(x) = (x - c)/(d - c)$ $(x \in [c, d])$ であるため，(2.19) は次のように計算できる．

$$X(\omega) = (d - c)\xi(\omega) + c \quad (\omega \in \Omega).$$

最後に，X が標準正規分布 $N(0,1)$ に従う場合は，$m = -\infty$, $M = \infty$ かつ

$$F(x) = \frac{1}{\sqrt{2\pi}} \int_{-\infty}^{x} e^{-\frac{z^2}{2}} \, dz \quad (x \in \mathbb{R})$$

である．このとき，$X(\omega) = F^{-1}(\xi(\omega))$ は解析的に計算できないことが知られている．しかし，Halley 法とよばれる求根アルゴリズムを用いて $F(X(\omega)) = \xi(\omega)$ をみたす $X(\omega)$ の近似解を求めると，その近似解として「$\xi(\omega)$ に関する有理関数」が得

られ，この近似解と $X(\omega)$ の相対誤差が 1.15×10^{-9} 以下となることも知られている．以下ではこの近似解を紹介する．近似解を表記するために，$\{a_k\}_{k=1}^6$，$\{b_k\}_{k=1}^5$，$\{c_k\}_{k=1}^6$，$\{d_k\}_{k=1}^4$ と，ξ_L, ξ_H を以下のとおり定める：

$$a_1 = -3.969683028665376 \times 10, \quad a_2 = 2.209460984245205 \times 10^2,$$
$$a_3 = -2.759285104469687 \times 10^2, \quad a_4 = 1.383577518672690 \times 10^2,$$
$$a_5 = -3.066479806614716 \times 10, \quad a_6 = 2.506628277459239,$$
$$b_1 = -5.447609879822406 \times 10, \quad b_2 = 1.615858368580409 \times 10^2,$$
$$b_3 = -1.556989798598866 \times 10^2, \quad b_4 = 6.680131188771972 \times 10,$$
$$b_5 = -1.328068155288572 \times 10,$$
$$c_1 = -7.784894002430293 \times 10^{-3}, \quad c_2 = -3.223964580411365 \times 10^{-1},$$
$$c_3 = -2.400758277161838, \quad c_4 = -2.549732539343734,$$
$$c_5 = 4.374664141464968, \quad c_6 = 2.938163982698783,$$
$$d_1 = 7.784695709041462 \times 10^{-3}, \quad d_2 = 3.224671290700398 \times 10^{-1},$$
$$d_3 = 2.445134137142996, \quad d_4 = 3.754408661907416,$$
$$\xi_L = 0.02425, \quad \xi_H = 1 - \xi_L = 0.97575.$$

$X(\omega) = F^{-1}(\xi(\omega))$ の近似解は，$\xi(\omega)$ の取り得る値に応じて 3 通りに場合分けして表記される．まず $\xi_L \leq \xi(\omega) \leq \xi_H$ のとき，$X(\omega) = F^{-1}(\xi(\omega))$ の近似解は

$$X(\omega) \approx \frac{((((a_1 r(\omega) + a_2)r(\omega) + a_3)r(\omega) + a_4)r(\omega) + a_5)r(\omega) + a_6)\eta(\omega)}{((((b_1 r(\omega) + b_2)r(\omega) + b_3)r(\omega) + b_4)r(\omega) + b_5)r(\omega) + 1},$$

（ただし $\eta(\omega) := \xi(\omega) - 0.5, \quad r(\omega) := \eta^2(\omega) = (\xi(\omega) - 0.5)^2$）

である．次に $0 < \xi(\omega) < \xi_L$ のとき，$X(\omega) = F^{-1}(\xi(\omega))$ の近似解は

$$X(\omega) \approx \frac{((((c_1 \eta(\omega) + c_2)\eta(\omega) + c_3)\eta(\omega) + c_4)\eta(\omega) + c_5)\eta(\omega) + c_6}{(((d_1 \eta(\omega) + d_2)\eta(\omega) + d_3)\eta(\omega) + d_4)\eta(\omega) + 1},$$

（ただし $\eta(\omega) := \sqrt{-2\log(\xi(\omega))}$）

である．最後に $\xi_H < \xi(\omega) < 1$ のとき，$X(\omega) = F^{-1}(\xi(\omega))$ の近似解は

$$X(\omega) \approx -\frac{((((c_1 \eta(\omega) + c_2)\eta(\omega) + c_3)\eta(\omega) + c_4)\eta(\omega) + c_5)\eta(\omega) + c_6}{(((d_1 \eta(\omega) + d_2)\eta(\omega) + d_3)\eta(\omega) + d_4)\eta(\omega) + 1},$$

（ただし $\eta(\omega) := \sqrt{-2\log(1 - \xi(\omega))}$）

である．

2.3　期　待　値

確率変数の期待値は次のように定義される．

定義 **2.3.1**　（**期待値**）　(Ω, P) 上の確率変数 X と関数 $h(x)$ に対し，確率変数 $h(X) = \{h(X(\omega))\}_{\omega \in \Omega}$ の**期待値** (expectation) $E(h(X))$ を次のように定義する．まず，X が次の離散分布

$$\begin{pmatrix} x_1 & x_2 & \cdots \\ p_1 & p_2 & \cdots \end{pmatrix} \qquad (2.22)$$

に従うとき，$E(h(X))$ を次式で定義する．

$$E(h(X)) = \sum_{k=1}^{\infty} h(x_k) p_k = \sum_{k=1}^{\infty} h(x_k) P(X = x_k). \qquad (2.23)$$

次に，X の密度関数が $f(x)$ であるとき，$E(h(X))$ を次式で定義する．

$$E(h(X)) = \int_{-\infty}^{\infty} h(x) f(x)\, dx. \qquad (2.24)$$

注意 2.3.1　(2.23) の右辺が実数値として定まるための十分条件の 1 つとして，

$$\sum_{k=1}^{\infty} |h(x_k)| p_k < \infty \qquad (2.25)$$

という条件があり，(2.24) の右辺が実数値として定まるための十分条件の 1 つとして，

$$\int_{-\infty}^{\infty} |h(x)| f(x)\, dx < \infty \qquad (2.26)$$

という条件がある．(2.25) や (2.26) の条件確認を行うのは煩雑であり，本書で想定する水準を超えるため，本書では (2.25) や (2.26) がみたされている場合だけを想定し，以降では (2.25) や (2.26) の条件確認を行わない．なぜ (2.25) や (2.26) を確認する必要があるのか，という点に興味・疑問を持たれた読者は測度論の文献で勉強してもらいたい．

例 **2.3.1**　（**平均・分散・標準偏差**）　X は (Ω, P) 上の確率変数とする．このとき，期待値 $E(X)$ は X の**平均**ともよばれる．なお，初学者が想像する素朴な平均の概念との関係については注意 2.3.2（さいころの例）で説明する．また，

$$V(X) = E\big((X - E(X))^2\big)$$

は X の**分散**とよばれ，$\sigma(X) = \sqrt{V(X)}$ は X の**標準偏差**とよばれる．なお，$V(X)$ の V は，分散を意味する variance の頭文字であり，$\sigma(X)$ の σ は，標

準偏差を意味する standard deviation の頭文字 s に当たるギリシャ文字である．$V(X)$ と $\sigma(X)$ はともに，「平均 $E(X)$ のまわりの X の散らばり度合い」を数値で表したものである．X が平均 $E(X)$ に近い値を取る確率が大きいとき，$V(X)$ は小さい．逆に，X が平均 $E(X)$ より離れた値を取る確率が大きいとき，$V(X)$ は大きい．$V(X)$ の単位は「X の単位の2乗」であり，$\sigma(X)$ の単位は X 単位と同じである．

注意 2.3.2 X が離散分布 (2.22) に従い，$p_{n+1} = p_{n+2} = \cdots = 0$ をみたすとき，

$$E(X) = \sum_{k=1}^{n} x_k P(X = x_k), \quad V(X) = \sum_{k=1}^{n} \big(x_k - E(X)\big)^2 P(X = x_k) \quad (2.27)$$

と表せる．このとき，平均 $E(X)$ は「確率変数 X の値を確率で重み付けした和」であり，分散 $V(X)$ は「確率変数 X の値と平均 $E(X)$ の偏差の2乗を確率で重み付けした和」であると解釈できる．特に $P(X = x_k) = 1/n$ $(1 \leq k \leq n)$ をみたすとき，

$$E(X) = \frac{1}{n} \sum_{k=1}^{n} x_k, \quad V(X) = \frac{1}{n} \sum_{k=1}^{n} \big(x_k - E(X)\big)^2 \quad (2.28)$$

と表せる．たとえば，1個のさいころを投げるとき，出る目 X の平均は，(2.28) より，

$$E(X) = \frac{1}{6}(1 + 2 + 3 + 4 + 5 + 6) = 3.5$$

である．一方で，6の目が出る確率が1/2で，その他の目が出る確率がそれぞれ1/10の「歪んださいころ」が1個あり，この「歪んださいころ」を投げるとき，出る目 X の平均は，(2.27) より，次のように計算できる．

$$E(X) = \frac{1 + 2 + 3 + 4 + 5}{10} + \frac{6}{2} = 4.5.$$

注意 2.3.3 (Ω, P) は確率空間とする．このとき，事象 A に対し，定義関数 $1_A = \{1_A(\omega)\}_{\omega \in \Omega}$ は (Ω, P) 上の確率変数であり，次の離散分布 (2.29) に従う．

$$\begin{pmatrix} 0 & 1 \\ 1 - P(A) & P(A) \end{pmatrix}. \quad (2.29)$$

したがって，(2.23) より，次式が成り立つ．

$$E(1_A) = 0 \times \big(1 - P(A)\big) + 1 \times P(A) = P(A). \quad (2.30)$$

期待値の定義（定義 2.3.1）より，次の「期待値の線形性」を証明することができる．

> **定理 2.3.1** （期待値の線形性） X は (Ω, P) 上の確率変数とする. このとき, 関数 $g(x), h(x)$ と定数 a, b, c に対して, 次式
>
> $$E(ag(X) + bh(X) + c) = aE(g(X)) + bE(h(X)) + c$$
>
> が成り立つ. このことから, 特に次式も成り立つ.
>
> $$E(aX^2 + bX + c) = aE(X^2) + bE(X) + c. \qquad (2.31)$$

[証明] まず, X が離散分布 (2.22) に従うとき, (2.23) と $\sum_{k=1}^{\infty} p_k = 1$ より

$$E(ag(X) + bh(X) + c) = \sum_{k=1}^{\infty} \big(ag(x_k) + bh(x_k) + c\big)p_k$$

$$= a\sum_{k=1}^{\infty} g(x_k)p_k + b\sum_{k=1}^{\infty} h(x_k)p_k + c = aE(g(X)) + bE(h(X)) + c$$

が成り立つ. 次に, X の密度関数が $f(x)$ であるとき, (2.24) より

$$E(ag(X) + bh(X) + c) = \int_{-\infty}^{\infty} \big(ag(x) + bh(x) + c\big)f(x)\,dx$$

$$= a\int_{-\infty}^{\infty} g(x)f(x)\,dx + b\int_{-\infty}^{\infty} h(x)f(x)\,dx + c\int_{-\infty}^{\infty} f(x)\,dx$$

$$= aE(g(X)) + bE(h(X)) + c$$

が成り立つ. □

次に「期待値の基本不等式」を説明するにあたり, 定理 2.3.2 において, 「期待値の単調性」を証明する.

> **定理 2.3.2** （期待値の単調性） X は (Ω, P) 上の確率変数とする. このとき, 関数 $\varphi(x)$ と $\psi(x)$ がすべての x について $\varphi(x) \leq \psi(x)$ をみたせば, $E(\varphi(X)) \leq E(\psi(X))$ が成り立つ.

[証明] まず, X が離散分布 (2.22) に従うとき, すべての自然数 k に対して $\varphi(x_k)p_k \leq \psi(x_k)p_k$ であるため, 次式が成り立つ.

$$E(\varphi(X)) = \sum_{k=1}^{\infty} \varphi(x_k)p_k \leq \sum_{k=1}^{\infty} \psi(x_k)p_k = E(\psi(X)).$$

次に，X の密度関数が $f(x)$ であるとき，すべての実数 x に対して $\varphi(x)f(x) \leq \psi(x)f(x)$ であるため，次式が成り立つ.

$$E(\varphi(X)) = \int_{-\infty}^{\infty} \varphi(x)f(x)\,dx \leq \int_{-\infty}^{\infty} \psi(x)f(x)\,dx = E(\psi(X)). \qquad \Box$$

定理 2.3.2 を用いると，次の「期待値の基本不等式」を証明することができる.

系 2.3.1 （期待値の基本不等式）　X は (Ω, P) 上の確率変数とする. このとき，次の (1), (2), (3) が成り立つ.

$$(1) \quad |E(X)| \leq E(|X|), \tag{2.32}$$

$$(2) \quad P(|X| > \varepsilon) \leq \frac{1}{\varepsilon^2}E(X^2) \quad (\varepsilon > 0), \tag{2.33}$$

$$(3) \quad X(\omega) \geq 0 \ (\omega \in \Omega) \ \text{であれば} \ E(X) \geq 0. \tag{2.34}$$

[証明]　(1)　$X \leq |X|$ であるため，定理 2.3.2 を適用すると $E(X) \leq E(|X|)$ がわかる. 一方で $-X \leq |X|$ でもあるため，定理 2.3.1 と定理 2.3.2 を適用すると $-E(X) = E(-X) \leq E(|X|)$ がわかる.

(2)　任意の $\varepsilon > 0$ に対して関数 $\varphi(x)$ と $\psi(x)$ を次式で定義する.

$$\varphi(x) = \begin{cases} 1 & (|x| > \varepsilon) \\ 0 & (|x| \leq \varepsilon) \end{cases}, \quad \psi(x) = \frac{x^2}{\varepsilon^2} \quad (-\infty < x < \infty).$$

このとき，すべての実数 x に対して大小関係 $\varphi(x) \leq \psi(x)$ が成り立つ. また，$\varphi(X(\omega)) = 1_{\{|X| > \varepsilon\}}(\omega) \ (\omega \in \Omega)$ が成り立つ. したがって，注意 2.3.3 と定理 2.3.2 より，次の不等式が得られる.

$$P(|X| > \varepsilon) = E(1_{\{|X| > \varepsilon\}}) = E(\varphi(X)) \leq E(\psi(X)) = \frac{1}{\varepsilon^2}E(X^2).$$

(3)　$X \geq 0$ であれば $X = |X|$ であるため，$\varphi(x) = 0$ かつ $\psi(x) = |x|$ と定め，定理 2.3.2 を適用すると，次の不等式が得られる.

$$E(X) = E(|X|) = E(\psi(X)) \geq E(\varphi(X)) = 0. \qquad \Box$$

注意 2.3.4　(2.33) において，X を $X - \mu \ (\mu = E(X))$ に置き換えると，不等式

$$P(|X - \mu| > \varepsilon) \leq \frac{1}{\varepsilon^2}E((X - \mu)^2) = \frac{1}{\varepsilon^2}V(X) \quad (\varepsilon > 0) \tag{2.35}$$

が得られる. 不等式 (2.33), (2.35) はともに**チェビシェフの不等式**とよばれる.

定理 2.3.1 を用いると，次の「分散の基本公式」を証明することができる.

> **定理 2.3.3** （**分散の基本公式**）　X は (Ω, P) 上の確率変数とし，a, b は定数とする. このとき，次が成り立つ.
> $$V(aX + b) = a^2 V(X), \quad V(X) = E(X^2) - \big(E(X)\big)^2.$$

[証明]　$\mu_X = E(X)$ とおく. 定理 2.3.1 より，$\omega \in \Omega$ に対して，次式

$$\big(aX(\omega) + b - E(aX + b)\big)^2 = \big(aX(\omega) + b - aE(X) - b\big)^2$$
$$= a^2 \big(X(\omega) - \mu_X\big)^2$$

が成り立つ. この式の両辺の期待値を取ると，定理 2.3.1 より，次式

$$V(aX + b) = E(a^2(X - \mu_X)^2) = a^2 E((X - \mu_X)^2) = a^2 V(X)$$

が得られる. 次に，任意の $\omega \in \Omega$ に対して次式が成り立つ.

$$\big(X(\omega) - \mu_X\big)^2 = X(\omega)^2 - 2\mu_X X(\omega) + \mu_X^2.$$

この式の両辺の期待値を取り，定理 2.3.1 (2.31) を用いることで次式を得る.

$$V(X) = E(X^2) - 2\mu_X E(X) + \mu_X^2 = E(X^2) - \big(E(X)\big)^2. \qquad \square$$

例 2.3.2　(Ω, P) 上の確率変数 X が $P(X = 4) = 4/5$ かつ $P(X = 9) = 1/5$ をみたすとき，期待値 $E(\sqrt{X})$ と $E(1/(1 + X))$ は次のように計算できる.

$$E(\sqrt{X}) = \sqrt{4}\, P(X = 4) + \sqrt{9}\, P(X = 9) = \frac{11}{5},$$
$$E\left(\frac{1}{1 + X}\right) = \frac{1}{1 + 4}\, P(X = 4) + \frac{1}{1 + 9}\, P(X = 9) = \frac{9}{50}.$$

例 2.3.3　(Ω, P) 上の確率変数 X がベルヌーイ分布 $Be(p)$ に従うとき，次が成り立つ.

$$E(X) = 1 \cdot p + 0 \cdot (1 - p) = p, \quad E(X^2) = 1^2 \cdot p + 0^2 \cdot (1 - p) = p,$$
$$V(X) = E(X^2) - \big(E(X)\big)^2 = p(1 - p).$$

例 2.3.4　(Ω, P) 上の確率変数 X が二項分布 $B(n, p)$ に従うとし，$q = 1 - p$ とおく. このとき，二項定理を用いると，$E(X)$ は次のように計算できる.

$$E(X) = \sum_{k=0}^{n} k \, {}_n\mathrm{C}_k \, p^k q^{n-k} = np \sum_{k=1}^{n} \frac{(n-1)!}{(k-1)! \, (n-k)!} \, p^{k-1} q^{n-k}$$

$$= np \sum_{l=0}^{n-1} {}_{n-1}\mathrm{C}_l \, p^l q^{(n-1)-l} = np(p+q)^{n-1} = np \qquad (l = k-1).$$

次に $E(X(X-1))$ についても，二項定理を用いることで，

$$E(X(X-1)) = \sum_{k=0}^{n} k(k-1) \cdot \frac{n!}{k! \, (n-k)!} \cdot p^k q^{n-k}$$

$$= n(n-1)p^2 \sum_{k=2}^{n} \frac{(n-2)!}{(k-2)! \, (n-k)!} \, p^{k-2} q^{n-k}$$

$$= n(n-1)p^2 \sum_{l=0}^{n-2} {}_{n-2}\mathrm{C}_l \, p^l q^{(n-2)-l} \qquad (l = k-2)$$

$$= n(n-1)p^2 (p+q)^{n-2} = n(n-1)p^2$$

と計算できる．したがって，次式が得られる．

$$E(X^2) = E(X(X-1)) + E(X) = n(n-1)p^2 + np,$$

$$V(X) = E(X^2) - \big(E(X)\big)^2 = np(1-p).$$

問 2.3.1 白玉 3 個と黒玉 2 個が入っている袋から玉を 1 個取り出し，もとに戻す操作を 100 回行う．この 100 回のうち，白玉の出る回数の平均と標準偏差を求めよ．

問 2.3.2 (Ω, P) 上の確率変数 X は二項分布 $B(3, 5/7)$ に従うとする．このとき，$Z = 2X + 3$ と $W = -2X + 3$ のそれぞれについて，平均と分散の値を求めよ．

$\boxed{\textbf{例 2.3.5}}$ (Ω, P) 上の確率変数 X が幾何分布 $Ge(p)$ に従うとし，$q = 1 - p$ とおく．このとき，次の式変形

$$E(X) = \sum_{k=0}^{\infty} kpq^k = \sum_{k=0}^{\infty} (1 + k - 1)pq^k = \sum_{k=0}^{\infty} pq^k + \sum_{k=0}^{\infty} (k-1)pq^k$$

$$= 1 - p + \sum_{k=1}^{\infty} (k-1)pq^k = 1 - p + q \sum_{k=1}^{\infty} (k-1)pq^{k-1}$$

$$= 1 - p + q \sum_{k'=0}^{\infty} k'pq^{k'} = 1 - p + qE(X) \qquad (k' = k - 1)$$

が成り立つ. よって, この式変形で得られた方程式 $E(X) = 1 - p + qE(X)$ を $E(X)$ について解くと $E(X) = (1-p)/p$ が得られる. 次に, $(k-1)^2 = k^2 - 2k + 1$ より, 次の式変形

$$
\begin{aligned}
E(X^2) &= \sum_{k=0}^{\infty} k^2 pq^k = \sum_{k=0}^{\infty} \big((k-1)^2 + 2k - 1\big)pq^k \\
&= (-1)^2 p + \sum_{k=1}^{\infty}(k-1)^2 pq^k + 2\sum_{k=0}^{\infty} kpq^k - \sum_{k=0}^{\infty} pq^k \\
&= p + q\sum_{k=1}^{\infty}(k-1)^2 pq^{k-1} + 2E(X) - 1 \\
&= p + q\sum_{k'=0}^{\infty}(k')^2 pq^{k'} + \frac{2(1-p)}{p} - 1 \quad (k' = k - 1) \\
&= qE(X^2) + \frac{(p-1)(p-2)}{p}
\end{aligned}
$$

が成り立つ. この式変形で得られた方程式 $E(X^2) = qE(X^2) + (p-1)(p-2)/p$ を $E(X^2)$ について解くと, 次式が得られる.

$$
E(X^2) = \frac{(p-1)(p-2)}{p^2}, \quad V(X) = E(X^2) - \big(E(X)\big)^2 = \frac{1-p}{p^2}.
$$

以上の計算結果をまとめると, 次のとおりである.

$$
E(X) = \frac{1-p}{p}, \quad V(X) = \frac{1-p}{p^2}. \tag{2.36}
$$

なお, 項別微分定理を用いて (2.36) を証明することもできる. 項別微分定理については, 微分積分の文献を参照されたい.

たとえば「打率 3 割の打者が初ヒットを打つまでに必要な打席数」を X とおくと, 初ヒットを打つのは $Y = X + 1$ 打席目である. このとき, X が幾何分布 $Ge(0.3)$ に従うと仮定すると, 必要な打席数の平均値は $E(X) = 7/3$ 打席である. さらに, $Y = X + 1$ は $E(Y) = 7/3 + 1 \approx 3.3333$ 回を中心として

$$
\sigma(Y) = \sqrt{V(X+1)} = \sqrt{V(X)} = \sqrt{70}/3 \approx 2.78887 \text{ 回}
$$

に対応するばらつきがあるため, その範囲は次のとおりである.

$$
\big(E(Y) - \sigma(Y),\, E(Y) + \sigma(Y)\big) = (0.5444, 6.1222) \quad (単位は「回」).
$$

問 2.3.3　(Ω, P) 上の確率変数 X が幾何分布 $Ge(p)$ に従うとき，$E(X^3)$ と $E((\tfrac{1}{2})^X)$ を求めよ.

　例 2.3.6　(Ω, P) 上の確率変数 X がポアソン分布 $Po(\lambda)$ に従うとき，公式 (A.21) を 2 回利用することで，次式が得られる.

$$E(X) = \sum_{k=0}^{\infty} k e^{-\lambda} \frac{\lambda^k}{k!} = \lambda e^{-\lambda} \sum_{k=1}^{\infty} \frac{\lambda^{k-1}}{(k-1)!} = \lambda,$$

$$E(X(X-1)) = \sum_{k=0}^{\infty} k(k-1) e^{-\lambda} \frac{\lambda^k}{k!} = \lambda^2 e^{-\lambda} \sum_{k=2}^{\infty} \frac{\lambda^{k-2}}{(k-2)!} = \lambda^2,$$

$$V(X) = E(X^2) - \big(E(X)\big)^2 = E(X(X-1)) + E(X) - \big(E(X)\big)^2 = \lambda.$$

問 2.3.4　(Ω, P) 上の確率変数 X がポアソン分布 $Po(\lambda)$ に従うとき，以下を求めよ.

　(1) $E(X(X-1)(X-2))$　(2) $E(X^3)$　(3) $E(5^X)$　(4) $P(X \geq 2 \mid X \geq 1)$

　例 2.3.7　(Ω, P) 上の確率変数 X が一様分布 $U(a,b)$ に従うとき，多項式の定積分を計算することで，次式が得られる.

$$E(X) = \frac{1}{b-a} \int_a^b x \, dx = \frac{a+b}{2},$$

$$V(X) = \frac{1}{b-a} \int_a^b x^2 \, dx - \big(E(X)\big)^2 = \frac{(a-b)^2}{12}.$$

　例 2.3.8　(Ω, P) 上の確率変数 X は指数分布 $\mathrm{Exp}(\lambda)$ に従うとする. ロピタルの定理より，次式

$$\lim_{x\to\infty} \frac{x}{e^{\lambda x}} = \lim_{x\to\infty} \frac{1}{\lambda e^{\lambda x}} = 0, \quad \lim_{x\to\infty} \frac{x^2}{e^{\lambda x}} = \lim_{x\to\infty} \frac{2x}{\lambda e^{\lambda x}} = \lim_{x\to\infty} \frac{2}{\lambda^2 e^{\lambda x}} = 0$$

が成り立つ. このことと，部分積分公式より，次式が得られる.

$$E(X) = \int_0^\infty x \lambda e^{-\lambda x} \, dx = \big[-x e^{-\lambda x}\big]_{x=0}^{x=\infty} + \int_0^\infty e^{-\lambda x} \, dx = \frac{1}{\lambda},$$

$$E(X^2) = \int_0^\infty x^2 \lambda e^{-\lambda x} \, dx = \big[-x^2 e^{-\lambda x}\big]_{x=0}^{x=\infty} + \int_0^\infty 2x e^{-\lambda x} \, dx = \frac{2}{\lambda^2},$$

$$V(X) = E(X^2) - \big(E(X)\big)^2 = \frac{1}{\lambda^2}.$$

問 2.3.5　(Ω, P) 上の確率変数 X が指数分布 $\mathrm{Exp}(\lambda)$ に従うとき，$E(e^{-\alpha X})$ $(\alpha > -\lambda)$ を求めよ．

例 2.3.9　(Ω, P) 上の確率変数 Z が標準正規分布 $N(0,1)$ に従うとする．0 以上の整数 k に対して $x^{2k+1}e^{-x^2/2}$ は x の奇関数であるため，次式が成り立つ．

$$E(Z^{2k+1}) = \frac{1}{\sqrt{2\pi}} \int_{-\infty}^{\infty} x^{2k+1} e^{-\frac{x^2}{2}} \, dx = 0. \tag{2.37}$$

また，ロピタルの定理より，次式が成り立つ．

$$\lim_{x \to \infty} \frac{x}{e^{\frac{x^2}{2}}} = \lim_{x \to \infty} \frac{1}{xe^{\frac{x^2}{2}}} = 0. \tag{2.38}$$

したがって，(2.37)，部分積分公式，(A.83)，および (2.38) より，$V(Z)$ は

$$V(Z) = E(Z^2) = \int_{-\infty}^{\infty} x^2 \frac{1}{\sqrt{2\pi}} e^{-\frac{x^2}{2}} \, dx = \frac{2}{\sqrt{2\pi}} \int_{0}^{\infty} x^2 e^{-\frac{x^2}{2}} \, dx$$

$$= \frac{2}{\sqrt{2\pi}} \left\{ \int_{0}^{\infty} e^{-\frac{x^2}{2}} \, dx - \left[xe^{-\frac{x^2}{2}} \right]_{x=0}^{x=\infty} \right\} = \frac{2}{\sqrt{2\pi}} \left\{ \frac{\sqrt{2\pi}}{2} - 0 \right\} = 1$$

と計算できる．なお，X が正規分布 $N(\mu, \sigma^2)$ に従うとき，注意 2.1.6 より，X の標準化 $Z = (X - \mu)/\sigma$ は $N(0,1)$ に従う．したがって，定理 2.3.1 と定理 2.3.3 より，次式が成り立つ．

$$E(X) = E(\mu + \sigma Z) = \mu + \sigma E(Z) = \mu,$$
$$V(X) = V(\mu + \sigma Z) = \sigma^2 V(Z) = \sigma^2.$$

問 2.3.6　(Ω, P) 上の確率変数 X が $N(\mu, \sigma^2)$ に従うとき，$E(X^3)$ と $E(e^{\alpha X})$ $(\alpha$ は実数) を求めよ．

┌─ **例題 2.3.1** ─────────────────────

(Ω, P) 上の確率変数 X の密度関数が

$$f(x) = \begin{cases} 2x & (0 \le x \le 1) \\ 0 & (x < 0 \text{ または } x > 1) \end{cases}$$

であるとき，$V(X^3)$ と $V(e^X)$ を求めよ．

└──────────────────────────────

【解答】　以下では k は自然数とする．このとき，次式が成り立つ．

$$E(X^k) = \int_{-\infty}^{\infty} x^k f(x)\, dx = 2 \int_0^1 x^{k+1}\, dx = \frac{2}{k+2}.$$

したがって，$V(X^3) = E(X^6) - (E(X^3))^2 = 9/100$ である．また $(e^{kx})' = ke^{kx}$ が成立することと，部分積分公式より，$E(e^{kX})$ は次のように計算できる．

$$E(e^{kX}) = \int_{-\infty}^{\infty} e^{kx} f(x)\, dx = 2 \int_0^1 x e^{kx}\, dx$$

$$= \frac{2}{k}\left\{ e^k - \int_0^1 e^{kx}\, dx \right\} = \frac{2}{k^2}\{(k-1)e^k + 1\}.$$

したがって，$V(e^X) = E(e^{2X}) - (E(e^X))^2 = (e^2 - 7)/2$ が成り立つ．　　　　□

問 2.3.7　(Ω, P) 上の確率変数 X の密度関数 $f(x)$ が次式で与えられるとする．

$$f(x) = \begin{cases} ax & (0 \le x \le 2) \\ 2a & (2 < x \le 5) \\ 0 & (x < 0 \text{ または } 5 < x). \end{cases}$$

このとき，定数 a の値を求め，$P(1 \le X \le 3)$ および $E(X)$ の値を求めよ．

例 2.3.10　標本空間 Ω は $\mathbb{R}$ の部分集合であり，長さ（1 次元）を持つとする．また，P は (1.5) で定義された Ω 上の幾何的確率とする．このとき，(Ω, P) 上の確率変数 X を $X(\omega) = \omega\ (\omega \in \Omega)$ と定めると，X の密度関数 $f(x)$ は

$$f(x) = \frac{1}{|\Omega|}\, 1_\Omega(x) \quad (-\infty < x < \infty)$$

で与えられる．実際に，任意の区間 $[a, b]$ に対して，次式

$$P(a \le X \le b) = P(\Omega \cap [a,b]) = \frac{|\Omega \cap [a,b]|}{|\Omega|} = \frac{1}{|\Omega|} \int_a^b 1_\Omega(x)\, dx = \int_a^b f(x)\, dx$$

が成り立つため，$f(x)$ は X の密度関数である．このとき，関数 $h(x)$ に対して，確率変数 $h(X)$ の期待値は次のように計算できる．

$$E(h(X)) = \int_{-\infty}^{\infty} h(x) f(x)\, dx = \frac{1}{|\Omega|} \int_\Omega h(x)\, dx. \tag{2.39}$$

例題 2.3.2

　1 辺の長さが 1 の正方形 ABCD において，この正方形の辺上に無作為に点 Q を取るとき，三角形 ABQ の面積の期待値を求めよ．

【解答】　確率変数である三角形 ABQ の面積の分布が事前にわかっていないため，確率空間 (Ω, P) と，(Ω, P) 上の確率変数を適切に定義する議論から始める必要がある.

まず，標本空間は $\Omega = [0, 4]$ とし，P は Ω 上の 1 次元の幾何的確率とする. 次に，座標平面上で A$(0,0)$, B$(1,0)$, C$(1,1)$, D$(0,1)$ と対応させ，各 $\omega \in \Omega$ に対し，点 Q の位置と三角形 ABQ の面積を次のように対応させる.

$$
Q: \begin{cases} (\omega, 0) & (0 \le \omega \le 1) \\ (1, \omega - 1) & (1 \le \omega \le 2) \\ (3 - \omega, 1) & (2 \le \omega \le 3) \\ (0, 4 - \omega) & (3 \le \omega \le 4) \end{cases} \quad \triangle ABQ: \begin{cases} 0 & (0 \le \omega \le 1) \\ (\omega - 1)/2 & (1 \le \omega \le 2) \\ 1/2 & (2 \le \omega \le 3) \\ (4 - \omega)/2 & (3 \le \omega \le 4) \end{cases}
$$

ここで，(Ω, P) 上の確率変数 X を $X(\omega) = \omega$ $(\omega \in \Omega)$ と定めると，例 2.3.10 より，X の密度関数は

$$
f(x) = \frac{1}{4} \, 1_{[0,4]}(x) \quad (-\infty < x < \infty)
$$

である. このとき，関数 $h(x)$ を

$$
h(x) = \begin{cases} 0 & (-\infty < x \le 1) \\ (x - 1)/2 & (1 \le x \le 2) \\ 1/2 & (2 \le x \le 3) \\ (4 - x)/2 & (3 \le x < \infty) \end{cases}
$$

と定めると，ABQ の面積は $h(X(\omega))$ である. したがって，求める期待値は次のように計算できる.

$$
\begin{aligned}
E(h(X)) &= \int_{-\infty}^{\infty} h(x) f(x) \, dx \\
&= \frac{1}{4} \left(\int_1^2 \frac{x - 1}{2} \, dx + \int_2^3 \frac{1}{2} \, dx + \int_3^4 \frac{4 - x}{2} \, dx \right) = \frac{1}{4}.
\end{aligned}
$$

（なお，上記の $h(x)$ の $x < 0$ と $x > 4$ での値はどのように定めてもよい.）　　□

確率変数 X の線形変換 $Z = cX + d$ であり，平均が $E(Z) = 0$ で，分散が $V(Z) = 1$ をみたす変換は，X の標準化とよばれ，次のように定義される.

> **定義 2.3.2**　（標準化）　(Ω, P) 上の確率変数 X に対して，X の標準化を
> $$
> Z(\omega) = \frac{X(\omega) - E(X)}{\sqrt{V(X)}} = \frac{X(\omega) - E(X)}{\sigma(X)} \quad (\omega \in \Omega)
> $$

と定義する.

注意 2.3.5 (Ω, P) 上の確率変数 X の標準化を $Z = (X - E(X))/\sigma(X)$ とおく. このとき, 定理 2.3.1 と定理 2.3.3 より, 次式が成り立つ.

$$E(Z) = \frac{1}{\sigma(X)} E(X - E(X)) = \frac{1}{\sigma(X)} \big(E(X) - E(X)\big) = 0,$$

$$V(Z) = \left(\frac{1}{\sqrt{V(X)}}\right)^2 V(X - E(X)) = \frac{1}{V(X)} V(X) = 1.$$

したがって, Z は平均が 0 であり, 分散が 1 である.

なお, X の標準化は次の 2 つの操作に分解できる.

(1) まず, $X - E(X)$ の分布を考えることは, X の分布の "重心" $E(X)$ を原点に移す「分布の平行移動操作」に対応する.

(2) 次に, $Z = (X - E(X))/\sigma(X)$ の分布を考えることは, $X - E(X)$ の分布の「左右の散らばり度合い」(標準偏差) を 1 に整える操作に対応する.

以下では, 確率変数 X の具体的な分布に対し, 標準化 Z の分布を計算してみる.

まず, X が正規分布 $N(\mu, \sigma^2)$ に従うとき, 注意 2.1.6 より, Z は $N(0,1)$ に従う.

次に, X が二項分布 $B(n,p)$ に従うとき, $q = 1 - p$ とおくと $E(X) = np$ および $\sigma(X) = \sqrt{npq}$ が成り立つ. したがって, X と Z の分布は次のとおりである.

$$X \sim \begin{pmatrix} k \\ {}_nC_k\, p^k q^{n-k} \end{pmatrix}_{0 \le k \le n} = \begin{pmatrix} 0 & 1 & \cdots & n-1 & n \\ q^n & npq^{n-1} & \cdots & np^{n-1}q & p^n \end{pmatrix},$$

$$Z \sim \begin{pmatrix} \frac{k-np}{\sqrt{npq}} \\ {}_nC_k\, p^k q^{n-k} \end{pmatrix}_{0 \le k \le n} = \begin{pmatrix} \frac{-np}{\sqrt{npq}} & \frac{1-np}{\sqrt{npq}} & \cdots & \frac{nq-1}{\sqrt{npq}} & \frac{nq}{\sqrt{npq}} \\ q^n & npq^{n-1} & \cdots & np^{n-1}q & p^n \end{pmatrix}.$$

最後に, X が一様分布 $U(a,b)$ に従うとき, $E(X) = \frac{a+b}{2}$ および $\sigma(X) = \frac{b-a}{2\sqrt{3}}$ であるため, 任意の $c < d$ に対して, $P(c \le Z \le d)$ は,

$$P(c \le Z \le d) = P\left(c \le \frac{X - (a+b)/2}{(b-a)/(2\sqrt{3})} \le d\right)$$

$$= P\left(\frac{c(b-a)}{2\sqrt{3}} + \frac{a+b}{2} \le X \le \frac{d(b-a)}{2\sqrt{3}} + \frac{a+b}{2}\right)$$

$$= \frac{1}{b-a} \int_{\left(\frac{c(b-a)}{2\sqrt{3}} + \frac{a+b}{2}\right) \vee a}^{\left(\frac{d(b-a)}{2\sqrt{3}} + \frac{a+b}{2}\right) \wedge b} dx = \frac{1}{2\sqrt{3}} \int_{c \vee (-\sqrt{3})}^{d \wedge \sqrt{3}} dz \quad \left(z = \frac{\sqrt{3}\,(2x - a - b)}{b - a}\right)$$

と計算できる. ここで, $x \wedge y$ は x と y の小さい方, $x \vee y$ は x と y の大きい方とした. この計算結果より, この Z は一様分布 $U(-\sqrt{3}, \sqrt{3})$ に従う.

●●●●●●●●●●●●●●●●●●●● **演 習 問 題** ●●●●●●●●●●●●●●●●●●●●

演習 2.1 事象の定義関数について，次の関係式が成り立つことを示せ．
$$1_{A \setminus B} + 1_{B \setminus A} = (1_A - 1_B)^2.$$

演習 2.2 ある大学の 2 年生男子 1000 人の身長は平均 172.0 cm で，標準偏差が 6.5 cm の正規分布に従うとする．このとき，身長が 168.5 cm の男子は 1000 人中高い方から約何番目か答えよ．また，身長が高いほうから 305 番目に入るためには約何 cm 以上あればよいか答えよ（表 C.1 を利用すること）．

演習 2.3 a は整数とし，(Ω, P) 上の確率変数 X は $P(X = -1) + P(X = a) = 1$ をみたすとする．また，確率変数 Y を $Y = 2X + 1$ とおき，$P(X = a) = p$ とおく．このとき，Y の平均 $E(Y)$ と分散 $V(Y)$ を a と p を用いて表せ．さらに，Y の平均が 1 で分散が 12 のとき，a と p の値を求めよ．

演習 2.4 2, 4, 4, 8, 8, 8 と番号の書かれた 6 枚のカードの中から 2 枚を同時に取り出し，取り出されたカードの番号の最小値を X とするとき，期待値 $E(\sqrt{X})$ を求めよ．

演習 2.5 A, B の 2 人が 5 番勝負を行う．1 回ごとの試合で A の勝つ確率は $1/4$，B の勝つ確率は $3/4$ であり，2 人のどちらかが先に 3 勝するまで試合を行う．行われた試合数を X とするとき，期待値 $E(1/(X - 2))$ を求めよ．

演習 2.6 (Ω, P) 上の確率変数 X が二項分布 $B(4, 2/5)$ に従うとき，期待値 $E(X \vee 2)$ を求めよ．ただし $a \vee b$ は，$a \geq b$ のときは a であり，$a \leq b$ のときは b である．

演習 2.7 (Ω, P) 上の確率変数 X が，次の 3 つの関係式
$$P(X = 1) = \frac{2}{5}, \quad P(X = 4) = \frac{2}{5}, \quad P(X = 9) = \frac{1}{5}$$
をみたすとき，$Y = |X - 5|$ の分布関数 $F_Y(x) = P(Y \leq x)$ を求めよ．

演習 2.8 (Ω, P) 上の確率変数 X の密度関数が
$$f(x) = \begin{cases} xe^{-\frac{x^2}{2}} & (x \geq 0) \\ 0 & (x < 0) \end{cases}$$
であるとき，X の平均，分散と，分布関数 $F(x) = P(X \leq x)$ を求めよ．（補足：この密度関数 $f(x)$ から定まる分布 μ_f はレイリー分布とよばれる．）

演習 2.9 (Ω, P) 上の確率変数 X の密度関数が $f(x)$ であり，この関数 $f(x)$ がすべての実数 x で連続であるとき，確率変数 $Y = -X^2 + 3$ の分布関数 $F_Y(x) = P(Y \leq x)$ を求めよ．また，Y の密度関数 $g(x)$ を $f(x)$ を用いて表せ．

演習 2.10 O を中心とする半径 1 の円周上に無作為に 2 点 A, B を配置するとき，三角形 OAB の面積の期待値を求めよ．

第3章

多変量確率変数

　この章ではまず，確率変数の独立性，同時分布，共分散，相関係数などの概念について解説する．これらの概念は，複数の確率変数を同時に扱う際に必要となる．次に，カイ二乗分布と t-分布について解説する．これらの分布は，統計的推定や統計的仮説検定を行うために必要となる．最後に，同時分布の代表例である，多項分布と多次元正規分布について解説する．

　この章では，(Ω, P) は確率空間を表すものとする．またこの章以降では，掛け算 $a_1 a_2 \cdots a_k$ は $\prod_{i=1}^{k} a_i$ とも表記する．

3.1 確率変数の独立性

この節では，確率変数の独立性の概念について解説する．

定義 3.1.1　$X_1, X_2, \ldots, X_n$ はそれぞれ (Ω, P) 上の確率変数とする．任意の区間 $I_1, I_2, \ldots, I_n$ に対して，次の関係式

$$P(X_1 \in I_1,\ X_2 \in I_2,\ \ldots,\ X_n \in I_n) = \prod_{i=1}^{n} P(X_i \in I_i)$$

が成り立つとき，$X_1, X_2, \ldots, X_n$ は**独立**であるという．ここで，区間 I_i は $(a, b]$, (a, b), $[a, b]$ 等の有界区間，$(-\infty, a]$, (a, ∞), $\mathbb{R}$ 等の無限区間の他，$\{a\}$ などの 1 点集合でもよいものとする．また，(Ω, P) 上で定義された確率変数の（無限）列 $X_1, X_2, \ldots$ が独立であるとは，任意の自然数 n に対して $X_1, X_2, \ldots, X_n$ が独立であることをいう．

注意 3.1.1　(Ω, P) 上の確率変数 $X_1, X_2, \ldots, X_n$ が独立であれば，任意の区間 $I_1, I_2, \ldots, I_n$ に対し，次の関係式が成り立つ．

$$P(X_1 \in I_1, \ X_2 \in I_2, \ldots, \ X_{n-1} \in I_{n-1}, \ X_n \in I_n) = \prod_{i=1}^{n} P(X_i \in I_i).$$

この関係式において $I_n = \mathbb{R}$ とおけば，$P(X_n \in \mathbb{R}) = 1$ であるため，次の関係式

$$P(X_1 \in I_1, \ X_2 \in I_2, \ldots, \ X_{n-1} \in I_{n-1})$$
$$= P(X_1 \in I_1, \ X_2 \in I_2, \ldots, \ X_{n-1} \in I_{n-1}, \ X_n \in \mathbb{R})$$
$$= \prod_{i=1}^{n} P(X_i \in I_i) = \prod_{i=1}^{n-1} P(X_i \in I_i)$$

が得られる．したがって，$X_1, X_2, \ldots, X_{n-1}$ も独立である．この議論を一般化すると，$X_1, X_2, \ldots, X_n$ が独立であれば，$1 \le m < n$ と $1 \le j_1 < j_2 < \cdots < j_m \le n$ に対し，$X_{j_1}, X_{j_2}, \ldots, X_{j_m}$ も独立であることがわかる．

例 **3.1.1** (Ω, P) 上の確率変数 X, Y の取り得る値をそれぞれ $\{x_1, x_2, \ldots\}$，$\{y_1, y_2, \ldots\}$ とし，φ, ψ を $\mathbb{R}$ 上の関数とする．このとき，X, Y が独立であれば，$\varphi(X), \psi(Y)$ も独立であることを以下で証明する．まず，任意の区間 I, J に対して，集合 A, B を

$$A = \{x_i \mid \varphi(x_i) \in I\}, \quad B = \{y_j \mid \psi(y_j) \in J\}$$

と定める．このとき，$\varphi(X(\omega)) \in I$ と $X(\omega) \in A$ は同値であるから，関係式

$$\{\omega \in \Omega \mid \varphi(X(\omega)) \in I\} = \{\omega \in \Omega \mid X(\omega) \in A\}$$

が成り立つ．Y についても同様の考察が成立するので，まとめると次の3つの関係式が得られる．

$$\{\varphi(X) \in I\} = \{X \in A\}, \quad \{\psi(Y) \in J\} = \{Y \in B\},$$
$$\{\varphi(X) \in I, \ \psi(Y) \in J\} = \{X \in A, \ Y \in B\}.$$

したがって，この3つの関係式と X, Y の独立性より，次の式変形

$$P(\varphi(X) \in I, \ \psi(Y) \in J) = P(X \in A, \ Y \in B)$$
$$= \sum_{x_i \in A} \sum_{y_j \in B} P(X = x_i, \ Y = y_j) = \sum_{x_i \in A} \sum_{y_j \in B} P(X = x_i) P(Y = y_j)$$
$$= \sum_{x_i \in A} P(X = x_i) \times \sum_{y_j \in B} P(Y = y_j) = P(X \in A) P(Y \in B)$$
$$= P(\varphi(X) \in I) P(\psi(Y) \in J)$$

が成り立ち，$\varphi(X), \psi(Y)$ が独立であることがわかる．以上では，離散型確率

変数が 2 つの場合で考察したが，一般に次の補題 3.1.1 が成り立つ.

補題 3.1.1　(Ω, P) 上の確率変数 $X_1, X_2, \ldots, X_n$ が独立であれば，1 変数関数 $\varphi_1(x), \varphi_2(x), \ldots, \varphi_n(x)$ に対して，(Ω, P) 上の確率変数

$$\varphi_1(X_1), \; \varphi_2(X_2), \; \ldots, \; \varphi_n(X_n)$$

も独立である.

注意 3.1.2　X, Y, Z, U, W が独立な確率変数のとき，補題 3.1.1 より，たとえば 5 つの確率変数 $X^2, e^Y, |Z| - 1, U, W^3 + 2W$ も独立である. このとき，他にも，2 変数関数 $g(x, y), h(x, y)$ に対して，$X, g(Y, Z), h(U, W)$ が独立であることもわかるが，このことは補題 A.6.2 で詳しく述べる.

例 3.1.2　P は長方形集合 $\Omega = \{\omega = (x, y) \mid 0 \leq x \leq a, \; 0 \leq y \leq b\}$ 上の 2 次元の幾何的確率とする. また，$\omega = (x, y) \in \Omega$ に対して $X(\omega) = x$ および $Y(\omega) = y$ と定める. このとき，$[0, a]$ 内の任意の区間 I と，$[0, b]$ 内の任意の区間 J に対して，次の関係式

$$P(X \in I, \; Y \in J) = \frac{|I \times J|}{ab} = \frac{|I| \cdot |J|}{ab}$$

$$= \frac{|I|b}{ab} \cdot \frac{a|J|}{ab} = P(X \in I)P(Y \in J)$$

が成り立つため，X と Y は独立である. ここで，$|I|, |J|$ はそれぞれ区間 I, J の長さとし，$|I \times J|$ は長方形 $I \times J$ の面積とした.

次の定理 3.1.1 と系 3.1.1 は，本書において様々な結果を導き出す重要な役割を持つため，結果だけでなく証明も理解しておくことが望ましい.

定理 3.1.1　（独立確率変数の和の分布 I）　(Ω, P) 上の確率変数 X と Y は独立で，どちらも整数に値を取るとする. このとき和 $X + Y$ の分布は

$$P(X + Y = n) = \sum_{k=-\infty}^{\infty} P(X = k)P(Y = n - k) \quad (n = 0, \pm 1, \pm 2, \ldots)$$

で与えられる.

[証明] $\{X + Y = n\} = \bigcup_{k=-\infty}^{\infty} \{X = k, \, Y = n - k\}$ であるため，P の完全加法性と X, Y の独立性より，この事象の確率は次のように計算できる．

$$P(X + Y = n) = P\left(\bigcup_{k=-\infty}^{\infty} \{X = k, \, Y = n - k\} \right)$$

$$= \sum_{k=-\infty}^{\infty} P(X = k, \, Y = n - k) = \sum_{k=-\infty}^{\infty} P(X = k)P(Y = n - k). \qquad \square$$

次の系 3.1.1 から，独立なベルヌーイ確率変数の和は二項分布に従うことがわかる．

系 3.1.1 （独立なベルヌーイ確率変数の和の分布） (Ω, P) 上の確率変数 $X_1, X_2, \ldots, X_n$ は独立で，各 X_k がベルヌーイ分布 $Be(p)$ に従うとき，$X = X_1 + X_2 + \cdots + X_n$ は二項分布 $B(n, p)$ に従う．

[証明] n に関する数学的帰納法で証明する．$q = 1 - p$ とおく．ベルヌーイ分布 $Be(p)$ は二項分布 $B(1, p)$ であるため，$n = 1$ の場合は主張が成り立つ．n で主張が成立すると仮定し，$X = X_1 + X_2 + \cdots + X_{n+1}$ および $Y = X_1 + X_2 + \cdots + X_n$ とおく．このとき，帰納法の仮定より，Y は二項分布 $B(n, p)$ に従う．また，例 A.6.1 より，Y と X_{n+1} は独立である．したがって，定理 3.1.1 が適用でき，$l = 1, 2, \ldots, n$ に対して，次式

$$P(X = l) = P(Y + X_{n+1} = l) = \sum_{k=-\infty}^{\infty} P(Y = k)P(X_{n+1} = l - k) \quad (3.1)$$

が成り立つ．ここで，0 と 1 以外の整数 m に対しては $P(X_{n+1} = m) = 0$ が成り立つこと，および (A.10) を用いることで，(3.1) の式変形を続けると

$$P(X = l) = P(Y = l - 1)P(X_{n+1} = 1) + P(Y = l)P(X_{n+1} = 0)$$

$$= ({}_nC_{l-1} + {}_nC_l)p^l q^{n+1-l} = {}_{n+1}C_l \, p^l q^{(n+1)-l} \quad (3.2)$$

が得られる．最後に，次の 2 つの関係式

$$P(X = 0) = P(Y = 0)P(X_{n+1} = 0) = q^{n+1}, \quad (3.3)$$

$$P(X = n + 1) = P(Y = n)P(X_{n+1} = 1) = p^{n+1} \quad (3.4)$$

も成り立つため，(3.2), (3.3), (3.4) の結果を合わせると，X が二項分布 $B(n + 1, p)$ に従うことがわかる． $\square$

3.1.1　定理 3.1.1 の応用

本項で紹介する内容は，定理 3.1.1 の応用に興味がある読者のために解説する．な
お，これらの内容は，本項でのみ登場する話題であり，省略しても後の内容を理解す
るうえで影響はない．

定理 3.1.1 を用いると，次の「二項分布の再生性」を証明することができる．

> **系 3.1.2**（**二項分布の再生性**）　$0 < p < 1$ とする．(Ω, P) 上の確率変数 X と
> Y が独立で，それぞれ二項分布 $B(n, p)$, $B(m, p)$ に従うとき，$X + Y$ は二項分
> 布 $B(n + m, p)$ に従う．

[証明]　$l = 0, 1, \ldots, n + m$ に対して $P(X + Y = l)$ を計算することで，$X + Y$ の
分布を求める．まず定理 3.1.1 を適用し，次に 2 つの関係式

$$P(X = k) = 0 \quad (k \le -1 \text{ または } k \ge n + 1),$$
$$P(Y = k) = 0 \quad (k \le -1 \text{ または } k \ge m + 1)$$

を利用し，最後に (A.16) を利用すると，$P(X + Y = l)$ は次のように計算できる．

$$P(X + Y = l) = \sum_{k=-\infty}^{\infty} P(X = k)P(Y = l - k)$$

$$= \sum_{k=0 \vee (l-m)}^{l \wedge n} {}_n\mathrm{C}_k \, p^k q^{n-k} \, {}_m\mathrm{C}_{l-k} \, p^{l-k} q^{m-l+k} \quad (q = 1 - p)$$

$$= p^l q^{(n+m)-l} \sum_{k=0 \vee (l-m)}^{l \wedge n} {}_n\mathrm{C}_k \cdot {}_m\mathrm{C}_{l-k} = {}_{n+m}\mathrm{C}_l \, p^l q^{(n+m)-l}.$$

ここで $a \wedge b$ は a と b の小さい方，$a \vee b$ は a と b の大きい方とした．　　　　□

定理 3.1.1 を用いると，次の「ポアソン分布の再生性」を証明することができる．

> **系 3.1.3**（**ポアソン分布の再生性**）　(Ω, P) 上の確率変数 X と Y が独立で，そ
> れぞれポアソン分布 $Po(\lambda)$, $Po(\mu)$ に従うとき，$X + Y$ はポアソン分布 $Po(\lambda +$
> $\mu)$ に従う．

[証明]　$n = 0, 1, 2, \ldots$ に対して $P(X + Y = n)$ を計算することで，$X + Y$ の分布
を求める．まず定理 3.1.1 を適用し，次に関係式

$$P(X = -k) = P(Y = -k) = 0 \quad (k = 1, 2, \ldots)$$

を利用し，最後に二項定理を用いると，次のように式変形ができる．

$$P(X + Y = n) = \sum_{k=-\infty}^{\infty} P(X = k)P(Y = n - k)$$

$$= \sum_{k=0}^{n} P(X = k)P(Y = n - k) = \sum_{k=0}^{n} e^{-\lambda} \frac{\lambda^k}{k!} \cdot e^{-\mu} \frac{\mu^{n-k}}{(n-k)!}$$

$$= e^{-(\lambda+\mu)} \frac{1}{n!} \sum_{k=0}^{n} {}_n\mathrm{C}_k \lambda^k \mu^{n-k} = e^{-(\lambda+\mu)} \frac{(\lambda+\mu)^n}{n!}. \qquad \square$$

問 3.1.1 (Ω, P) 上の確率変数 X と Y は独立で，それぞれポアソン分布 $Po(\lambda)$，$Po(\mu)$ に従うとする．このとき，$n = 1, 2, \ldots$ に対して

$$p_k = P(X = k \mid X + Y = n), \quad 0 \le k \le n$$

とおけば，$\begin{pmatrix} 0 & 1 & \cdots & n \\ p_0 & p_1 & \cdots & p_n \end{pmatrix}$ は二項分布であることを証明せよ．

注意 3.1.3 (Ω, P) 上の確率変数の列 $X_1, X_2, \ldots$ は独立で，各 X_k は同じベルヌーイ分布 $Be(p)$ に従うとする．このとき，確率変数 X を次式

$$X(\omega) = 1 \cdot 1_{\{X_1=0\}}(\omega)1_{\{X_2=1\}}(\omega) + 2 \cdot 1_{\{X_1=0\}}(\omega)1_{\{X_2=0\}}(\omega)1_{\{X_3=1\}}(\omega)$$
$$+ 3 \cdot 1_{\{X_1=0\}}(\omega)1_{\{X_2=0\}}(\omega)1_{\{X_3=0\}}(\omega)1_{\{X_4=1\}}(\omega) + \cdots$$
$$= \sum_{k=1}^{\infty} k \left(\prod_{i=1}^{k} 1_{\{X_i=0\}}(\omega) \right) 1_{\{X_{k+1}=1\}}(\omega) \qquad (\omega \in \Omega)$$

で定めると，X は幾何分布 $Ge(p)$ に従うことが知られている．

3.2 同時分布，共分散，相関係数

この節では，同時分布，共分散，相関係数などの概念について解説する．

n 個の確率変数を n 次元ベクトルとして並べたものは n 変量確率変数とよばれ，その定義は次のとおりである．

> **定義 3.2.1** 標本空間 Ω 上の確率変数 $X_1, X_2, \ldots, X_n$ を n 次元ベクトルとして並べた $(X_1, X_2, \ldots, X_n)$ を
>
> $$(X_1, X_2, \ldots, X_n)(\omega) = (X_1(\omega), X_2(\omega), \ldots, X_n(\omega)) \qquad (\omega \in \Omega)$$

と定義し，Ω 上の n 変量確率変数とよぶ．なお，Ω 上の確率 P を考えるとき，Ω 上の n 変量確率変数 $(X_1, X_2, \ldots, X_n)$ を (Ω, P) 上の n 変量確率変数とよぶこともある．

　当たり 2 本，はずれ 8 本からなる 10 本のくじがあり，A 君が先に 1 本を引き，残りの 9 本のくじから B 君が 2 本を引くとする．このとき，A 君の当たりの本数を X，B 君の当たりの本数を Y とすると，確率 $P(X = i, Y = j)$ は表 3.1 で与えられる．この考え方を一般化して次の同時分布の定義を与える．

表 3.1　10 本のくじ．

X＼Y	0	1	2	計
0	7/15	14/45	1/45	4/5
1	7/45	2/45	0	1/5
計	28/45	16/45	1/45	1

定義 3.2.2（**同時分布，周辺分布**）　X, Y は (Ω, P) 上の確率変数であり，X の取り得る値は相異なる m 個の実数 $\{x_1, x_2, \ldots, x_m\}$，$Y$ の取り得る値は相異なる n 個の実数 $\{y_1, y_2, \ldots, y_n\}$ とする．このとき，次の確率

$$p_{ij} = P(X = x_i, Y = y_j), \quad p_i = P(X = x_i), \quad q_j = P(Y = y_j)$$

と (x_i, y_j) との対応を次の表で与え，2 変量確率変数 (X, Y) の**同時分布**とよぶ．

X＼Y	y_1	y_2	$\cdots$	y_n	計
x_1	p_{11}	p_{12}	$\cdots$	p_{1n}	p_1
x_2	p_{21}	p_{22}	$\cdots$	p_{2n}	p_2
$\vdots$	$\vdots$	$\vdots$	$\ddots$	$\vdots$	$\vdots$
x_m	p_{m1}	p_{m2}	$\cdots$	p_{mn}	p_m
計	q_1	q_2	$\cdots$	q_n	1

なお，同時分布の各行，各列の確率の合計はそれぞれ X, Y の離散分布を

表すため，次の表を**周辺分布**とよぶ.

X の値	x_1	x_2	$\cdots$	x_m	計
確率	p_1	p_2	$\cdots$	p_m	1

Y の値	y_1	y_2	$\cdots$	y_n	計
確率	q_1	q_2	$\cdots$	q_n	1

例 3.2.1 （周辺分布と独立性） 定義 3.2.2 の設定のもとで考察する. このとき，X と Y が独立であるための必要十分条件は，次の関係式 (3.5) をみたすことである.

$$P(X = x_i, Y = y_j) = P(X = x_i)P(Y = y_j) \tag{3.5}$$
$$(1 \leq i \leq m,\ 1 \leq j \leq n).$$

実際に X, Y が独立であれば，(3.5) をみたすことは明らかである. 次に，X, Y が (3.5) をみたせば，任意の区間 I, J に対して，次の式変形

$$P(X \in I, Y \in J) = \sum_{\substack{1 \leq i \leq m \\ x_i \in I}} \sum_{\substack{1 \leq j \leq n \\ y_j \in J}} P(X = x_i, Y = y_j)$$

$$= \sum_{\substack{1 \leq i \leq m \\ x_i \in I}} P(X = x_i) \cdot \sum_{\substack{1 \leq j \leq n \\ y_j \in J}} P(Y = y_j) = P(X \in I)P(Y \in J)$$

が成り立つため，X, Y は独立である.

定義 2.1.6 では，1 変量の連続型確率変数の概念を定義した. 次に，2 変量の連続型確率変数の概念を定義するにあたり，「同時密度関数」の概念が必要となるため，定義 3.2.3 で定義する.

定義 3.2.3 （同時密度関数，同時分布） 2 変数関数 $f(x, y)$ が次の (3.6) の 2 条件をみたすとき，**同時密度関数**とよぶ.

$$f(x, y) \geq 0, \quad \iint_{\mathbb{R}^2} f(x, y)\, dxdy = \int_{-\infty}^{\infty} \int_{-\infty}^{\infty} f(x, y)\, dxdy = 1. \tag{3.6}$$

このとき，任意の長方形 $[a_1, b_1] \times [a_2, b_2]$ に対して

$$\mu_f([a_1, b_1] \times [a_2, b_2]) = \iint_{[a_1, b_1] \times [a_2, b_2]} f(x, y)\, dxdy$$

と定義し，この μ_f を（同時密度関数）$f(x, y)$ から定まる**同時分布**とよぶ．また，$f(x, y)$ を「μ_f の同時密度関数」ともよぶ．

定義 2.1.6 の 1 変量の連続型確率変数の概念を，次のように 2 変量の連続型確率変数の概念に拡張する．

> **定義 3.2.4** (Ω, P) 上の確率変数 X, Y に対して，ある同時密度関数 $f(x, y)$ があって，任意の長方形 $[a_1, b_1] \times [a_2, b_2]$ に対して
>
> $$P(a_1 \leq X \leq b_1, a_2 \leq Y \leq b_2) = \mu_f([a_1, b_1] \times [a_2, b_2])$$
>
> が成り立つとき，2 変量確率変数 (X, Y) は $f(x, y)$ から定まる同時分布 μ_f に従うといい，$(X, Y) \overset{\mathrm{pdf}}{\sim} f(x, y)$ や $(X, Y) \sim \mu_f$ と表す．また，$(X, Y) \sim \mu_f$ のとき，$f(x, y)$ を「(X, Y) の同時密度関数」とよぶ．

例 3.2.2 （周辺密度関数と独立性） 定義 3.2.4 の設定のもとで，関数 $g(x)$ と $h(y)$ を次式で定めると，$g(x)$, $h(y)$ はそれぞれ X, Y の密度関数である．

$$g(x) = \int_{-\infty}^{\infty} f(x, y)\, dy, \quad h(y) = \int_{-\infty}^{\infty} f(x, y)\, dx. \tag{3.7}$$

実際に，任意の $a < b$ に対し，次の式変形

$$P(a \leq X \leq b) = P(a \leq X \leq b, -\infty < Y < \infty)$$

$$= \iint_{[a,b] \times (-\infty, \infty)} f(x, y)\, dxdy = \int_a^b \left\{ \int_{-\infty}^{\infty} f(x, y)\, dy \right\} dx = \int_a^b g(x)\, dx$$

が成り立つため，$g(x)$ は X の密度関数である．この $g(x)$ を X の**周辺密度関数**とよぶ．同様に $h(y)$ は Y の密度関数であり，$h(y)$ を Y の周辺密度関数とよぶ．また，(X, Y) の同時密度関数 $f(x, y)$ が次の条件

$$f(x, y) = g(x)h(y), \quad (x, y) \in \mathbb{R}^2 \tag{3.8}$$

をみたす場合は，任意の $a < b$ と $c < d$ に対して，次の式変形

$$P(a \leq X \leq b, c \leq Y \leq d) = \iint_{[a,b] \times [c,d]} g(x)h(y)\, dxdy$$

$$= \left\{\int_a^b g(x)\,dx\right\} \cdot \left\{\int_c^d h(y)\,dy\right\} = P(a \le X \le b)P(c \le Y \le d)$$

が成り立つため，X と Y は独立である．逆に，X と Y が独立のとき，

$$\widetilde{f}(x,y) = g(x)h(y), \quad (x,y) \in \mathbb{R}^2$$

とおけば，$\widetilde{f}(x,y)$ は (X,Y) の同時密度関数である．

定義 2.3.1 の期待値の概念を次のように拡張する．

定義 3.2.5（同時分布と期待値）　X と Y は (Ω, P) 上の確率変数とする．このとき，2 変数関数 $v(x,y)$ に対して，確率変数 $v(X,Y)$ の期待値 $E(v(X,Y))$ を次のように定義する．まず，X の取り得る値が相異なる m 個の実数 $\{x_1, x_2, \ldots, x_m\}$ で，Y の取り得る値が相異なる n 個の実数 $\{y_1, y_2, \ldots, y_n\}$ の場合は

$$E(v(X,Y)) = \sum_{i=1}^m \sum_{j=1}^n v(x_i, y_j)P(X=x_i, Y=y_j) \tag{3.9}$$

と定義する．次に，(X,Y) の同時密度関数が $f(x,y)$ で与えられる場合は

$$E(v(X,Y)) = \iint_{\mathbb{R}^2} v(x,y)f(x,y)\,dxdy \tag{3.10}$$

と定義する．

注意 3.2.1　(Ω, P) 上の確率変数 X と 1 変数関数 $h(x)$ に対し，「定義 3.2.5 に基づく $h(X)$ の期待値」と「定義 2.3.1 に基づく $h(X)$ の期待値」が一致することを証明する．まず，定義 3.2.5 の (3.9) の定義に基づいて $E(h(X))$ を計算すると，次式

$$E(h(X)) = \sum_{i=1}^m \sum_{j=1}^n h(x_i)P(X=x_i, Y=y_j)$$
$$= \sum_{i=1}^m h(x_i) \sum_{j=1}^n P(X=x_i, Y=y_j) = \sum_{i=1}^m h(x_i)P(X=x_i)$$

が成り立ち，この計算式の最右辺は，定義 2.3.1 の (2.23) 式と一致する．次に，(X,Y) の同時密度関数が $f(x,y)$ で与えられる場合は，$g(x) = \int_{-\infty}^{\infty} f(x,y)\,dy$ が X の周辺密度関数である．したがって，この場合に定義 3.2.5 の (3.10) の定義に基づいて $E(h(X))$ を計算すると，次式

$$E(h(X)) = \int_{-\infty}^{\infty} \int_{-\infty}^{\infty} h(x)f(x,y)\,dxdy = \int_{-\infty}^{\infty} \left\{ \int_{-\infty}^{\infty} h(x)f(x,y)\,dy \right\} dx$$

$$= \int_{-\infty}^{\infty} h(x) \left\{ \int_{-\infty}^{\infty} f(x,y)\,dy \right\} dx = \int_{-\infty}^{\infty} h(x)g(x)\,dx$$

が成り立ち，この計算式の最右辺は，定義 2.3.1 の (2.24) 式と一致する.

次の定理 3.2.1 は，本書において様々な結果を導き出す重要な役割を持つため，証明を理解し，定理の結果を正しく利用できることが望ましい.

定理 **3.2.1**（期待値の線形性・独立性と積の期待値） X と Y は (Ω, P) 上の確率変数とする．このとき，2 変数関数 $u(x,y)$, $v(x,y)$ と定数 a, b, c に対して，次式が成り立つ.

$$E(au(X,Y) + bv(X,Y) + c) = aE(u(X,Y)) + bE(v(X,Y)) + c.$$

このことから，定数 a, b, c, d に対して，次式も成り立つ.

$$E(aXY + bX + cY + d) = aE(XY) + bE(X) + cE(Y) + d. \quad (3.11)$$

また，X と Y が独立であれば $E(XY) = E(X)E(Y)$ が成り立つ.

[証明] 証明の前半では，X の取り得る値が相異なる m 個の実数 $\{x_1, x_2, \ldots, x_m\}$ で，Y の取り得る値が相異なる n 個の実数 $\{y_1, y_2, \ldots, y_n\}$ の場合を考察する．この場合は，$\sum_{i=1}^{m} \sum_{j=1}^{n}$ の線形性より，次の式変形

$$E(au(X,Y) + bv(X,Y) + c)$$

$$= \sum_{i=1}^{m} \sum_{j=1}^{n} (au(x_i, y_j) + bv(x_i, y_j) + c) P(X = x_i, Y = y_j)$$

$$= a \sum_{i=1}^{m} \sum_{j=1}^{n} u(x_i, y_j) P(X = x_i, Y = y_j)$$

$$+ b \sum_{i=1}^{m} \sum_{j=1}^{n} v(x_i, y_j) P(X = x_i, Y = y_j) + c \sum_{i=1}^{m} \sum_{j=1}^{n} P(X = x_i, Y = y_j)$$

$$= aE(u(X,Y)) + bE(v(X,Y)) + c$$

が成り立つ．さらに，X と Y が独立であれば，次の関係式

$$P(X = x_i, Y = y_j) = P(X = x_i)P(Y = y_j) \quad (1 \leq i \leq m, \ 1 \leq j \leq n)$$

をみたすため，$E(XY)$ は次のように計算できる.

$$E(XY) = \sum_{i=1}^{m} \sum_{j=1}^{n} x_i y_j P(X = x_i, Y = y_j)$$

$$= \sum_{i=1}^{m} \sum_{j=1}^{n} x_i y_j P(X = x_i) P(Y = y_j)$$

$$= \left\{ \sum_{i=1}^{m} x_i P(X = x_i) \right\} \cdot \left\{ \sum_{j=1}^{n} y_j P(Y = y_j) \right\} = E(X)E(Y).$$

証明の後半では，(X, Y) の同時密度関数が $f(x, y)$ で与えられる場合を考察する．この場合は，積分の線形性より，次の式変形

$$E(au(X, Y) + bv(X, Y) + c) = \iint_{\mathbb{R}^2} \bigl(au(x, y) + bv(x, y) + c \bigr) f(x, y)\, dxdy$$

$$= a \iint_{\mathbb{R}^2} u(x, y) f(x, y)\, dxdy$$

$$+ b \iint_{\mathbb{R}^2} v(x, y) f(x, y)\, dxdy + c \iint_{\mathbb{R}^2} f(x, y)\, dxdy$$

$$= aE(u(X, Y)) + bE(v(X, Y)) + c$$

が成り立つ．さらに，X と Y が独立であれば，X と Y の周辺密度関数 $g(x)$ と $h(y)$ に対して，$\widetilde{f}(x, y) := g(x)h(y)$ が (X, Y) の同時密度関数であるため，$E(XY)$ は次のように計算できる．

$$E(XY) = \int_{-\infty}^{\infty} \int_{-\infty}^{\infty} xy \widetilde{f}(x, y)\, dxdy = \int_{-\infty}^{\infty} \int_{-\infty}^{\infty} xy g(x) h(y)\, dxdy$$

$$= \left\{ \int_{-\infty}^{\infty} x g(x)\, dx \right\} \left\{ \int_{-\infty}^{\infty} y h(y)\, dy \right\} = E(X)E(Y).$$

最後に (3.11) を証明する．前半の主張を 2 回用いると，次の 2 つの関係式

$$E(aXY + bX + cY + d) = aE(XY) + E(bX + cY) + d, \tag{3.12}$$

$$E(bX + cY) = bE(X) + cE(Y) \tag{3.13}$$

が得られる．よって，(3.12) と (3.13) を用いると (3.11) が得られる． □

定理 3.2.1 の前半の「**期待値の線形性**」に関する主張は，次の系 3.2.1 のように，n 個の確率変数に対する主張に拡張できる．

系 3.2.1 (Ω, P) 上の確率変数 $X_1, X_2, \ldots, X_n$ と，n 個の実数 $a_1, a_2, \ldots, a_n$ に対して，次式が成り立つ．

$$E(a_1X_1 + a_2X_2 + \cdots + a_nX_n)$$
$$= a_1E(X_1) + a_2E(X_2) + \cdots + a_nE(X_n).$$

定理 3.2.1 の最後の「**独立性と積の期待値**」に関する主張は，次の系 3.2.2 のように，独立な n 個の確率変数に対する主張に拡張できる．

> **系 3.2.2** (Ω, P) 上の確率変数 $X_1, X_2, \ldots, X_n$ が独立であれば，次式
> $$E(X_1X_2 \cdots X_n) = E(X_1)E(X_2) \cdots E(X_n)$$
> が成り立つ．

[**証明**] 例 A.6.1 より，$X_1X_2 \cdots X_{n-1}$ と X_n は独立である．したがって，定理 3.2.1 より，次式が得られる．

$$E(X_1X_2 \cdots X_{n-1}X_n) = E(X_1X_2 \cdots X_{n-1}) \times E(X_n).$$

次に，注意 3.1.1 から，$X_1, X_2, \ldots, X_{n-1}$ も独立である．したがって，上と同様に議論することで次式が得られる．

$$E(X_1X_2 \cdots X_{n-2}X_{n-1}) = E(X_1X_2 \cdots X_{n-2}) \times E(X_{n-1}).$$

この議論を残り $n-3$ 回繰り返すことで結論を得る． □

次に，**シュワルツの不等式**を証明するにあたり，定理 3.2.2 において，「期待値の単調性」を証明する．

> **定理 3.2.2** （**期待値の単調性**） X と Y は (Ω, P) 上の確率変数とする．このとき，2 変数関数 $u(x,y)$, $v(x,y)$ がすべての x, y について $u(x,y) \leq v(x,y)$ をみたせば，$E(u(X,Y)) \leq E(v(X,Y))$ が成り立つ．特に $|E(u(X,Y))| \leq E(|u(X,Y)|)$ が成り立つ．

[**証明**] 前半の主張は定理 2.3.2 と同様に証明することができる．まず，(X, Y) の同時分布が定義 3.2.2 の表で与えられる場合は，$u(x_i, y_j)p_{ij} \leq v(x_i, y_j)p_{ij}$ より，$E(u(X,Y)) \leq E(v(X,Y))$ が得られる．次に，(X, Y) が同時密度関数が $f(x,y)$ で与えられる場合は，$u(x,y)f(x,y) \leq v(x,y)f(x,y)$ より，$E(u(X,Y)) \leq E(v(X,Y))$ が得られる．後半の主張は系 2.3.1 (1) と同様に証明することができる．まず，$u(x,y) \leq$

$|u(x, y)|$ と，この定理の前半の主張から $E(u(X, Y)) \leq E(|u(X, Y)|)$ が得られる．次に，$-u(x, y) \leq |u(x, y)|$ と定理 3.2.1，およびこの定理の前半の主張から $-E(u(X, Y)) = E(-u(X, Y)) \leq E(|u(X, Y)|)$ が得られる． □

次の補題 3.2.1 は，「相関係数が -1 以上かつ 1 以下であること」(3.15) を証明するときに用いる．

補題 3.2.1（シュワルツの不等式） (Ω, P) 上の確率変数 X, Y に対して

$$|E(XY)| \leq E(|XY|) \leq \sqrt{E(X^2)} \sqrt{E(Y^2)}$$

が成り立つ．

[証明] $E(X^2) < \infty$ かつ $E(Y^2) < \infty$ の場合で証明する．t の 2 次関数

$$u(t) := E((tX + Y)^2) = t^2 E(X^2) + 2t E(XY) + E(Y^2) \geq 0$$

を考える．$E(X^2) > 0$ の場合は，任意の実数 t に対して平方完成

$$u(t) = E(X^2)\left(t + \frac{E(XY)}{E(X^2)}\right)^2 + \frac{E(X^2)E(Y^2) - (E(XY))^2}{E(X^2)} \geq 0 \quad (3.14)$$

が成り立つ．平方完成 (3.14) の頂点（第 2 項目）が 0 以上であることより，$|E(XY)| \leq \sqrt{E(X^2)} \sqrt{E(Y^2)}$ が得られる．$E(X^2) = 0$ の場合は，任意の実数 t に対して $u(t) = 2t E(XY) + E(Y^2) \geq 0$ が成り立つため，$E(XY) = 0$ がわかり，$|E(XY)| \leq \sqrt{E(X^2)} \sqrt{E(Y^2)}$ が得られる．次に，X, Y を $|X|, |Y|$ に置き換えても同じ不等式 $E(|XY|) \leq \sqrt{E(X^2)} \sqrt{E(Y^2)}$ が得られる．一方で，定理 3.2.2 より，不等式 $|E(XY)| \leq E(|XY|)$ も得られる．よって，この 2 つの不等式より，結論を得る．□

例題 3.2.1（4 枚のカード）

4 枚のカード c_1, c_2, c_3, c_4 に

$$c_1 = -2, \quad c_2 = -1, \quad c_3 = -1, \quad c_4 = 2$$

と数字が記入されている．まず，A 君が 1 枚を抜き出し，残りの 3 枚のカードから B 君が 1 枚を抜き出すとき，A 君のカードの数字を X，B 君のカードの数字を Y とする．このとき，(X, Y) の同時分布を作成し，X, Y が独立ではないことを示せ．また，$E(XY)$ と $E(X)E(Y)$ の値，および $V(X + Y)$ と $V(X) + V(Y)$ の値を比較せよ．

【解答】 $x_1 = y_1 = -2$, $x_2 = y_2 = -1$, $x_3 = y_3 = 2$ かつ $p_i = P(X = x_i)$, $q_j = P(Y = y_j)$, $p_{ij} = P(X = x_i, Y = y_j)$ とおき，(X, Y) の同時分布を作成したのが表 3.2 である．

表 **3.2** 同時分布．

X＼Y	$y_1 = -2$	$y_2 = -1$	$y_3 = 2$	計
$x_1 = -2$	$p_{11} = 0$	$p_{12} = 1/6$	$p_{13} = 1/12$	$p_1 = 1/4$
$x_2 = -1$	$p_{21} = 1/6$	$p_{22} = 1/6$	$p_{23} = 1/6$	$p_2 = 1/2$
$x_3 = 2$	$p_{31} = 1/12$	$p_{32} = 1/6$	$p_{33} = 0$	$p_3 = 1/4$
計	$q_1 = 1/4$	$q_2 = 1/2$	$q_3 = 1/4$	1

まず，$P(X = -2, Y = -2) = 0$ と $P(X = -2)P(Y = -2) = 1/16$ が一致しないため，X と Y は独立ではない．次に，期待値に関しては，以下の一連の計算結果が得られる．

$$E(X) = \sum_{i=1}^{3} x_i p_i = -\frac{1}{2}, \quad E(Y) = \sum_{j=1}^{3} y_j q_j = -\frac{1}{2},$$

$$E(X^2) = \sum_{i=1}^{3} x_i^2 p_i = \frac{5}{2}, \quad E(Y^2) = \sum_{j=1}^{3} y_j^2 q_j = \frac{5}{2},$$

$$E(XY) = \sum_{i=1}^{3} \sum_{j=1}^{3} x_i y_j p_{ij} = -\frac{1}{2},$$

$$E((X + Y)^2) = \sum_{i=1}^{3} \sum_{j=1}^{3} (x_i + y_j)^2 p_{ij} = 4.$$

この計算結果から，$E(X)E(Y) = 1/4$ と $E(XY) = -1/2$ は一致しない．また

$$V(X) = E(X^2) - \left(E(X)\right)^2 = \frac{9}{4}, \quad V(Y) = E(Y^2) - \left(E(Y)\right)^2 = \frac{9}{4},$$

$$V(X + Y) = E((X + Y)^2) - \left(E(X) + E(Y)\right)^2 = 4 - (-1)^2 = 3$$

であるため，$V(X + Y) = 3$ と $V(X) + V(Y) = 9/2$ は一致しない． □

例 3.2.3 標本空間 Ω は座標平面 $\mathbb{R}^2$ の部分集合であり，面積（2 次元）を持つとする．また，P は (1.5) で定義された Ω 上の幾何的確率とする．このとき，(Ω, P) 上の確率変数 X, Y を，

$$X(\omega_1, \omega_2) = \omega_1, \quad Y(\omega_1, \omega_2) = \omega_2 \quad \left(\omega = (\omega_1, \omega_2) \in \Omega\right)$$

と定めると，2変量確率変数 (X,Y) の同時密度関数 $f(x,y)$ は

$$f(x,y) = \frac{1}{|\Omega|} 1_\Omega(x,y) \quad ((x,y) \in \mathbb{R}^2)$$

で与えられる．実際に，任意の長方形 $[a_1,b_1] \times [a_2,b_2]$ に対して，次式

$$P(a_1 \leq X \leq b_1,\ a_2 \leq Y \leq b_2)$$

$$= P(\Omega \cap ([a_1,b_1] \times [a_2,b_2])) = \frac{|\Omega \cap ([a_1,b_1] \times [a_2,b_2])|}{|\Omega|}$$

$$= \frac{1}{|\Omega|} \iint_{[a_1,b_1] \times [a_2,b_2]} 1_\Omega(x,y)\, dxdy = \iint_{[a_1,b_1] \times [a_2,b_2]} f(x,y)\, dxdy$$

が成り立つため，$f(x,y)$ は (X,Y) の同時密度関数である．

── 例題 3.2.2 ──

長さが2の線分 AB があり，AB の中点を C とする．まず，AC 上に無作為に点 P を取る．次に，この点 P に対して，AQ の長さが AP の長さの2倍になるように AB 上に点 Q を取る．さらに，線分 QB 上に無作為に点 R を取り，$Y =$「線分 QR の長さ」と定める．このとき，Y の期待値 $E(Y)$ を求めよ．

【解答】 $X =$「線分 AP の長さ」と定め，$Y =$「線分 QR の長さ」と定める．このとき，関数 $f(x,y)$ を

$$f(x,y) = \begin{cases} 1/(2-2x) & (0 \leq x < 1,\ 0 < y \leq 2-2x) \\ 0 & (\text{その他}) \end{cases}$$

と定めると，任意の区間 I, J に対して次式が成り立つ．

$$P(X \in I, Y \in J) = \int_0^1 1_I(x) \left(\frac{1}{2-2x} \int_0^{2-2x} 1_J(y)\, dy \right) dx$$

$$= \iint_{I \times J} f(x,y)\, dxdy.$$

よって，$f(x,y)$ は (X,Y) の同時密度関数である．次に，Y の周辺密度関数は

$$h(y) = \int_{-\infty}^{\infty} f(x,y)\, dx = \begin{cases} 0 & (y \leq 0 \text{ または } 2 < y) \\ -\frac{1}{2} \log(y/2) & (0 < y \leq 2) \end{cases}$$

である．ここで，ロピタルの定理より，関係式

$$\lim_{y \to +0} y^2 \log y = \lim_{y \to +0} \frac{\log y}{y^{-2}} = \lim_{y \to +0} \frac{y^{-1}}{(-2)y^{-3}} = -\frac{1}{2} \lim_{y \to +0} y^2 = 0$$

が成り立つため，この関係式と部分積分公式より，

$$\int_0^2 y \log y \, dy = 2 \log 2 - 1$$

が得られる．したがって，Y の期待値は次のように計算できる．

$$E(Y) = \int_{-\infty}^{\infty} y h(y) \, dy = -\frac{1}{2} \int_0^2 y \log\left(\frac{y}{2}\right) dy = \frac{1}{2}. \qquad \square$$

問 3.2.1　例題 3.2.2 の設定のもとで，$P(Y \geq 1)$ の値を求めよ．

同時分布を特徴付けるために必要な共分散を定義する．

定義 3.2.6（共分散）　(Ω, P) 上の確率変数 X, Y に対して
$$\mathrm{Cov}(X, Y) = E((X - E(X))(Y - E(Y)))$$
を X と Y の**共分散** (covariance) とよぶ．

$\mathrm{Cov}(X, Y) > 0$ は，「X が $E(X)$ より大きければ，Y も $E(Y)$ より大きくなる傾向がある」ことを示している．$\mathrm{Cov}(X, Y) < 0$ は，「X が $E(X)$ より大きければ，Y は $E(Y)$ より小さくなる傾向がある」ことを示している．

定理 3.2.1 と系 3.2.1 を用いると，次の「共分散の基本公式」を証明することができる．

定理 3.2.3（共分散の基本公式）　(Ω, P) 上の確率変数 X, Y, Z に対して，次が成り立つ．

(1)　$\mathrm{Cov}(X, Y) = \mathrm{Cov}(Y, X) = E(XY) - E(X)E(Y)$

(2)　$\mathrm{Cov}(aX, bY) = ab \, \mathrm{Cov}(X, Y) \quad (a, b \in \mathbb{R})$

(3)　$V(X + Y) = V(X) + V(Y) + 2 \, \mathrm{Cov}(X, Y)$

(4)　$\mathrm{Cov}(X + Y, Z) = \mathrm{Cov}(X, Z) + \mathrm{Cov}(Y, Z)$

[証明]　(1)　$E(X)$ と $E(Y)$ は定数であるため，定理 3.2.1 (3.11) より，次が成り立つ．

$$\mathrm{Cov}(X, Y) = E(XY - E(X)Y - E(Y)X + E(X)E(Y))$$

$$= E(XY) - E(X)E(Y) - E(Y)E(X) + E(X)E(Y)$$
$$= E(XY) - E(X)E(Y).$$

(2) $E(aX) = aE(X)$, $E(bY) = bE(Y)$ と $E(abXY) = abE(XY)$ であるため，定理 3.2.1 より，次が成り立つ.

$$\mathrm{Cov}(aX, bY) = E((aX - E(aX))(bY - E(bY)))$$
$$= E(a(X - E(X))b(Y - E(Y))) = ab \, \mathrm{Cov}(X, Y).$$

(3) $E(X + Y) = E(X) + E(Y)$ であるため，系 3.2.1 より，次が成り立つ.

$$V(X + Y) = E((X - E(X) + Y - E(Y))^2)$$
$$= E((X - E(X))^2 + 2(X - E(X))(Y - E(Y)) + (Y - E(Y))^2)$$
$$= V(X) + 2\,\mathrm{Cov}(X, Y) + V(Y).$$

(4) $E(X + Y) = E(X) + E(Y)$ であるため，系 3.2.1 より，次が成り立つ.

$$\mathrm{Cov}(X + Y, Z) = E((X - E(X) + Y - E(Y))(Z - E(Z)))$$
$$= E((X - E(X))(Z - E(Z))) + E((Y - E(Y))(Z - E(Z)))$$
$$= \mathrm{Cov}(X, Z) + \mathrm{Cov}(Y, Z). \qquad \square$$

注意 3.2.2 (Ω, P) 上の確率変数 X, Y が独立ならば，定理 3.2.1 より，$\mathrm{Cov}(X, Y) = E(XY) - E(X)E(Y) = 0$ である．よって，定理 3.2.3 より，$V(X + Y) = V(X) + V(Y)$ が成り立つ．このことを，系 3.2.3 で一般化する.

系 3.2.3（独立性と分散の加法性） (Ω, P) 上の確率変数 $X_1, X_2, \ldots, X_n$ が独立であれば，次式が成り立つ.
$$V(X_1 + X_2 + \cdots + X_n) = V(X_1) + V(X_2) + \cdots + V(X_n).$$

[証明] 例 A.6.1 より，$X_1 + X_2 + \cdots + X_{n-1}$ と X_n は独立である．したがって，注意 3.2.2 より，次式が得られる.

$$V(X_1 + X_2 + \cdots + X_n) = V(X_1 + X_2 + \cdots + X_{n-1}) + V(X_n).$$

次に，注意 3.1.1 より，$X_1, X_2, \ldots, X_{n-1}$ も独立である．したがって，上と同様に議論することで，次式が得られる.

$$V(X_1 + X_2 + \cdots + X_{n-1}) = V(X_1 + X_2 + \cdots + X_{n-2}) + V(X_{n-1}).$$

この議論を残り $n - 3$ 回繰り返すことで結論を得る. $\qquad \square$

注意 3.2.3 (Ω, P) 上の確率変数 $X_1, X_2, \ldots, X_n$ は独立とする．このとき，補題 3.1.1 より，n 個の実数 $a_1, a_2, \ldots, a_n$ に対して $a_1 X_1, a_2 X_2, \ldots, a_n X_n$ も独立である．したがって，系 3.2.3 と定理 2.3.3 より，次式が成り立つ．

$$V(a_1 X_1 + a_2 X_2 + \cdots + a_n X_n) = V(a_1 X_1) + V(a_2 X_2) + \cdots + V(a_n X_n)$$
$$= a_1^2 V(X_1) + a_2^2 V(X_2) + \cdots + a_n^2 V(X_n).$$

共分散 $\mathrm{Cov}(X, Y)$ は，片方の確率変数が定数倍されれば，共分散の値も定数倍される．以下では，定数倍に関して不変な相関係数 $\rho(X, Y)$ を定義する．

定義 3.2.7（相関係数） (Ω, P) 上の確率変数 X, Y は $V(X) > 0$ かつ $V(Y) > 0$ をみたすとする．このとき，

$$\rho(X, Y) = \frac{\mathrm{Cov}(X, Y)}{\sqrt{V(X) V(Y)}}$$

を X と Y の**相関係数** (correlation coefficient) とよぶ．

例 3.2.4（相関係数の基本性質，無相関） (Ω, P) 上の確率変数 X, Y は $V(X) > 0$ かつ $V(Y) > 0$ をみたすとする．このとき，補題 3.2.1（シュワルツの不等式）より，次の不等式が得られる．

$$|E((X - E(X))(Y - E(Y)))| \leq E(|(X - E(X))(Y - E(Y))|)$$
$$\leq \sqrt{E((X - E(X))^2)} \sqrt{E((Y - E(Y))^2)} = \sqrt{V(X)} \sqrt{V(Y)}.$$

したがって，相関係数 $\rho(X, Y)$ は -1 以上かつ 1 以下であり，不等式

$$-1 \leq \rho(X, Y) \leq 1 \tag{3.15}$$

が成り立つ．このことから，相関の強弱を -1 以上かつ 1 以下の値で測ることができる．$\rho(X, Y)$ が 1 に近ければ「X と Y は正の相関が強い」，-1 に近ければ「X と Y は負の相関が強い」，0 に近ければ「X と Y は相関が弱い」と判断する．なお，$\rho(X, Y) = 0$ が成り立つとき，X と Y は**無相関**であるという．定理 2.3.3 と定理 3.2.3 より，定数 $a, b > 0$ に対して，次式が成り立つ．

$$\rho(aX, bY) = \frac{\mathrm{Cov}(aX, bY)}{\sqrt{V(aX) V(bY)}} = \frac{ab\, \mathrm{Cov}(X, Y)}{\sqrt{a^2 V(X) b^2 V(Y)}} = \rho(X, Y).$$

よって，相関係数は定数倍に関して不変である．次に，定数 $a \neq 0$ と定数 b

に対して $Y = aX + b$ という「線形の関係」（直線的な関係）があるとき，定理 2.3.3 と定理 3.2.3 より，次の計算結果

$$\rho(X, Y) = \frac{\text{Cov}(X, aX + b)}{\sqrt{V(X) \cdot V(aX + b)}} = \frac{\text{Cov}(X, aX) + \text{Cov}(X, b)}{\sqrt{V(X) \cdot a^2 V(X)}}$$

$$= \frac{a \text{Cov}(X, X) + 0}{|a| V(X)} = \frac{a}{|a|}$$

が得られる．したがって，この「線形の関係」（直線的な関係）があるとき，$|\rho(X, Y)| = 1$ が成り立つ．なおこのように，「X と Y の間に直線的な関係があるほど，相関係数の絶対値が大きくなる」ことも知られている．

例 3.2.5（無相関と独立性）　(Ω, P) 上の確率変数 X, Y は $V(X) > 0$ かつ $V(Y) > 0$ をみたすとする．X, Y が独立であれば，系 3.2.2 より，$E(XY) = E(X)E(Y)$ が成り立つため，X と Y は無相関である．逆に，X と Y が無相関であっても X, Y が独立とは限らないことが知られており，以下ではこのことを 2 つの例を用いて説明する．

まず 1 つ目の例を紹介する．(Ω, P) 上の 2 変量確率変数 (X, Y) の同時分布が表 3.3 で与えられるとする．このとき，$E(X) = E(Y) = 0$ と $E(XY) = 0$ より，$\rho(X, Y) = 0$ が成り立つため，X と Y は無相関である．一方で，

$$P(X = 1, Y = 0) = \frac{1}{4} \neq \frac{1}{8} = P(X = 1)P(Y = 0)$$

であるため，X と Y は独立ではない．

表 **3.3**　同時分布．

X＼Y	-1	0	1	計
-1	0	1/4	0	1/4
0	1/4	0	1/4	1/2
1	0	1/4	0	1/4
計	1/4	1/2	1/4	1

次に 2 つ目の例を紹介する．標本空間を $\Omega = [0, 2\pi]$ とし，Ω 上の 1 次元の幾何的確率を P とし，確率空間 (Ω, P) 上の確率変数 X, Y を $X(\omega) = \cos \omega$，$Y(\omega) = \sin \omega$ と定める．このとき，例 2.3.10 の (2.39) より，次の計算結果

$$E(X) = \frac{1}{2\pi} \int_0^{2\pi} \cos \omega \, d\omega = 0, \quad E(Y) = \frac{1}{2\pi} \int_0^{2\pi} \sin \omega \, d\omega = 0,$$

$$E(XY) = \frac{1}{2\pi} \int_0^{2\pi} \cos \omega \sin \omega \, d\omega = \frac{1}{4\pi} \int_0^{2\pi} \sin(2\omega) \, d\omega = 0$$

が得られるため，X と Y は無相関である．一方で，次の計算結果

$$P(X \geq 1/2) = P(Y \geq 1/2) = \frac{1}{3}, \quad P(X \geq 1/2, \, Y \geq 1/2) = \frac{1}{12},$$

$$P(X \geq 1/2, \, Y \geq 1/2) \neq P(X \geq 1/2)P(Y \geq 1/2)$$

も得られるため，X と Y は独立ではない．なお，この 2 変量確率変数 (X, Y) は $X^2(\omega) + Y^2(\omega) = 1 \ (\omega \in \Omega)$ という関係式をみたすため，(X, Y) の同時密度関数は存在しないことが測度論を用いた議論によりわかる．一方で，X や Y は，-1 と 1 の間の無限に細かい値を取り得る．そのため，この (X, Y) は定義 3.2.5 で扱える 2 変量確率変数の枠組みに収まらない．しかし，上述のように，(2.24) の定義に基づけば相関係数 $\rho(X, Y)$ を計算できる．

注意 3.2.4 相関係数の絶対値 $|\rho(X, Y)|$ が大きいことは，確率変数 X, Y の間に「線形関係（直線の関係）の傾向が強い」ことを示唆する．一方で，例 3.2.5（2 つ目の例）の確率変数 X, Y は，$X^2(\omega) + Y^2(\omega) = 1 \ (\omega \in \Omega)$ という非線形関係と，$\rho(X, Y) = 0$ を同時にみたす．この例からわかるように，確率変数 X, Y の間に非線形関係（直線ではない関係）が存在しても，相関係数の絶対値 $|\rho(X, Y)|$ が小さいことがある．そのため，確率変数 X, Y の相関係数の絶対値 $|\rho(X, Y)|$ が小さくても，「この確率変数 X, Y の間に関連性がない」と判断することはできない．

トピックス 4（偏相関係数） X, Y, Z はそれぞれ (Ω, P) 上の確率変数とする．X と Z に正の相関があり，また Y と Z にも正の相関があるとき，X と Y に直接的な因果関係がなくても，X と Y の相関係数が大きくなることがある．この場合，この X と Y に現れる相関を**見かけ上の相関**（**擬似相関**）とよぶ．そこで Z の影響を取り除いた上で X と Y の相関の強弱を測るために，「Z を与えたときの X と Y の**偏相関係数**」とよばれる次の指標 $\rho(X, Y|Z)$ を用いることがある．

$$\rho(X, Y|Z) := \frac{\rho(X, Y) - \rho(X, Z)\rho(Y, Z)}{\sqrt{1 - \rho(X, Z)^2} \sqrt{1 - \rho(Y, Z)^2}}.$$

擬似相関の例として，ある街でのアイスクリームの売り上げ (X) とプールの溺死者数 (Y) がある．この場合，X と Y の相関係数 $\rho(X, Y)$ は高い値を取るが，当然ながら両者の間に因果関係はなく，気温 (Z) の影響を取り除いた偏相関係数 $\rho(X, Y|Z)$ は低い値を取ることが知られている．

擬似相関の他の例として，小学校の生徒の走る速度と体重がある．一般に，小学校

では，学年が上がるほど生徒の走る速度が速くなることが知られている．ある小学校の生徒の走る速度（秒速），体重 (kg)，身長 (cm) を表す確率変数をそれぞれ X, Y, Z とする．このとき，速度 (X) と体重 (Y) の相関係数 $\rho(X, Y)$ は 1 に近く，速度と体重は正の相関が強いが，一般には速度と体重の間には因果関係はないと考えられるため，身長 (Z) の影響を取り除いた偏相関係数 $\rho(X, Y|Z)$ を計算してみると，この値は 0 に近いか負の値を取ることが知られている．たとえば $\rho(X, Y|Z)$ が 0 に近い場合は「身長 (Z) の影響を取り除けば，速度 (X) と体重 (Y) の相関は弱い」という結論が得られる．

一般には，2 つの確率変数 X, Y の間に擬似相関が疑われる場合でも，真の原因である第 3 の確率変数 Z が事前にわかっていないことが多いため，どのようにして Z を見つけるかが重要な課題である．

例 3.2.6 例 2.3.4 では，二項分布 $B(n, p)$ に従う確率変数 X の平均と分散を，二項定理を用いて計算した．一方で，(Ω, P) 上の確率変数 $X_1, X_2, \ldots, X_n$ が独立であり，各 X_k がベルヌーイ分布 $Be(p)$ に従うとき，$X = X_1 + X_2 + \cdots + X_n$ が二項分布 $B(n, p)$ に従うことを系 3.1.1 で証明した．以下では，この事実を用いて，$B(n, p)$ に従う確率変数 X の平均と分散を再計算する．まず，$E(X_k) = p$ と系 3.2.1 より，X の平均は次のように計算できる．

$$E(X) = E(X_1) + E(X_2) + \cdots + E(X_n) = np.$$

次に，$V(X_k) = p(1 - p)$ と系 3.2.3 より，X の分散は次のように計算できる．

$$V(X) = V(X_1) + V(X_2) + \cdots + V(X_n) = np(1 - p).$$

例題 3.2.3

まず，白玉 4 個と黒玉 3 個が入っている袋 A から玉を同時に 2 個取り出し，もとに戻す操作を 49 回行い，この 49 回のうち白玉が出る操作の回数を X とする．次に，白玉 2 個と黒玉 4 個が入っている袋 B から玉を 1 個取り出し，もとに戻す操作を 36 回行い，この 36 回のうち白玉が出る操作の回数を Y とする．このとき，$Z = 2X + 1$ と $W = -X + 2Y$ のそれぞれについて，平均と分散を計算せよ．

【解答】 袋 A から球を 2 個取り出す 1 回の操作において，白玉が出る確率 p_a は

$$p_a = \frac{{}_4C_2 + {}_4C_1 \cdot {}_3C_1}{{}_7C_2} = \frac{4 \cdot 3 + 2 \cdot 4 \cdot 3}{7 \cdot 6} = \frac{2 + 4}{7} = \frac{6}{7}$$

である．袋 B から球を 1 個取り出す 1 回の操作において，白玉が出る確率 p_b は $p_b = $

1/3である．よって，X は二項分布 $B(49, 6/7)$ に従い，Y は二項分布 $B(36, 1/3)$ に従う．また，X と Y は独立である．定理 2.3.1，定理 2.3.3，系 3.2.1，注意 3.2.3 と例 3.2.6 より，次のように計算できる．

$$E(Z) = 2E(X) + 1 = 85, \quad E(W) = -E(X) + 2E(Y) = -18,$$
$$V(Z) = 2^2 V(X) = 24, \quad V(W) = (-1)^2 V(X) + 2^2 V(Y) = 38. \qquad \square$$

── 例題 3.2.4 ──

1 円硬貨 10 枚と 5 円硬貨 3 枚を同時に投げるとき，表が出る 1 円硬貨の合計金額を X とし，表が出る 5 円硬貨の合計金額を Y とすると，表が出る硬貨の合計金額は $Z = X + Y$ と表せる．このとき，分散 $V(Z)$ と期待値 $E(XY^2)$ を求めよ．

【解答】 確率変数 $X_1, X_2, \ldots, X_{10}$ と Y_1, Y_2, Y_3 を

$$X_i = \begin{cases} 1 & (i \text{ 番目の 1 円硬貨が表}) \\ 0 & (i \text{ 番目の 1 円硬貨が裏}) \end{cases} \qquad Y_j = \begin{cases} 1 & (j \text{ 番目の 5 円硬貨が表}) \\ 0 & (j \text{ 番目の 5 円硬貨が裏}) \end{cases}$$

と定めると，この 13 個の確率変数は独立であり，それぞれ同じベルヌーイ分布 $Be(1/2)$ に従う．さらに，X と Y は次のように表せる．

$$X = X_1 + X_2 + \cdots + X_{10}, \quad Y = 5(Y_1 + Y_2 + Y_3).$$

注意 3.2.3 と $V(X_1) = V(Y_1) = (1/2)^2$ より，次式が成り立つ．

$$V(Z) = V(X_1 + X_2 + \cdots + X_{10} + 5(Y_1 + Y_2 + Y_3))$$
$$= V(X_1) + V(X_2) + \cdots + V(X_{10}) + 5^2 \big(V(Y_1) + V(Y_2) + V(Y_3)\big)$$
$$= 10 \times \frac{1}{4} + 5^2 \times 3 \times \frac{1}{4} = \frac{85}{4}.$$

次に，補題 A.6.2 より，X と Y^2 は独立である．また，系 3.2.1 より，$E(X) = 10 \times E(X_1) = 5$ である．したがって，系 3.2.1，系 3.2.2 と系 3.2.3 より，$E(XY^2)$ は次のように計算できる．

$$E(XY^2) = E(X)E(Y^2) = 5\big\{V(Y) + \{E(Y)\}^2\big\}$$
$$= 5^3 \big\{V(Y_1 + Y_2 + Y_3) + \{E(Y_1 + Y_2 + Y_3)\}^2\big\}$$
$$= 5^3 \big\{V(Y_1) + V(Y_2) + V(Y_3) + \{E(Y_1) + E(Y_2) + E(Y_3)\}^2\big\}$$
$$= 5^3 \left\{3 \times \frac{1}{4} + \left(3 \times \frac{1}{2}\right)^2\right\} = 375. \qquad \square$$

問 3.2.2　50 円硬貨 2 枚と 100 円硬貨 3 枚を同時に投げるとき，「表が出る硬貨の合計金額」の平均と標準偏差を求めよ．

── 例題 3.2.5 ──

　表が出る確率が p $(0 < p < 1)$ である 1 枚のコインがある．このコインを 3 回続けて投げるとき，2 回以上連続して表が出る場合は $X = 1$ と定め，それ以外の場合は $X = 0$ と定める．このとき，平均 $E(X)$ と分散 $V(X)$ を求めよ．

【解答】　同じベルヌーイ分布 $Be(p)$ に従う確率変数 X_1, X_2, X_3 を

$$X_i = \begin{cases} 1 & (i \text{ 回目にコインが表}) \\ 0 & (i \text{ 回目にコインが裏}) \end{cases}$$

と定めると，X_1, X_2, X_3 は独立である．この X_1, X_2, X_3 を用いて Z_2, Z_3 を

$$Z_2 = X_1 X_2(1 - X_3) + (1 - X_1)X_2 X_3 = \begin{cases} 1 & (\text{ちょうど 2 回連続して表}) \\ 0 & (\text{それ以外}), \end{cases}$$

$$Z_3 = X_1 X_2 X_3 = \begin{cases} 1 & (\text{ちょうど 3 回連続して表}) \\ 0 & (\text{それ以外}) \end{cases}$$

と定めると，$X = Z_2 + Z_3$ と表せる．X_1, X_2, X_3 の独立性と補題 3.1.1 より，X_1, X_2, $1 - X_3$ の独立性や，$1 - X_1$, X_2, X_3 の独立性もわかる．したがって，系 3.2.1 と系 3.2.2 より，次が成り立つ．

$$E(Z_2) = E(X_1)E(X_2)E(1 - X_3) + E(1 - X_1)E(X_2)E(X_3) = 2p^2(1 - p),$$

$$E(Z_3) = E(X_1)E(X_2)E(X_3) = p^3, \quad E(X) = E(Z_2) + E(Z_3) = p^2(2 - p).$$

ここで $1^2 = 1$ と $0^2 = 0$ より，$X^2 = X$ が成り立つ．よって，$V(X)$ は次のように計算できる．

$$V(X) = E(X) - \big(E(X)\big)^2 = p^2(2 - p)(p^3 - 2p^2 + 1). \qquad \square$$

問 3.2.3　表が出る確率が p $(0 < p < 1)$ である 1 枚のコインがある．このコインを 3 回続けて投げるとき，1 回目から連続して表が出る回数を X とおく．このとき，平均 $E(X)$ と分散 $V(X)$ を求めよ．（ヒント：X の取り得る値は $\{0, 1, 2, 3\}$．）

　次の定理 3.2.4 は，本書において様々な結果を導き出す重要な役割を持つため，結果だけでなく証明の考え方も理解することが望ましい．

> **定理 3.2.4** （独立確率変数の和の分布 II） (Ω, P) 上の確率変数 X と Y
> は独立で，X と Y の密度関数がそれぞれ $f(x)$, $g(y)$ で与えられるとする．
> このとき，和 $Z = X + Y$ の密度関数は
> $$h(z) = \int_{-\infty}^{\infty} f(x)g(z - x)\,dx$$
> である．

[証明] X, Y の独立性より，(X, Y) の同時密度関数は $f(x)g(y)$ である．任意の
$a < b$ に対して $D(a, b) = \{(x, y) \mid a \le x + y \le b\}$ とおくと，次式

$$
\begin{aligned}
P(a \le Z \le b) &= P((X, Y) \in D(a, b)) \\
&= \iint_{D(a,b)} f(x)g(y)\,dxdy = \int_{-\infty}^{\infty} f(x)\left\{\int_{a-x}^{b-x} g(y)\,dy\right\} dx \\
&= \int_{-\infty}^{\infty} f(x)\left\{\int_{a}^{b} g(z - x)\,dz\right\} dx \qquad (z = x + y) \\
&= \int_{a}^{b}\left\{\int_{-\infty}^{\infty} f(x)g(z - x)\,dx\right\} dz = \int_{a}^{b} h(z)\,dz
\end{aligned}
$$

が成り立つため，Z の密度関数は $h(z)$ である． □

次の系 3.2.4 も本書において重要な役割を持つが，証明中の計算が複雑であ
る．そのため，初学者は系 3.2.4 の主張を正しく理解できれば十分である．

> **系 3.2.4** （正規分布の再生性） (Ω, P) 上の確率変数 $X_1, X_2, \ldots, X_n$ が
> 独立で，各 X_i は正規分布 $N(\mu_i, \sigma_i^2)$ に従うとする．このとき，
> $$X_1 + X_2 + \cdots + X_n \sim N(\mu_1 + \mu_2 + \cdots + \mu_n, \sigma_1^2 + \sigma_2^2 + \cdots + \sigma_n^2)$$
> が成り立つ．

[証明] まず，$N(\mu, \sigma^2)$ の密度関数を

$$f_{\mu, \sigma^2}(x) = \frac{1}{\sqrt{2\pi\sigma^2}} \exp\left\{-\frac{(x - \mu)^2}{2\sigma^2}\right\}$$

と表す．定理 3.2.4 より，$X_1 + X_2$ の密度関数 $h_2(z)$ は

$$h_2(z) = \int_{-\infty}^{\infty} f_{\mu_1, \sigma_1^2}(x) f_{\mu_2, \sigma_2^2}(z - x) \, dx \tag{3.16}$$

と表せる. ここで a_1, a_2 と $b_1, b_2 > 0$ に対して等式

$$\frac{(x - a_1)^2}{b_1^2} + \frac{(x - a_2)^2}{b_2^2} = \frac{b_1^2 + b_2^2}{b_1^2 b_2^2} \left\{ x - \frac{a_1 b_2^2 + a_2 b_1^2}{b_1^2 + b_2^2} \right\}^2 + \frac{(a_1 - a_2)^2}{b_1^2 + b_2^2} \tag{3.17}$$

が成り立つため, $\nu(z)$ と τ^2 を

$$\nu(z) = \frac{\mu_1 \sigma_2^2 + (z - \mu_2) \sigma_1^2}{\sigma_1^2 + \sigma_2^2}, \quad \tau^2 = \frac{\sigma_1^2 \sigma_2^2}{\sigma_1^2 + \sigma_2^2}$$

と定めると, (3.16) 式の被積分関数は $\nu(z)$ と τ^2 を用いて

$$f_{\mu_1, \sigma_1^2}(x) f_{\mu_2, \sigma_2^2}(z - x) = f_{\nu(z), \tau^2}(x) f_{\mu_1 + \mu_2, \sigma_1^2 + \sigma_2^2}(z) \tag{3.18}$$

と表せる. したがって, (3.18) の右辺を x について積分することで, 次式

$$h_2(z) = f_{\mu_1 + \mu_2, \sigma_1^2 + \sigma_2^2}(z) \int_{-\infty}^{\infty} f_{\nu(z), \tau^2}(x) \, dx = f_{\mu_1 + \mu_2, \sigma_1^2 + \sigma_2^2}(z)$$

が得られる. したがって, $X_1 + X_2$ は正規分布 $N(\mu_1 + \mu_2, \sigma_1^2 + \sigma_2^2)$ に従う. 後は同様の議論を繰り返すことで結論が得られる. $\qquad\square$

問 3.2.4 まず (3.17) 式が成立することを証明し, 次に (3.17) 式を利用して (3.18) 式が成立することを証明せよ.

系 3.2.4 を一般化すると, 次の系 3.2.5 が得られる.

系 3.2.5 (正規分布の再生性) (Ω, P) 上の確率変数 $X_1, X_2, \ldots, X_n$ が独立で, 各 X_i は正規分布 $N(\mu_i, \sigma_i^2)$ に従うとする. このとき, $a_i \neq 0$ をみたす実数 $a_1, a_2, \ldots, a_n$ と実数 b に対して,

$b + a_1 X_1 + a_2 X_2 + \cdots + a_n X_n$
$\sim N\big(b + a_1 \mu_1 + a_2 \mu_2 + \cdots + a_n \mu_n, \ a_1^2 \sigma_1^2 + a_2^2 \sigma_2^2 + \cdots + a_n^2 \sigma_n^2\big)$

が成り立つ.

[証明] (Ω, P) 上の確率変数 $Y_1, Y_2, \ldots, Y_n$ を

$$Y_1 = b + a_1 X_1, \ Y_2 = a_2 X_2, \ldots, \ Y_n = a_n X_n$$

と定める. このとき, 補題 3.1.1 より, $Y_1, Y_2, \ldots, Y_n$ は独立である. 一方で, 補題 2.1.2 より, 各 Y_i が従う分布は

$$Y_1 \sim N\big(b + a_1\mu_1, a_1^2\sigma_1^2\big),\ Y_2 \sim N\big(a_2\mu_2, a_2^2\sigma_2^2\big),\ \dots,$$
$$Y_n \sim N\big(a_n\mu_n, a_n^2\sigma_n^2\big)$$

である. したがって, 系 3.2.4 より, 結論が得られる. $\square$

例 3.2.7 (**標本平均の基本性質**) (Ω, P) 上の確率変数 $X_1, X_2, \dots, X_n$ は独立で, 各 X_k は同じ分布に従うとする. ここで, 平均を $\mu = E(X_k)$, 分散を $\sigma^2 = V(X_k)$ とおく. このとき, **標本平均**とよばれる次の確率変数

$$\overline{X}_n := \frac{1}{n}\sum_{k=1}^{n} X_k = \frac{X_1 + X_2 + \cdots + X_n}{n}$$

について考察する. まず, 系 3.2.1 より, $\overline{X}_n$ の平均 $E(\overline{X}_n)$ は

$$E(\overline{X}_n) = \frac{1}{n}\big\{E(X_1) + E(X_2) + \cdots + E(X_n)\big\} = \mu \qquad (3.19)$$

と計算できる. 次に, 注意 3.2.3 より, $\overline{X}_n$ の分散 $V(\overline{X}_n)$ は

$$V(\overline{X}_n) = \frac{1}{n^2}\big\{V(X_1) + V(X_2) + \cdots + V(X_n)\big\} = \frac{n\sigma^2}{n^2} = \frac{\sigma^2}{n} \qquad (3.20)$$

と計算できる. 特に, 各 X_k が正規分布 $N(\mu, \sigma^2)$ に従うとき, 系 3.2.5 より, $\overline{X}_n \sim N(\mu, \sigma^2/n)$ が成り立つ. したがって, この場合の $\overline{X}_n$ の標準化は

$$\frac{\overline{X}_n - E(\overline{X}_n)}{\sqrt{V(\overline{X}_n)}} = \frac{\overline{X}_n - \mu}{\sigma/\sqrt{n}} = \frac{\sqrt{n}\,(\overline{X}_n - \mu)}{\sigma} \sim N(0,1) \qquad (3.21)$$

と表せる.

─ 例題 3.2.6 ─

(Ω, P) 上の確率変数 X と Y が独立で, それぞれ正規分布 $N(2, 3^2)$ と $N(3, 4^2)$ に従うとき, $P(3 \leq X + Y \leq 6)$ の値を求めよ.

【解答】 系 3.2.4 より, $X + Y$ は正規分布 $N(5, 5^2)$ に従う. したがって, $X + Y$ の標準化 $Z = (X + Y - 5)/5$ は $N(0,1)$ に従う. 関数 $p(u) = P(0 \leq Z \leq u)$ と表 C.1 を用いると, 求める確率は次のように計算できる.

$$\begin{aligned}
P(3 \leq X + Y \leq 6) &= P(-0.4 \leq Z \leq 0.2) \\
&= P(-0.4 \leq Z \leq 0) + P(0 \leq Z \leq 0.2) \\
&= P(0 \leq Z \leq 0.4) + P(0 \leq Z \leq 0.2) = p(0.4) + p(0.2) = 0.2347. \quad \square
\end{aligned}$$

問 3.2.5　(Ω, P) 上の確率変数 $X_1, X_2, \ldots, X_5$ は独立で，各 X_i は正規分布 $N(0,1)$ に従うとする．このとき，次の確率を求めよ．

(1)　$P(-1 \leq X_1 \leq 1)$　　(2)　$P\left(-1 \leq \dfrac{X_1 + X_2}{2} \leq 1\right)$

(3)　$P\left(-1 \leq \dfrac{X_1 + X_2 + \cdots + X_5}{5} \leq 1\right)$

3.2.1　カイ二乗分布と t-分布

本項ではカイ二乗分布 (χ^2-分布) と t-分布を定義し，それらの平均，分散や密度関数を求める．統計的推定や統計的仮説検定でこれらの分布を利用する場面では，あらかじめ用意された数表を活用すればすむため，平均，分散や密度関数の導出に関する証明をとばして読み進めても問題ない．ただし，これらの数表は密度関数をもとに作成されていることを知っておくとよい．証明を理解するためにはガンマ関数やベータ関数の知識が必要となるため，A.16 節を適宜参照しながら読み進めるとよい．

統計的推定や統計的仮説検定を理解するために必要なカイ二乗分布を定義する．

> **定義 3.2.8**　(χ^2-分布)　(Ω, P) 上の確率変数 $X_1, X_2, \ldots, X_n$ が独立で，各 X_i が標準正規分布 $N(0,1)$ に従うとき，$\chi_n^2 = X_1^2 + X_2^2 + \cdots + X_n^2$ の従う分布を自由度 n の χ^2-分布（**カイ二乗分布**）とよび，記号 $\chi^2(n)$ で表す．

例 3.2.8　定義 3.2.8 の設定のもとで，$\chi_n^2 = X_1^2 + X_2^2 + \cdots + X_n^2$ の平均と分散を計算する．まず，各 X_i の平均が 0 で分散が 1 であるため，$E(X_i^2)$ は

$$E(X_i^2) = E(X_i^2) - \big(E(X_i)\big)^2 = V(X_i) = 1 \tag{3.22}$$

と計算できる．よって，系 3.2.1 と (3.22) より，χ_n^2 の平均は次のように計算できる．

$$E(\chi_n^2) = E(X_1^2) + E(X_2^2) + \cdots + E(X_n^2) = n.$$

次に，$(\chi_n^2)^2$ を次式のように展開する．

$$(\chi_n^2)^2 = \sum_{i=1}^{n} X_i^4 + 2 \sum_{1 \leq i < j \leq n} X_i^2 X_j^2. \tag{3.23}$$

まず，補題 3.1.1 より，$i \neq j$ のとき X_i^2 と X_j^2 は独立である．したがって，定理 3.2.1 と (3.22) より，次式

$$E(X_i^2 X_j^2) = E(X_i^2)E(X_j^2) = 1 \qquad (i \neq j) \tag{3.24}$$

が成り立つ．次に，(A.89) より，$E(X_i^4) = 3!! = 3$ が成り立つ（二重階乗 3!! の定義は，(A.7) を参照されたい）．このことと (3.24) より，系 3.2.1 を用いて展開式 (3.23)

の期待値を計算すると，次式

$$E((\chi_n^2)^2) = 3n + 2 \sum_{1 \le i < j \le n} E(X_i^2)E(X_j^2) = 3n + n(n-1) = n^2 + 2n$$

が成り立つ．したがって，χ_n^2 の分散は次のように計算できる．

$$V(\chi_n^2) = E((\chi_n^2)^2) - \left(E(\chi_n^2)\right)^2 = (n^2 + 2n) - n^2 = 2n.$$

定理 3.2.4 を用いると，カイ二乗分布の密度関数を求めることができる．

系 3.2.6 自由度 n の χ^2-分布 $\chi^2(n)$ の密度関数は次式で与えられる．

$$f_n(x) = \begin{cases} \dfrac{1}{2^{\frac{n}{2}} \, \Gamma(\frac{n}{2})} x^{\frac{n}{2}-1} e^{-\frac{x}{2}} & (x > 0) \\ 0 & (x \le 0). \end{cases} \tag{3.25}$$

[証明] 各自然数 n に対し，確率変数 $X_1, X_2, \ldots, X_n$ は独立で，各 X_i は $N(0,1)$ に従うとし，$\chi_n^2 = X_1^2 + X_2^2 + \cdots + X_n^2$ と定める．以下では，n に関する数学的帰納法を用いて (3.25) が成り立つことを証明する．まず，$x > 0$ に対して，次式

$$P(X_1^2 \le x) = 2P(0 \le X_1 \le \sqrt{x}) = \frac{2}{\sqrt{2\pi}} \int_0^{\sqrt{x}} \exp\left(-\frac{t^2}{2}\right) dt$$

が成り立つ．よって，合成関数の微分法と $\Gamma(1/2) = \sqrt{\pi}$ より，次式

$$\frac{d}{dx} P(X_1^2 \le x) = \frac{2}{\sqrt{2\pi}} (\sqrt{x})' e^{-\frac{x}{2}} = \frac{1}{2^{\frac{1}{2}} \Gamma(\frac{1}{2})} x^{\frac{1}{2}-1} e^{-\frac{x}{2}} \quad (x > 0)$$

が成り立つ．一方で，$x \le 0$ に対しては $P(X_1^2 \le x) = 0$ である．したがって，X_1^2 の密度関数は $f_1(x)$ である．次に，$\chi_n^2 = X_1^2 + X_2^2 + \cdots + X_n^2$ の密度関数が $f_n(x)$ であると仮定し，$\chi_{n+1}^2 = \chi_n^2 + X_{n+1}^2$ の密度関数 $h(x)$ が $f_{n+1}(x)$ であることを示す．まず，補題 A.6.1 より，X_{n+1}^2 と X_1^2 は同じ分布に従うため，X_{n+1}^2 の密度関数は $f_1(x)$ である．次に，補題 A.6.2 より，χ_n^2 と X_{n+1}^2 は独立である．したがって，定理 3.2.4 より，次式が成り立つ．

$$h(x) = \int_{-\infty}^{\infty} f_n(u) f_1(x - u) \, du. \tag{3.26}$$

$x \le 0$ のとき，任意の実数 u に対して $f_n(u)f_1(x-u) = 0$ であるため，(3.26) より，$h(x) = 0 = f_{n+1}(x)$ が成り立つ．一方で，$x > 0$ のとき，次の同値関係

$$f_n(u) f_1(x - u) > 0 \iff 0 < u < x \tag{3.27}$$

が成り立つ．したがって，$x > 0$ のとき，(3.26), (3.27) および定理 A.16.2 より，$h(x)$ は次のように計算できる．

$$h(x) = \int_0^x f_n(u) f_1(x - u)\, du = \frac{1}{2^{\frac{n+1}{2}} \Gamma(\frac{n}{2}) \Gamma(\frac{1}{2})}\, e^{-\frac{x}{2}} \int_0^x u^{\frac{n}{2}-1}(x - u)^{-\frac{1}{2}}\, du$$

$$= \frac{1}{2^{\frac{n+1}{2}} \Gamma(\frac{n}{2}) \Gamma(\frac{1}{2})}\, e^{-\frac{x}{2}} x^{\frac{n-1}{2}} \int_0^1 v^{\frac{n}{2}-1}(1 - v)^{-\frac{1}{2}}\, dv \quad (v = u/x)$$

$$= \frac{B(\frac{n}{2}, \frac{1}{2})}{2^{\frac{n+1}{2}} \Gamma(\frac{n}{2}) \Gamma(\frac{1}{2})}\, e^{-\frac{x}{2}} x^{\frac{n+1}{2}-1} = f_{n+1}(x). \qquad \square$$

注意 3.2.5 (3.25) より，$\chi^2(n)$ の密度関数 $f_n(x)$ の微分は，

$$f_n'(x) = \frac{1}{2^{\frac{n}{2}+1} \Gamma(\frac{n}{2})} x^{\frac{n}{2}-2}(n - 2 - x) e^{-\frac{x}{2}} \quad (x > 0) \tag{3.28}$$

と計算できる．(3.28) より，$n = 1, 2$ のとき，$f'(x) < 0$ $(x > 0)$ であり，$f_n(x)$ $(x > 0)$ は単調に減少する．一方で，$n \geq 3$ のとき，(3.28) より，次の関係式

$$f'(x) > 0 \quad (0 < x < n - 2), \quad f'(x) < 0 \quad (x > n - 2)$$

が成り立つため，$f_n(x)$ は $0 < x < n - 2$ で単調に増加し，$x > n - 2$ で単調に減少し，$x = n - 2$ で極大値を持つ．

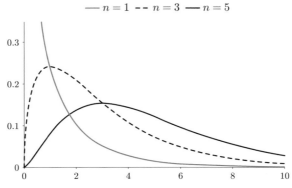

図 3.1 カイ二乗分布 $\chi^2(n)$ の密度関数 $(n = 1, 3, 5)$．

統計的推定や統計的仮説検定を理解するために必要な t-分布を定義する．

定義 3.2.9（**t-分布**） (Ω, P) 上の確率変数 X と Y は独立であり，X は標準

正規分布 $N(0,1)$ に従い，Y が自由度 n の χ^2-分布 $\chi^2(n)$ に従うとする．このとき，$T = \dfrac{X}{\sqrt{Y/n}}$ の従う分布を自由度 n の **t-分布**とよび，記号 $t(n)$ で表す．

例 3.2.9 定義 3.2.9 の設定のもとで $n \geq 2$ とし，$T = \dfrac{X}{\sqrt{Y/n}}$ の平均と分散を計算する．まず，X と Y は独立であるため，補題 3.1.1 より，X と $1/\sqrt{Y/n}$ も独立である．よって，系 3.2.2 より，T の平均は

$$E(T) = E(X)E(1/\sqrt{Y/n}) = 0 \cdot E(1/\sqrt{Y/n}) = 0$$

である．一方で，X と Y は独立であるため，補題 3.1.1 より，X^2 と $1/Y$ も独立である．このことと，$E(T) = 0$ および系 3.2.2 より，T の分散は

$$V(T) = E(T^2) = nE\left(\frac{X^2}{Y}\right) = nE(X^2)E(1/Y) = nE(1/Y) \qquad (3.29)$$

と計算できる．仮定より Y は $\chi^2(n)$ に従うため，系 3.2.6 より，次式

$$E(1/Y) = \frac{1}{2^{\frac{n}{2}} \Gamma(\frac{n}{2})} \int_0^\infty x^{\frac{n}{2}-2} e^{-\frac{x}{2}} \, dx \qquad (3.30)$$

が成り立つ．$0 \leq x \leq 2$ のとき $1/e \leq e^{-x/2} \leq 1$ をみたすため，不等式

$$\int_0^\infty x^{-1} e^{-\frac{x}{2}} \, dx \geq \frac{1}{e} \lim_{a \downarrow 0} \int_a^2 x^{-1} \, dx = \frac{1}{e} \lim_{a \downarrow 0} \big[\log x\big]_a^2 = \infty \qquad (3.31)$$

が成り立つ．したがって，(3.29)，(3.30) と (3.31) より，$n = 2$ の場合は $V(T) = \infty$ であり，分散は発散する．また，$n \geq 3$ の場合，(3.30) 式に現れる積分は

$$\int_0^\infty x^{\frac{n}{2}-2} e^{-\frac{x}{2}} \, dx = 2^{\frac{n}{2}-1} \int_0^\infty y^{\frac{n}{2}-2} e^{-y} \, dy = 2^{\frac{n}{2}-1} \Gamma\left(\frac{n}{2}-1\right) \quad (y = x/2)$$

と計算できる．この計算結果と (3.29)，(3.30)，(A.86) を用いると，$n \geq 3$ の場合は分散 $V(T)$ は次のように計算できる．

$$V(T) = \frac{n\Gamma(\frac{n}{2}-1)}{2\Gamma(\frac{n}{2})} = \frac{n(\frac{n}{2}-1)\Gamma(\frac{n}{2}-1)}{2(\frac{n}{2}-1)\Gamma(\frac{n}{2})} = \frac{n}{n-2} \quad (n \geq 3).$$

　商の分布に関する次の定理 3.2.5 も有用であり，本書では t-分布の密度関数を計算するときに利用する．しかし，それ以外の場面では定理 3.2.5 の結果を利用することはないため，証明を確認したい方だけ読み進めるとよい．

定理 3.2.5 （独立確率変数の商の分布） (Ω, P) 上の確率変数 X と Y は独立

で，$Y > 0$ とする．さらに，X と Y の密度関数は，それぞれ $f(x)$, $g(y)$ である
とする．このとき，商 $Z = X/Y$ の密度関数は次式で与えられる．

$$h(z) = \int_0^\infty yg(y)f(zy)\,dy.$$

[証明]　任意の $a < b$ に対して，座標平面上の領域 $D_{a,b}$ を

$$D_{a,b} = \{(x,y) \in (-\infty, \infty) \times (0, \infty) \mid ay \le x \le by\}$$

と定める．このとき，次の関係式が成り立つ．

$$\{\omega \in \Omega \mid a \le X(\omega)/Y(\omega) \le b\} = \{\omega \in \Omega \mid (X(\omega), Y(\omega)) \in D_{a,b}\}.$$

よって，この関係式を略記すると $\{a \le Z \le b\} = \{(X, Y) \in D_{a,b}\}$ であり，次式

$$P(a \le Z \le b) = P((X, Y) \in D_{a,b}) = E(1_{D_{a,b}}(X, Y)) \tag{3.32}$$

が成り立つ．ここで，X, Y が独立であるため，(X, Y) の同時密度関数は $f(x)g(y)$
である．このことと，(3.32) より，次式が成り立つ．

$$P(a \le Z \le b) = \iint_{(-\infty,\infty)\times(0,\infty)} 1_{D_{a,b}}(x, y)f(x)g(y)\,dxdy. \tag{3.33}$$

このとき，(3.33) の右辺を逐次積分を用いて計算することで，次の計算結果

$$P(a \le Z \le b) = \int_0^\infty g(y)\left(\int_{-\infty}^\infty 1_{D_{a,b}}(x, y)f(x)\,dx\right)dy$$

$$= \int_0^\infty g(y)\left(\int_{ay}^{by} f(x)\,dx\right)dy = \int_0^\infty g(y)\left(\int_a^b f(yz)y\,dz\right)dy \quad \left(z = \frac{x}{y}\right)$$

$$= \int_a^b \left(\int_0^\infty yg(y)f(zy)\,dy\right)dz = \int_a^b h(z)\,dz$$

が成り立つ．したがって，Z の密度関数は $h(z)$ である．　　　　□

定理 3.2.5 を用いると，t-分布の密度関数を求めることができる．

系 3.2.7　自由度 n の t-分布 $t(n)$ の密度関数は

$$f_n(t) = \frac{1}{\sqrt{n\pi}} \cdot \frac{\Gamma\left(\frac{n+1}{2}\right)}{\Gamma\left(\frac{n}{2}\right)}\left(1 + \frac{t^2}{n}\right)^{-(n+1)/2} \quad (-\infty < t < \infty) \tag{3.34}$$

である．また，この密度関数 $f_n(t)$ は次の漸近的な性質を持つ．

$$\lim_{n\to\infty} f_n(t) = \frac{1}{\sqrt{2\pi}} \exp\left\{-\frac{t^2}{2}\right\} \quad (-\infty < t < \infty). \tag{3.35}$$

[証明] (Ω, P) 上の確率変数 X と Y は独立であり, X は $N(0,1)$ に従い, Y は $\chi^2(n)$ に従うとし, $T = \dfrac{X}{\sqrt{Y/n}}$ と定める. 系 3.2.6 より, $y > 0$ に対して

$$P\big(\sqrt{Y/n} \le y\big) = P(Y \le ny^2) = \int_0^{ny^2} \frac{1}{2^{\frac{n}{2}}\,\Gamma(\frac{n}{2})}\, x^{\frac{n}{2}-1}\, e^{-\frac{x}{2}}\, dx$$

$$= \int_0^y \frac{2n^{\frac{n}{2}}}{2^{\frac{n}{2}}\,\Gamma(\frac{n}{2})}\, v^{n-1}\, e^{-\frac{nv^2}{2}}\, dv \qquad (v = \sqrt{x/n})$$

と計算できる. この計算結果より, $\sqrt{Y/n}$ の密度関数 $g(y)$ は次式で与えられる.

$$g(y) = \begin{cases} \dfrac{2n^{\frac{n}{2}}}{2^{\frac{n}{2}}\Gamma(\frac{n}{2})}\, y^{n-1}\, e^{-\frac{ny^2}{2}} & (y > 0) \\ 0 & (y \le 0). \end{cases}$$

まず, 定理 3.2.5 より, T の密度関数 $f_n(t)$ は

$$f_n(t) = \int_0^\infty y g(y)\, \frac{1}{\sqrt{2\pi}}\, e^{-\frac{t^2 y^2}{2}}\, dy = \frac{2n^{\frac{n}{2}}}{2^{\frac{n}{2}}\Gamma(\frac{n}{2})}\, \frac{1}{\sqrt{2\pi}} \int_0^\infty y^n\, e^{-\frac{(t^2+n)y^2}{2}}\, dy$$

$$= \frac{2^{\frac{1-n}{2}}}{\Gamma(\frac{n}{2})}\, \frac{1}{\sqrt{n\pi}}\left(1 + \frac{t^2}{n}\right)^{-\frac{n+1}{2}} \int_0^\infty x^n\, e^{-\frac{x^2}{2}}\, dx \quad \left(x = (t^2+n)^{\frac{1}{2}}y\right)$$

と計算できる. 一方で, (A.85) より, $f_n(t)$ の計算結果に表れる積分は,

$$\int_0^\infty x^n e^{-\frac{x^2}{2}}\, dx = 2^{\frac{n-1}{2}} \Gamma\left(\frac{n+1}{2}\right)$$

と表せるため, (3.34) が得られる. 次に, (A.20) より,

$$\left(1 + \frac{t^2}{n}\right)^{-(n+1)/2} \to \exp\left\{-\frac{t^2}{2}\right\} \quad (n \to \infty) \tag{3.36}$$

が成り立つ. 一方で, スターリングの公式 (A.91) より,

$$a_m := \frac{\Gamma(\frac{m}{2})}{\sqrt{\pi(m-2)}}\left(\frac{2e}{m-2}\right)^{(m-2)/2} \to 1 \quad (m \to \infty)$$

であるため,

$$\frac{\Gamma(\frac{n+1}{2})}{\sqrt{n}\,\Gamma(\frac{n}{2})} = \frac{a_{n+1}}{a_n}\left(1 + \frac{1}{n-2}\right)^{\frac{n-2}{2}} \frac{n-1}{\sqrt{n(n-2)}}\, \frac{1}{\sqrt{2e}} \to \frac{1}{\sqrt{2}} \quad (n \to \infty)$$

が成り立つ. この結果と (3.34), (3.36) より, (3.35) が得られる. $\qquad\square$

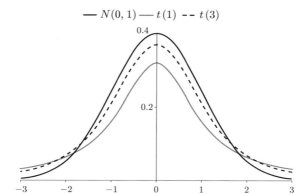

図 3.2　t-分布 $t(n)$ $(n = 1, 3)$ と $N(0, 1)$ の密度関数.

注意 3.2.6　(3.35) より，n が大きいとき，$t(n)$ の密度関数は標準正規分布 $N(0, 1)$ の密度関数に近づく．この節で紹介した t-分布の平均，分散，密度関数に関する結果すべてを理解する必要はない．しかし，漸近的な性質 (3.35) は重要であるため，理解しておくことが望ましい．

3.3 多 項 分 布

　この節では，離散型の同時分布の代表例である多項分布 (multinomial distribution) について解説する．多項分布は次のように定義される．

定義 3.3.1　（多項分布）　自然数 k は $k \geq 2$ とし，$p_1, p_2, \ldots, p_k$ は

$$p_i \geq 0 \quad (1 \leq i \leq k), \qquad \sum_{i=1}^{k} p_i = p_1 + p_2 + \cdots + p_k = 1$$

をみたすとする．(Ω, P) 上の k 変量確率変数 $(X_1, X_2, \ldots, X_k)$ が

$$P(X_1 = x_1, X_2 = x_2, \ldots, X_k = x_k) = \frac{n!}{x_1! \, x_2! \, \cdots x_k!} \, p_1^{x_1} p_2^{x_2} \cdots p_k^{x_k}$$

$$\left(\text{ただし各 } x_i \text{ は} \sum_{i=1}^{k} x_i = n \text{ をみたす 0 以上の整数} \right)$$

> をみたすとき，$(X_1, X_2, \ldots, X_k)$ は**多項分布** $M(n; p_1, p_2, \ldots, p_k)$ に従う
> といい，$(X_1, X_2, \ldots, X_k) \sim M(n; p_1, p_2, \ldots, p_k)$ と表す.

注意 3.3.1　$(X_1, X_2, \ldots, X_k) \sim M(n; p_1, p_2, \ldots, p_k)$ であるとき，次式が成り立つ.

$$X_1(\omega) + X_2(\omega) + \cdots + X_k(\omega) = n \quad (\omega \in \Omega). \tag{3.37}$$

注意 3.3.2　1 回の試行の結果が次の 2 条件

$$A_i \cap A_j = \emptyset \quad (i \neq j), \qquad \Omega = \bigcup_{i=1}^{k} A_i = A_1 \cup A_2 \cup \cdots \cup A_k$$

をみたす k 個の事象 $A_1, A_2, \ldots, A_k$ に分類される試行を考える. ここで，各事象の
発生確率は $p_i = P(A_i)$ と定める. この試行を独立に n 回繰り返したとき，事象 A_i
の発生回数を X_i とすると，$(X_1, X_2, \ldots, X_k) \sim M(n; p_1, p_2, \ldots, p_k)$ が成り立つ.
なお，確率変数 X が二項分布 $B(n, p)$ に従うとき，2 変量確率変数 $(X, n - X)$ は多
項分布 $M(n; p, 1 - p)$ に従う.

　k 変量確率変数 $(X_1, X_2, \ldots, X_k)$ が多項分布に従うとき，定理 A.2.2（多項
定理）を用いると，$1 \leq i < j \leq n$ をみたす i, j に対して，X_i と X_j の共分散
と相関係数は次のように計算できる.

> $\boxed{\text{定理 3.3.1}}$　(Ω, P) 上の k 変量確率変数 $(X_1, X_2, \ldots, X_k)$ が多項分布
> $M(n; p_1, p_2, \ldots, p_k)$ に従うとする. このとき，各 X_i の周辺分布は二項
> 分布 $B(n, p_i)$ である. また，$1 \leq j_1 < j_2 < \cdots < j_m \leq k$ と $\sum_{l=1}^{m} x_{j_l} \leq$
> n をみたす 0 以上の整数 $x_{j_1}, x_{j_2}, \ldots, x_{j_m}$ に対して，次の関係式
>
> $$P(X_{j_1} = x_{j_1}, \ldots, X_{j_m} = x_{j_m}) \tag{3.38}$$
>
> $$= \frac{n!}{x_{j_1}! \cdots x_{j_m}! (n - \sum_{l=1}^{m} x_{j_l})!} p_{j_1}^{x_{j_1}} \cdots p_{j_m}^{x_{j_m}} \left(1 - \sum_{l=1}^{m} p_{j_l}\right)^{n - \sum_{l=1}^{m} x_{j_l}}$$
>
> が成り立つ. また，$1 \leq i < j \leq k$ に対して次式も成り立つ.
>
> $$\mathrm{Cov}(X_i, X_j) = -n p_i p_j, \quad \rho(X_i, X_j) = \frac{-\sqrt{p_i p_j}}{\sqrt{(1 - p_i)(1 - p_j)}}. \tag{3.39}$$

[証明]　この証明では $x_1, x_2, \ldots, x_k$ は 0 以上の整数を表すものとする. まず，x_1 が

$0 \leq x_1 \leq n$ をみたすとき，定理 A.2.2（多項定理）より次式が成り立つ.

$$P(X_1 = x_1) = \sum_{\substack{x_i \geq 0 \ (2 \leq i \leq k) \\ \sum_{i=2}^{k} x_i = n - x_1}} P(X_1 = x_1, X_2 = x_2, \ldots, X_k = x_k)$$

$$= \sum_{\substack{x_i \geq 0 \ (2 \leq i \leq k) \\ \sum_{i=2}^{k} x_i = n - x_1}} \frac{n!}{x_1! \, x_2! \cdots x_k!} \, p_1^{x_1} p_2^{x_2} \cdots p_k^{x_k}$$

$$= {}_n\mathrm{C}_{x_1} \, p_1^{x_1} \sum_{\substack{x_i \geq 0 \ (2 \leq i \leq k) \\ \sum_{i=2}^{k} x_i = n - x_1}} \frac{(n - x_1)!}{x_2! \cdots x_k!} \, p_2^{x_2} \cdots p_k^{x_k}$$

$$= {}_n\mathrm{C}_{x_1} \, p_1^{x_1} (p_2 + p_3 + \cdots + p_k)^{n - x_1} = {}_n\mathrm{C}_{x_1} p_1^{x_1} (1 - p_1)^{n - x_1}.$$

したがって，X_1 の周辺分布は二項分布 $B(n, p_1)$ である．同様に，他の X_i も二項分布 $B(n, p_i)$ に従うことを証明することができる．次に，$\sum_{i=1}^{k-1} x_i \leq n$ のとき，次式

$$P(X_1 = x_1, \ldots, X_{k-1} = x_{k-1})$$

$$= P\left(X_1 = x_1, \ldots, X_{k-1} = x_{k-1}, X_k = n - \sum_{l=1}^{k-1} x_l \right)$$

$$= \frac{n!}{x_1! \cdots x_{k-1}! \left(n - \sum_{l=1}^{k-1} x_l \right)!} \, p_1^{x_1} \cdots p_{k-1}^{x_{k-1}} p_k^{n - \sum_{l=1}^{k-1} x_l} \tag{3.40}$$

が成り立つ．(3.40) を用いると，$\sum_{i=1}^{k-2} x_i \leq n$ のとき，次式が成り立つ.

$$P(X_1 = x_1, \ldots, X_{k-2} = x_{k-2})$$

$$= \sum_{x_{k-1}=0}^{n - \sum_{l=1}^{k-2} x_l} P(X_1 = x_1, \ldots, X_{k-2} = x_{k-2}, X_{k-1} = x_{k-1})$$

$$= \sum_{x_{k-1}=0}^{n - \sum_{l=1}^{k-2} x_l} \frac{n!}{x_1! \cdots x_{k-1}! \left(n - \sum_{l=1}^{k-1} x_l \right)!} \, p_1^{x_1} \cdots p_{k-1}^{x_{k-1}} p_k^{n - \sum_{l=1}^{k-1} x_l}. \tag{3.41}$$

ここで，(3.41) の最右辺の係数部分を次のように 2 つの積に分解する.

$$\frac{n!}{x_1! \cdots x_{k-1}! \left(n - \sum_{l=1}^{k-2} x_l - x_{k-1} \right)!}$$

$$= \frac{n!}{x_1! \cdots x_{k-2}! \left(n - \sum_{l=1}^{k-2} x_l \right)!} \times \frac{\left(n - \sum_{l=1}^{k-2} x_l \right)!}{x_{k-1}! \left(n - \sum_{l=1}^{k-2} x_l - x_{k-1} \right)!}. \tag{3.42}$$

(3.41) の最右辺に (3.42) を代入し，二項定理を用いて (3.41) の式変形を続けると，次の計算結果を得る.

$$P(X_1 = x_1, \ldots, X_{k-2} = x_{k-2})$$

$$= \frac{n!}{x_1! \cdots x_{k-2}! \left(n - \sum_{l=1}^{k-2} x_l\right)!} \, p_1^{x_1} \cdots p_{k-2}^{x_{k-2}}$$

$$\times \sum_{x_{k-1}=0}^{n-\sum_{l=1}^{k-2} x_l} \frac{\left(n - \sum_{l=1}^{k-2} x_l\right)!}{x_{k-1}! \left(n - \sum_{l=1}^{k-2} x_l - x_{k-1}\right)!} \, p_{k-1}^{x_{k-1}} p_k^{n - \sum_{l=1}^{k-2} x_l - x_{k-1}}$$

$$= \frac{n!}{x_1! \cdots x_{k-2}! \left(n - \sum_{l=1}^{k-2} x_l\right)!} \, p_1^{x_1} \cdots p_{k-2}^{x_{k-2}} \times (p_{k-1} + p_k)^{n - \sum_{l=1}^{k-2} x_l}$$

$$= \frac{n!}{x_1! \cdots x_{k-2}! \left(n - \sum_{l=1}^{k-2} x_l\right)!} \, p_1^{x_1} \cdots p_{k-2}^{x_{k-2}} \left(1 - \sum_{l=1}^{k-2} p_l\right)^{n - \sum_{l=1}^{k-2} x_l}.$$

同様の計算を繰り返すと，$1 \leq m \leq k$ かつ $\sum_{i=1}^{m} x_i \leq n$ のとき，次式

$$P(X_1 = x_1, \ldots, X_m = x_m) \tag{3.43}$$

$$= \frac{n!}{x_1! \cdots x_m! \left(n - \sum_{l=1}^{m} x_l\right)!} \, p_1^{x_1} \cdots p_m^{x_m} \left(1 - \sum_{l=1}^{m} p_l\right)^{n - \sum_{l=1}^{m} x_l}$$

が成り立つ．さらに，(3.43) に表れる添え字 $1, 2, \ldots, m$ を，添え字 $j_1, j_2, \ldots, j_m$ に一般化すると (3.38) が得られる．以下では，$i = 1$, $j = 2$ として (3.39) を証明する．定理 A.2.2（多項定理）を用いると，$E(X_1 X_2)$ は

$$E(X_1 X_2) = \sum_{x_1 + \cdots + x_k = n} x_1 x_2 P(X_1 = x_1, X_2 = x_2, \ldots, X_k = x_k)$$

$$= n(n-1) p_1 p_2$$

$$\times \sum_{\substack{x_1 + \cdots + x_k = n \\ x_1, x_2 \geq 1}} \frac{(n-2)!}{(x_1 - 1)! \, (x_2 - 1)! \, x_3! \cdots x_k!} \, p_1^{(x_1 - 1)} p_2^{(x_2 - 1)} p_3^{x_3} \cdots p_k^{x_k}$$

$$= n(n-1) p_1 p_2 \sum_{y_1 + \cdots + y_k = n-2} \frac{(n-2)!}{y_1! \, y_2! \cdots y_k!} \, p_1^{y_1} p_2^{y_2} \cdots p_k^{y_k}$$

（ただし $y_1 = x_1 - 1$, $y_2 = x_2 - 1$, $y_i = x_i \ (i \geq 3)$ とした）

$$= n(n-1) p_1 p_2 \times (p_1 + p_2 + \cdots + p_k)^{n-2} = n(n-1) p_1 p_2 \tag{3.44}$$

と計算できる．(3.44) と $E(X_i) = np_i$, $V(X_i) = np_i(1 - p_i)$ より，次式

$$\mathrm{Cov}(X_1, X_2) = n(n-1) p_1 p_2 - np_1 np_2 = -np_1 p_2,$$

$$\rho(X_1, X_2) = \frac{-np_1 p_2}{\sqrt{np_1(1 - p_1)} \, \sqrt{np_2(1 - p_2)}} = \frac{-\sqrt{p_1 p_2}}{\sqrt{(1 - p_1)(1 - p_2)}}$$

が成り立つ． □

─ 例題 3.3.1 ─────────────────

1 個のさいころを 10 回投げる試行を行い，X_i, Y, Z を

$$X_i = i \text{ の目が出る回数} \quad (1 \le i \le 6),$$
$$Y = X_1 + X_3 + X_5 = \text{奇数の目が出る回数},$$
$$Z = X_2 + X_4 + X_6 = \text{偶数の目が出る回数}$$

と定める．このとき，次の値を計算せよ．

$$E(X_1 + X_2^2), \quad \rho(X_1, X_2), \quad \rho(X_1, Y), \quad \rho(X_2, Y), \quad \rho(Y, Z),$$
$$P(X_2 = 1, Y = 3).$$

【解答】　$(X_1, X_2, \ldots, X_6)$ は $M(10; 1/6, 1/6, \ldots, 1/6)$ に従い，各 X_i は $B(10, 1/6)$ に従い，Y, Z は $B(10, 1/2)$ に従う．まず，次の計算結果

$$E(X_i) = 10 \cdot \frac{1}{6} = \frac{5}{3}, \quad E(X_i^2) = V(X_i) + \big(E(X_i)\big)^2 = \frac{25}{6}$$

より，$E(X_1 + X_2^2) = E(X_1) + E(X_2^2) = 35/6$ が成り立つ．次に，(3.39) より，

$$\rho(X_1, X_2) = \frac{-\sqrt{\frac{1}{6} \cdot \frac{1}{6}}}{\sqrt{(1 - \frac{1}{6})(1 - \frac{1}{6})}} = \frac{-\frac{1}{6}}{\frac{5}{6}} = -\frac{1}{5}$$

である．ここで，定理 3.2.3 と (3.39) より，次の計算結果

$$\mathrm{Cov}(X_1, Y) = V(X_1) + \mathrm{Cov}(X_1, X_3) + \mathrm{Cov}(X_1, X_5)$$
$$= 10 \cdot \frac{1}{6} \cdot \frac{5}{6} - 10 \cdot \frac{1}{6} \cdot \frac{1}{6} - 10 \cdot \frac{1}{6} \cdot \frac{1}{6} = \frac{5}{6},$$
$$\rho(X_1, Y) = \frac{\mathrm{Cov}(X_1, Y)}{\sqrt{V(X_1)}\,\sqrt{V(Y)}} = \frac{\frac{5}{6}}{\sqrt{10 \cdot \frac{1}{6} \cdot \frac{5}{6}}\,\sqrt{10 \cdot \frac{1}{2} \cdot \frac{1}{2}}} = \frac{\sqrt{5}}{5}$$

が得られる．同様に計算すると，次の計算結果も得られる．

$$\mathrm{Cov}(X_2, Y) = \mathrm{Cov}(X_2, X_1) + \mathrm{Cov}(X_2, X_3) + \mathrm{Cov}(X_2, X_5)$$
$$= -10 \cdot \frac{1}{6} \cdot \frac{1}{6} - 10 \cdot \frac{1}{6} \cdot \frac{1}{6} - 10 \cdot \frac{1}{6} \cdot \frac{1}{6} = -\frac{5}{6},$$
$$\rho(X_2, Y) = \frac{\mathrm{Cov}(X_2, Y)}{\sqrt{V(X_2)}\,\sqrt{V(Y)}} = \frac{-\frac{5}{6}}{\sqrt{10 \cdot \frac{1}{6} \cdot \frac{5}{6}}\,\sqrt{10 \cdot \frac{1}{2} \cdot \frac{1}{2}}} = -\frac{\sqrt{5}}{5}.$$

なお，$Z = 10 - Y$ と例 3.2.4 より，$\rho(Y, Z) = -1$ である．また，(X_2, X_4, X_6, Y) は $M(10; 1/6, 1/6, 1/6, 1/2)$ に従うため，(3.38) より，次の計算結果を得る．

$$P(X_2 = 1, Y = 3) = \frac{10!}{1!\,3!\,6!}\left(\frac{1}{6}\right)^1\left(\frac{1}{2}\right)^3\left(1 - \frac{1}{6} - \frac{1}{2}\right)^6 = \frac{35}{1458}. \qquad \square$$

注意 3.3.3 系 3.1.2 では，(Ω, P) 上の確率変数 X と Y が独立で，それぞれ二項分布 $B(n, p)$，$B(m, p)$ に従うとき，$X + Y$ が二項分布 $B(n + m, p)$ に従うことを証明した．一方で，例題 3.3.1 の X_1 と X_2 は同じ二項分布 $B(10, 1/6)$ に従うが，$X_1 + X_2$ の分布と $B(20, 1/6)$ は異なることを説明する．まず，$\rho(X_1, X_2) = -1/5 \neq 0$ であるため，X_1 と X_2 は独立ではない．次に，$X_1 + X_2$ の取り得る値は $0, 1, \ldots, 10$ であり，$k \geq 11$ に対しては $P(X_1 + X_2 = k) = 0$ が成り立つ．したがって，$X_1 + X_2$ の分布と $B(20, 1/6)$ は異なる．

注意 3.3.4 例題 3.3.1 において，(X_1, X_3, X_5, Z) は多項分布 $M(10; 1/6, 1/6, 1/6, 1/2)$ に従い，(Y, Z) は多項分布 $M(10; 1/2, 1/2)$ に従う．一方で，$X_1 + X_3 + Z \, (= 10 - X_5)$ は 0 から 10 までのすべての整数値を取り得るため，(X_1, X_3, Z) には (3.37) に該当する関係式が存在しない．したがって，(X_1, X_3, Z) は多項分布に従わない．同様の理由から，(X_2, X_4, Y) も多項分布に従わない．

問 3.3.1 1 個のさいころを 10 回続けて投げるとき，6 の目が出る回数を X，5 または 6 の目が出る回数を Y，奇数の目が出る回数を Z とする．このとき，$E(Y)$, $V(Y)$, $\mathrm{Cov}(X, Z)$ および $\mathrm{Cov}(X, Y)$ の値を求めよ．

3.4 多次元正規分布

　この節では，連続型の同時分布として重要な多次元正規分布について解説する．まずは 2 次元正規分布の場合で考察を行い，そこで得られた結果を多次元正規分布の場合に拡張する．

　2 変量確率変数 (X, Y) が 2 次元正規分布に従うとき，重積分の変数変換公式 (A.79) を用いると，次の定理 3.4.1 を証明することができる．

定理 3.4.1 $-1 < \rho < 1$, μ_x, μ_y, $\sigma_x > 0$, $\sigma_y > 0$ は定数とし，

$$f(x, y) = \frac{1}{2\pi\sqrt{1 - \rho^2}\,\sigma_x\sigma_y}\exp\left(-\frac{1}{2}D_{x,y}^2\right),$$

$$D_{x,y}^2 = \frac{1}{1 - \rho^2}\left\{\frac{(x - \mu_x)^2}{\sigma_x^2} - 2\rho\frac{(x - \mu_x)(y - \mu_y)}{\sigma_x\sigma_y} + \frac{(y - \mu_y)^2}{\sigma_y^2}\right\}$$

と定めると，$f(x, y)$ は同時密度関数である．この $f(x, y)$ から定まる同時

分布を **2 次元正規分布**とよび，記号 $N(\mu_x, \mu_y; \sigma_x^2, \sigma_y^2; \rho)$ で表す．(Ω, P) 上の 2 変量確率変数 (X, Y) が $N(\mu_x, \mu_y; \sigma_x^2, \sigma_y^2; \rho)$ に従うとき，X, Y はそれぞれ $N(\mu_x, \sigma_x^2)$，$N(\mu_y, \sigma_y^2)$ に従い，$\rho(X, Y) = \rho$ が成り立つ．

[証明] この証明では，(x, y) から (v, w) への変換

$$x = \mu_x + \sigma_x v, \quad y = \mu_y + \sigma_y(\rho v + \sqrt{1 - \rho^2}\, w) \tag{3.45}$$

を考える．このとき，変換 (3.45) のヤコビアン $J(v, w)$ は

$$J(v, w) := \det\begin{pmatrix} \frac{\partial x}{\partial v} & \frac{\partial x}{\partial w} \\ \frac{\partial y}{\partial v} & \frac{\partial y}{\partial w} \end{pmatrix} = \det\begin{pmatrix} \sigma_x & 0 \\ \sigma_y \rho & \sigma_y \sqrt{1 - \rho^2} \end{pmatrix} = \sigma_x \sigma_y \sqrt{1 - \rho^2}$$

と計算できる．また，(3.45) を v, w について解くと

$$v = \frac{x - \mu_x}{\sigma_x}, \quad w = \frac{1}{\sqrt{1 - \rho^2}}\left\{ \frac{y - \mu_y}{\sigma_y} - \rho\frac{x - \mu_x}{\sigma_x} \right\} \tag{3.46}$$

であるため，$D_{x,y}^2 = v^2 + w^2$ と表せる．ここで，変換 (3.45) のもとで，重積分の変数変換公式 (A.79) を用いると，次の計算結果

$$\int_{-\infty}^{\infty}\int_{-\infty}^{\infty} \exp\left(-\frac{1}{2}D_{x,y}^2\right) dxdy = \sigma_x \sigma_y \sqrt{1 - \rho^2} \int_{-\infty}^{\infty}\int_{-\infty}^{\infty} e^{-\frac{v^2+w^2}{2}}\, dvdw$$

$$= \sigma_x \sigma_y \sqrt{1 - \rho^2}\left\{\int_{-\infty}^{\infty} e^{-\frac{v^2}{2}}\, dv\right\}\left\{\int_{-\infty}^{\infty} e^{-\frac{w^2}{2}}\, dw\right\} = 2\pi\sqrt{1 - \rho^2}\,\sigma_x \sigma_y$$

が成り立つため，$f(x, y)$ は同時密度関数である．

以下では，(Ω, P) 上の 2 変量確率変数 (X, Y) が $N(\mu_x, \mu_y; \sigma_x^2, \sigma_y^2; \rho)$ に従うとする．このとき，(3.7) より，X の周辺密度関数 $g(x)$ は

$$g(x) = \frac{1}{2\pi\sqrt{1 - \rho^2}\,\sigma_x \sigma_y} \int_{-\infty}^{\infty} \exp\left(-\frac{1}{2}D_{x,y}^2\right) dy \tag{3.47}$$

と計算できる．ここで，$D_{x,y}^2$ は，(3.46) の w を用いて

$$D_{x,y}^2 = \frac{1}{1 - \rho^2}\left\{ \frac{y - \mu_y}{\sigma_y} - \rho\frac{x - \mu_x}{\sigma_x} \right\}^2 + \frac{(x - \mu_x)^2}{\sigma_x^2} = w^2 + \frac{(x - \mu_x)^2}{\sigma_x^2}$$

と表せる．この $D_{x,y}^2$ の表記と $dy = \sigma_y\sqrt{1 - \rho^2}\, dw$ より，(3.47) 式の積分は

$$\int_{-\infty}^{\infty} \exp\left(-\frac{1}{2}D_{x,y}^2\right) dy = \exp\left(-\frac{(x - \mu_x)^2}{2\sigma_x^2}\right) \sqrt{1 - \rho^2}\,\sigma_y \int_{-\infty}^{\infty} e^{-\frac{w^2}{2}}\, dw$$

$$= \sqrt{1 - \rho^2}\,\sigma_y \sqrt{2\pi} \exp\left(-\frac{(x - \mu_x)^2}{2\sigma_x^2}\right) \tag{3.48}$$

と計算できる．(3.47) と (3.48) より，X の周辺密度関数 $g(x)$ は

$$g(x) = \frac{1}{\sqrt{2\pi}\,\sigma_x} \exp\left(-\frac{(x-\mu_x)^2}{2\sigma_x^2}\right)$$

と表せる．したがって，X は $N(\mu_x, \sigma_x^2)$ に従う．同様に，Y が $N(\mu_y, \sigma_y^2)$ に従うことを証明することもできる．$V(X) = \sigma_x^2$ と $V(Y) = \sigma_y^2$ が成り立つため，相関係数は

$$\rho(X, Y) = \frac{\mathrm{Cov}(X, Y)}{\sqrt{V(X)V(Y)}} = \frac{\mathrm{Cov}(X, Y)}{\sigma_x \sigma_y}$$

と計算できる．ここで，変換 (3.45) のもとで，重積分の変数変換公式 (A.79) を用いて，$\mathrm{Cov}(X, Y)$ を計算すると

$$\mathrm{Cov}(X, Y) = \int_{-\infty}^{\infty} \int_{-\infty}^{\infty} (x - \mu_x)(y - \mu_y) f(x, y)\, dxdy$$

$$= \frac{1}{2\pi\sqrt{1-\rho^2}} \int_{-\infty}^{\infty} \int_{-\infty}^{\infty} \frac{(x-\mu_x)}{\sigma_x} \frac{(y-\mu_y)}{\sigma_y} \exp\left(-\frac{1}{2} D_{x,y}^2\right) dxdy$$

$$= \frac{\sigma_x \sigma_y}{2\pi} \int_{-\infty}^{\infty} \int_{-\infty}^{\infty} v\{\sqrt{1-\rho^2}\,w + \rho v\}\, e^{-\frac{1}{2}(v^2 + w^2)}\, dvdw \tag{3.49}$$

が得られる．ここで，次の2つの積分の計算結果

$$\int_{-\infty}^{\infty} \int_{-\infty}^{\infty} vw\, e^{-\frac{v^2+w^2}{2}}\, dvdw = \left(\int_{-\infty}^{\infty} v e^{-\frac{v^2}{2}}\, dv\right)\left(\int_{-\infty}^{\infty} w e^{-\frac{w^2}{2}}\, dw\right) = 0,$$

$$\int_{-\infty}^{\infty} \int_{-\infty}^{\infty} v^2 e^{-\frac{v^2+w^2}{2}}\, dvdw = \left(\int_{-\infty}^{\infty} v^2 e^{-\frac{v^2}{2}}\, dv\right)\left(\int_{-\infty}^{\infty} e^{-\frac{w^2}{2}}\, dw\right) = (\sqrt{2\pi})^2$$

が得られるため，この2つの計算結果を (3.49) に代入すると，次式が成り立つ．

$$\mathrm{Cov}(X, Y) = \frac{\sigma_x \sigma_y}{2\pi}\,(\sqrt{1-\rho^2} \times 0 + 2\pi\rho) = \rho\sigma_x\sigma_y. \qquad \Box$$

例 3.2.5 で解説したように，X と Y が無相関で $\rho(X, Y) = 0$ であっても，X, Y が独立であるとは限らない．しかし，(X, Y) が2次元正規分布に従うとき，X と Y が無相関であれば X, Y は独立である．

> **系 3.4.1** (Ω, P) 上の2変量確率変数 (X, Y) が $N(\mu_x, \mu_y; \sigma_x^2, \sigma_y^2; \rho)$ に従うとする．このとき，X と Y が独立であるための必要十分条件は，$\rho = 0$ が成り立つことである．

[証明] 定理 3.4.1 より, X, Y はそれぞれ $N(\mu_x, \sigma_x^2)$, $N(\mu_y, \sigma_y^2)$ に従い, かつ $\rho(X, Y) = \rho$ が成り立つ. まず, X, Y が独立のとき, 例 3.2.5 より, $\rho = \rho(X, Y) = 0$ が成り立つ. 逆に, $\rho = \rho(X, Y) = 0$ が成り立つとする. このとき, $N(\mu_x, \mu_y; \sigma_x^2, \sigma_y^2; \rho)$ の同時密度関数 $f(x, y)$ は, X の周辺密度関数 $g(x)$ と Y の周辺密度関数 $h(y)$ を用いて $f(x, y) = g(x)h(y)$ と表せる. したがって, 例 3.2.2 より, X と Y は独立である. $\qquad\square$

(Ω, P) 上の 2 変量確率変数 (X, Y) の同時密度関数 $f(x, y)$ が

$$f(x, y) = \frac{1}{(\sqrt{2\pi})^2} \exp\left\{-\frac{x^2 + y^2}{2}\right\} = \frac{1}{\sqrt{2\pi}} e^{-\frac{x^2}{2}} \cdot \frac{1}{\sqrt{2\pi}} e^{-\frac{y^2}{2}} \qquad (3.50)$$

で与えられるとき, (X, Y) は 2 次元正規分布 $N(0, 0; 1, 1; 0)$ に従う. さらに $(X, Y) \sim N(0, 0; 1, 1; 0)$ のとき, 系 3.4.1 より X と Y は独立であり, 定理 3.4.1 より X と Y は $N(0, 1)$ に従う. 逆に, (Ω, P) 上の確率変数 X と Y が独立で, それぞれ $N(0, 1)$ に従うとき, 例 3.2.2 より, (X, Y) の同時密度関数 $f(x, y)$ は (3.50) で与えられる. 以上の考察は n 変量確率変数の場合にも拡張できて, 次の系 3.4.2 が成り立つ. 系 3.4.2 は, 定理 6.1.2 において, 「代表的な統計量の標本分布の特徴」を明らかにするために利用される.

系 3.4.2 (Ω, P) 上の確率変数 $X_1, X_2, \ldots, X_n$ に対し, 次の 2 条件は同値である.

(1) $X_1, X_2, \ldots, X_n$ は独立で, 各 X_k は $N(0, 1)$ に従う.

(2) $(X_1, X_2, \ldots, X_n)$ の同時密度関数が次式で与えられる.

$$f(x_1, x_2, \ldots, x_n) = \frac{1}{(2\pi)^{\frac{n}{2}}} \exp\left\{-\frac{1}{2} \sum_{i=1}^{n} x_i^2\right\}.$$

つまり, 任意の区間 I_i $(1 \le i \le n)$ に対して次式が成り立つ.

$$P(X_1 \in I_1, X_2 \in I_2, \ldots, X_n \in I_n)$$
$$= \iint \cdots \int_{I_1 \times I_2 \times \cdots \times I_n} \frac{1}{(2\pi)^{\frac{n}{2}}} \exp\left\{-\frac{1}{2} \sum_{i=1}^{n} x_i^2\right\} dx_1 dx_2 \cdots dx_n.$$

┌─ **例題 3.4.1** ──────────────────────────┐

(Ω, P) 上の 2 変量確率変数 (X, Y) が 2 次元正規分布 $N(\mu_x, \mu_y; \sigma_x^2, \sigma_y^2; \rho)$ に従うとき，期待値 $E(XY)$ を求めよ.

└────────────────────────────────┘

【解答】 $XY = (X - \mu_x + \mu_x)(Y - \mu_y + \mu_y)$ と表し，この式の右辺を

$$XY = (X - \mu_x)(Y - \mu_y) + \mu_y(X - \mu_x) + \mu_x(Y - \mu_y) + \mu_x \mu_y$$

と展開する. この展開式の両辺の期待値を取ると，次式が成り立つ.

$$E(XY) = E((X - \mu_x)(Y - \mu_y)) + \mu_y E(X - \mu_x) + \mu_x E(Y - \mu_y) + \mu_x \mu_y$$
$$= \mathrm{Cov}(X, Y) + \mu_x \mu_y = \rho \sigma_x \sigma_y + \mu_x \mu_y. \qquad \square$$

問 3.4.1 (Ω, P) 上の 2 変量確率変数 (X, Y) が 2 次元正規分布 $N(\mu_x, \mu_y; \sigma_x^2, \sigma_y^2; \rho)$ に従うとき，期待値 $E((X + Y)Y)$ を求めよ.

●●●●●●●●●●●●●●●●　演 習 問 題　●●●●●●●●●●●●●●●●

演習 3.1　1 から N までの数字が 1 つずつ書かれた N 枚のカードがある. ここから無作為にカードを 1 枚取り出してカードの数字を調べ，元に戻す操作を繰り返す. i 回目の試行で取り出して調べたカードの数字を X_i とする. このとき，以下を求めよ. (ヒント：例題 A.2.1.)

(1) $V(X_1 + X_2 - 2X_3)$　　(2) $P(X_1 \vee X_2 \leq k)$, $P(X_1 \vee X_2 = k)$　$(1 \leq k \leq N)$

(3) $E(X_1 \vee X_2)$　　　　　　(4) $E(|X_1 - X_2|)$

ただし $X_1 \vee X_2$ は，$X_1 \leq X_2$ のときは X_2 であり，$X_1 \geq X_2$ のときは X_1 である.

演習 3.2　(Ω, P) 上の確率変数 X, Y, Z は独立で，X, Y はそれぞれポアソン分布 $Po(\lambda)$, $Po(\mu)$ に従い，Z は幾何分布 $Ge(p)$ に従うとする. このとき，以下を求めよ.

(1) $P(XY = 0)$　　(2) $E(X!)$ （ただし $0 < \lambda < 1$ とする）　　(3) $P(Z \geq X)$

演習 3.3　次の各々の場合に，$X - Y$ の分布を求めよ.

(1)　大小 2 個のさいころを同時に投げるとき，大きいさいころの出る目を X と表し，小さいさいころの出る目を Y と表す場合

(2)　(Ω, P) 上の確率変数 X, Y が独立で，ともに幾何分布 $Ge(p)$ に従う場合

演習 3.4　(Ω, P) 上の 2 変量確率変数 (X, Y) の同時密度関数 $f(x, y)$ が次で与えられるとき，X, Y それぞれの周辺密度関数，平均，分散と，相関係数 $\rho(X, Y)$ を求めよ.

$$f(x,y) = \begin{cases} 6(x-y) & (0 \leq y \leq x \leq 1) \\ 0 & （その他の場合）. \end{cases}$$

演習 3.5　(Ω, P) 上の 2 変量確率変数 (X, Y) の同時密度関数 $f(x, y)$ が次で与えられるとき，X, Y の周辺密度関数と，確率 $P(X \leq 2, Y \geq 1)$ を求めよ．

$$f(x,y) = \begin{cases} e^{-x} & (0 \leq y \leq x) \\ 0 & （その他の場合）. \end{cases}$$

演習 3.6　(Ω, P) 上の確率変数 X, Y, Z は独立で，いずれも一様分布 $U(0,1)$ に従うとする．このとき，次の確率変数の密度関数を求めよ．

(1)　$X + Y$　　　(2)　$X + Y + Z$　　　(3)　$X \vee Y$　　　(4)　$X \wedge Y$

ただし，$X \wedge Y$ は X と Y の小さい方，$X \vee Y$ は X と Y の大きい方とする．

演習 3.7　(Ω, P) 上の確率変数 $Z, \varepsilon_1, \varepsilon_2$ は独立で，いずれも標準正規分布 $N(0,1)$ に従うとする．また，$|\alpha_i| < 1$ $(i = 1, 2)$ をみたす定数 α_1, α_2 に対して，X_1 と X_2 を

$$X_i = \alpha_i Z + \sqrt{1 - \alpha_i^2}\,\varepsilon_i \quad (i = 1, 2)$$

と定める．このとき，相関係数 $\rho(X_1, Z)$, $\rho(X_1, X_2)$ を求めよ．

演習 3.8　n 種類の景品があり，これらの景品のうちの 1 つが無作為に入っている商品を考える．この商品を繰り返し購入し，n 種類の景品がすべて集まるまでの購入回数を Y_n と定める．このとき，Y_n の平均と分散が次式で与えられることを示せ．

$$E(Y_n) = n \cdot \left(\frac{1}{1} + \frac{1}{2} + \cdots + \frac{1}{n} \right),$$

$$V(Y_n) = n \cdot \left(\frac{1}{(n-1)^2} + \frac{2}{(n-2)^2} + \cdots + \frac{n-1}{1^2} \right).$$

（ヒント：公式 (2.36)，系 3.2.1 と系 3.2.3．）（補足：「クーポンコレクター問題」として知られる確率の問題．）

演習 3.9　$0 < p_1, p_2 < 1$ とする．(Ω, P) 上の確率変数 X, Y は独立で，X は二項分布 $B(n, p_1)$ に従い，Y は二項分布 $B(m, p_2)$ に従うとする．このとき，$X + Y$ が二項分布に従うのであれば，$p_1 = p_2$ が成り立つことを証明せよ．（ヒント：$X + Y$ が二項分布 $B(N, p)$ に従うと仮定し，まず $N = n + m$ を証明し，次に $p_1 = p_2$ を証明する．）

演習 3.10　(Ω, P) 上の確率変数 $X_1, X_2, \ldots, X_r$ は独立で，各 X_k は幾何分布 $Ge(p)$ に従うとする．このとき，$Y_r = X_1 + X_2 + \cdots + X_r$ が次の関係式

$$P(Y_r = k) = {}_{r+k-1}C_k\, p^r (1-p)^k \quad (k = 0, 1, 2, \ldots) \tag{3.51}$$

をみたすことを r に関する数学的帰納法を用いて示せ．また，Y_r の平均と分散を求めよ．なお，(3.51) の確率関数で定まる離散分布は**負の二項分布**とよばれる．

第4章

データの分析

この章では，得られたデータを処理することで，そのデータが持つ特徴を明らかにする統計分析手法について解説する．この手法は**記述統計**とよばれ，その考え方は全数調査などで活用されている．

4.1 データの代表値

気温や降水量，身長や体重などのように，ある集団を構成する人や物の特性を数量的に表すものを**変量**といい，調査や実験などで得られた変量の観測値や測定値の集まりを**データ**という．データを構成する観測値や測定値の個数を，そのデータの**大きさ**という．データの分布の状態は，度数分布表やヒストグラムなどによって知ることができるが，データ全体の特徴を適当な 1 つの数値で表すこともあり，その数値をデータの**代表値**とよぶ．よく用いられる代表値として，平均値，分散，標準偏差，中央値，最頻値がある．

変量 x についてのデータが n 個の値 $x_1, x_2, \ldots, x_n$ であるとき，このデータの**平均値** $\overline{x}$ と**分散** s_x^2 を

$$\overline{x} = \frac{1}{n}(x_1 + x_2 + \cdots + x_n), \tag{4.1}$$

$$s_x^2 = \frac{1}{n}\{(x_1 - \overline{x})^2 + (x_2 - \overline{x})^2 + \cdots + (x_n - \overline{x})^2\} \tag{4.2}$$

と定義し，分散 s_x^2 の正の平方根 $\sqrt{s_x^2}$ をデータの**標準偏差**とよび s_x で表す．分散 s_x^2 は，データの散らばりの度合いを表す量であり，データの各値が平均値から離れるほど大きな値を取る．たとえば，変量 x の測定単位が cm であるとき，分散 s_x^2 の単位は cm^2 となるが，標準偏差 s_x の単位は変量 x の測定単位と同じ cm である．次に，この変量 x のデータ $x_1, x_2, \ldots, x_n$ を小さい順に並び替えた $x_{(1)} \leq x_{(2)} \leq \cdots \leq x_{(n)}$ に対して，中央の位置に来る値は

$$\widetilde{x} = \begin{cases} x_{\left(\frac{n+1}{2}\right)} & (n \text{ が奇数}) \\ \frac{1}{2}\left\{x_{\left(\frac{n}{2}\right)} + x_{\left(\frac{n}{2}+1\right)}\right\} & (n \text{ が偶数}) \end{cases}$$

で与えられ，この値 $\widetilde{x}$ はデータの**中央値**または**メジアン**とよばれる．たとえば，ある学生の通学時間を，ある週の 5 日について調べた結果（データ）が

$$42 \quad 38 \quad 40 \quad 44 \quad 96 \qquad (\text{単位は分})$$

であるとき，このデータの平均値は 52 分であるが，1 日だけ通学時間が極端に長かったために，この平均値は，他の 4 日の通学時間からは離れたものになっていて，このデータの代表値として適切とはいえない．一方でこのデータの中央値は 42 分であり，この値をデータの代表値とすることが考えられる．

最も観測された個数の多いデータの値は，そのデータの**最頻値**または**モード**とよばれる．服や靴の最も売れ行きのよいサイズなどを知りたい場合，代表値としては最頻値が適切である．たとえば，ある店での 1 週間の靴のサイズ別の販売数を調べたところ，次の表 4.1 のようになったとすると，最頻値は 26 cm である．

表 **4.1**　靴のサイズ別の販売数.

サイズ (cm)	24	24.5	25	25.5	26	26.5	27	計
販売数	3	7	13	16	24	10	4	77

4.2　データの相関と回帰分析

本節では，2 つの変量 x, y が，n 個の x, y の観測値の組として

$$(x_1, y_1), \ (x_2, y_2), \ \ldots, \ (x_n, y_n) \tag{4.3}$$

のように与えられているとする．データ $x_1, x_2, \ldots, x_n$ とデータ $y_1, y_2, \ldots, y_n$ の平均値をそれぞれ $\overline{x}, \overline{y}$，分散をそれぞれ s_x^2, s_y^2，標準偏差をそれぞれ s_x, s_y とする．ここで，x と y の共分散 s_{xy} を

$$s_{xy} = \frac{1}{n}\left\{(x_1 - \overline{x})(y_1 - \overline{y}) + (x_2 - \overline{x})(y_2 - \overline{y}) + \cdots + (x_n - \overline{x})(y_n - \overline{y})\right\}$$

と定義する．ここで，次の関係式

$$s_x^2 = \frac{1}{n}\sum_{i=1}^{n} x_i^2 - \overline{x}^2, \ s_y^2 = \frac{1}{n}\sum_{i=1}^{n} y_i^2 - \overline{y}^2, \ s_{xy} = \frac{1}{n}\sum_{i=1}^{n} x_i y_i - \overline{x}\cdot\overline{y} \quad (4.4)$$

が成り立つことは容易にわかる. さらに, 共分散 s_{xy} を, 標準偏差 s_x と s_y の積 $s_x s_y$ で割った量 $r_{xy} = s_{xy}/(s_x s_y)$ は, x と y の相関係数とよばれる. 相関係数 r_{xy} については, 一般に不等式 $-1 \le r_{xy} \le 1$ が成り立つ.

以下では, 変量 x を用いて変量 y を説明することを考える. 具体的には, x と y の関係性を関数 $y = f(x)$ で捉えることを考える. このとき, 関数 $y = f(x)$ を**回帰モデル** (regression model) とよび, x を**説明変数**とよび, y を**被説明変数**とよぶ. ただし, $f(x_i)$ と y_i が一致するとは限らないため, 推定値 $f(x_i)$ と観測値 y_i の (回帰) 残差 ε_i を

$$y_i = f(x_i) + \varepsilon_i \quad (i = 1, 2, \ldots, n)$$

と定義する. つまり, 残差 ε_i とは, 観測値 y_i と「回帰モデルを用いた推定値 $f(x_i)$」の誤差を表す. 以下では, 回帰モデル $y = f(x)$ として, 1 次関数

$$y = f(x) = ax + b \quad (a, b \text{ は定数}) \quad (4.5)$$

を考える. さらに, 2 変量データ (4.3) を用いて (4.5) の定数 a, b を合理的に決定するための基本的な方法として知られる, **最小二乗法**の考え方を紹介する. 具体的には, 残差平方和 (residual sum of squares) $\mathrm{RSS}(a, b)$ を

$$\mathrm{RSS}(a, b) := \sum_{i=1}^{n} \varepsilon_i^2 = \sum_{i=1}^{n} (y_i - ax_i - b)^2 \quad (4.6)$$

と定義し, $\mathrm{RSS}(a, b)$ を最小にするように a, b を定めるのが最小二乗法の考え方である. $\mathrm{RSS}(a, b)$ を最小にするような a, b を a_0, b_0 とすると, 直線 $y = a_0 x + b_0$ で与えられる回帰モデルを**線形回帰モデル**, または「y の x への**回帰直線**」といい, 定数 a_0 を**回帰係数**という. まず, (4.6) の右辺を展開し, (4.4) を用いて整理することで, 次式

$$\mathrm{RSS}(a, b) = \sum_{i=1}^{n} y_i^2 + a^2 \sum_{i=1}^{n} x_i^2 + b^2 n - 2a \sum_{i=1}^{n} x_i y_i - 2b \sum_{i=1}^{n} y_i + 2ab \sum_{i=1}^{n} x_i$$

$$= n\{s_y^2 + \overline{y}^2 + a^2(s_x^2 + \overline{x}^2) + b^2 - 2a(s_{xy} + \overline{x}\cdot\overline{y}) - 2b\overline{y} + 2ab\overline{x}\}$$

が得られる. よって, $\mathrm{RSS}(a, b)$ の偏微分は

$$\frac{\partial}{\partial a} \mathrm{RSS}(a,b) = 2n\big\{a(s_x^2 + \overline{x}^2) - (s_{xy} + \overline{x}\cdot\overline{y}) + b\overline{x}\big\}, \qquad (4.7)$$

$$\frac{\partial}{\partial b} \mathrm{RSS}(a,b) = 2n\{b - \overline{y} + a\overline{x}\} \qquad (4.8)$$

と計算できる．ここで，$\mathrm{RSS}(a,b)$ を最小にするような a, b を求めるために，次の連立方程式を解く必要がある．

$$\frac{\partial}{\partial a} \mathrm{RSS}(a,b) = 0, \quad \frac{\partial}{\partial b} \mathrm{RSS}(a,b) = 0.$$

そこで，(4.7) と (4.8) を用いて，この連立方程式を解くと，次式

$$a_0 = \frac{s_{xy}}{s_x^2}, \quad b_0 = \overline{y} - a_0\overline{x} \qquad (4.9)$$

が得られる．したがって，求めるべき線形回帰モデル $y = a_0 x + b_0$ は

$$y - \overline{y} = a_0(x - \overline{x}) = \frac{s_{xy}}{s_x^2}(x - \overline{x}) = \frac{s_y}{s_x} r_{xy}(x - \overline{x}) \qquad (4.10)$$

で与えられる．以上では，変量 x を説明変数，変量 y を被説明変数として線形回帰モデル (4.10) を導出した．同様の議論を行い，変量 y を説明変数，変量 x を被説明変数とする線形回帰モデルを導出すると次の (4.11) 式が得られる．

$$x - \overline{x} = \frac{s_{xy}}{s_y^2}(y - \overline{y}) = \frac{s_x}{s_y} r_{xy}(y - \overline{y}). \qquad (4.11)$$

注意 4.2.1　相異なる n 個の根元事象からなる標本空間 $\Omega = \{\omega_1, \omega_2, \ldots, \omega_n\}$ を考え，Ω 上の確率 P を $P(\{\omega_k\}) = 1/n$ $(1 \le k \le n)$ と定め，(Ω, P) 上の確率変数 X，Y を $X(\omega_k) = x_k, Y(\omega_k) = y_k$ $(1 \le k \le n)$ と定めると，定理 A.7.1 より，

$$E(X) = \overline{x}, \quad E(Y) = \overline{y}, \quad V(X) = s_x^2, \quad V(Y) = s_y^2,$$

$$\mathrm{Cov}(X,Y) = s_{xy}, \quad \rho(X,Y) = r_{xy}, \quad \frac{1}{n}\mathrm{RSS}(a,b) = E((Y - aX - b)^2)$$

が成り立つ．したがって，たとえば (3.15) を用いると，次の不等式

$$-1 \le r_{xy} = \rho(X,Y) \le 1$$

が成り立つことがわかる．

●●●●●●●●●●●●●●●● **演 習 問 題** ●●●●●●●●●●●●●●●●●●●●

演習 4.1　次のデータは，5人の生徒の垂直跳びの記録である．

$$62 \quad 64 \quad 58 \quad 63 \quad 67 \quad \text{（単位は cm）}$$

(1)　中央値と平均値を求めよ.

(2)　この 5 個の記録のうち 1 個が誤りであり, 正しい数値にもとづく中央値と平均値は, それぞれ 64.0 cm と 63.0 cm であると判明した. このとき, 誤っている数値を選び, 正しい数値に訂正せよ.

演習 4.2　25 個の値からなるデータがあり, そのうち 10 個の値の平均値は 4, 分散は 14 であり, 残りの 15 個の値の平均値は 9, 分散は 19 であるとする. このとき, この 25 個の値からなるデータの平均値と分散を求めよ.

演習 4.3　2 つの変量 x, y が, n 個の x, y の観測値の組として (4.3) のように与えられているとする. また, x を説明変数, y を被説明変数とする線形回帰モデル (4.10) と, y を説明変数, x を被説明変数とする線形回帰モデル (4.11) とのなす角を θ ($0 \leq \theta < \pi/2$) とする. このとき, 次式が成り立つことを示せ.

$$\tan \theta = \left| r_{xy} - \frac{1}{r_{xy}} \right| \frac{s_x s_y}{s_x^2 + s_y^2}.$$

第5章

大数の法則と中心極限定理

　この章では，確率論・統計学における基本定理である大数の法則と中心極限定理について解説する．大数の法則とは，「同じ分布に従う独立な n 個の確率変数 $X_1, X_2, \ldots, X_n$ の標本平均 $\overline{X}_n = (X_1 + X_2 + \cdots + X_n)/n$ は，n を大きくするにつれ，真の平均 $\mu = E(X_k)$ に収束する」と主張する法則である．なお，大数の法則は，大数の弱法則と大数の強法則に分類される．次に，$\overline{X}_n$ がどの程度の速さで真の平均 μ に収束するかを示す定理として，中心極限定理がある．中心極限定理は，「$\sqrt{n}\,(\overline{X}_n - \mu)$ の分布の形が，n を大きくするにつれ正規分布の形に近づく」と主張する定理である．

　この章では，(Ω, P) は確率空間を表すものとする．また，この章以降では様々な近似計算を行うが，近似計算を行うときに実数 a と b の値が十分近いことを $a \approx b$ と表記する．

5.1　大数の法則

例 5.1.1　1 枚の硬貨を何回も続けて投げるとする．このとき，「表が出る割合は $1/2$ に近づく」という経験的法則が知られている．ここで，k 回目に硬貨を投げ，表が出れば $X_k = 1$ と定め，裏が出れば $X_k = 0$ と定める．よって，硬貨を合計 n 回投げるときに表が出る割合は，標本平均 $\overline{X}_n = (X_1 + X_2 + \cdots + X_n)/n$ で表せる．そのため，この経験的法則によると「$\overline{X}_n$ は $1/2$ に近づく（収束する）」はずである．この主張を多少の誤差を許容して正当化するのが**大数の弱法則**であり，誤差を許容せずに「$\overline{X}_n$ は $1/2$ に近づく（収束する）」と主張するのが**大数の強法則**である．大数の強法則は（証明は難しいが）主張を理解することは容易である．そのため，以下ではこの硬貨投げの例を通じて大数の弱法則の主張を説明する．まず，系 3.1.1 より，$S_n = X_1 + X_2 + \cdots + X_n$ は二項分布 $B(n, 1/2)$ に従う．したがって，たとえば許容する誤差が 0.1

の場合において,「標本平均 $\overline{X}_n$ が 0.5 を中心として誤差 0.1 の範囲に収まる確率」(合計 n 回のうち表が出る割合が 0.4 以上かつ 0.6 以下の確率) は,次のように計算できる.

$$P(|\overline{X}_n - 0.5| \leq 0.1) = P(0.4 \leq \overline{X}_n \leq 0.6)$$

$$= P\left(\frac{2n}{5} \leq X_1 + X_2 + \cdots + X_n \leq \frac{3n}{5}\right) = \sum_{\substack{0 \leq k \leq n \\ 2n/5 \leq k \leq 3n/5}} {}_n\mathrm{C}_k \left(\frac{1}{2}\right)^n. \quad (5.1)$$

様々な n に対し,この確率 (5.1) を具体的に計算することで,次の計算結果

$$P(|\overline{X}_{10} - 0.5| \leq 0.1) \approx 0.656, \qquad P(|\overline{X}_{20} - 0.5| \leq 0.1) \approx 0.737,$$

$$P(|\overline{X}_{30} - 0.5| \leq 0.1) \approx 0.799, \qquad P(|\overline{X}_{40} - 0.5| \leq 0.1) \approx 0.846,$$

$$P(|\overline{X}_{50} - 0.5| \leq 0.1) \approx 0.881, \qquad P(|\overline{X}_{100} - 0.5| \leq 0.1) \approx 0.965$$

が得られる.この計算結果から,「n を大きくすると $P(|\overline{X}_n - 0.5| \leq 0.1)$ は 1 に近づく(収束する)」と推測できる.この推測を一般化すると次の大数の弱法則が得られる.

定理 5.1.1(**大数の弱法則**) (Ω, P) 上の確率変数の列 $X_1, X_2, \ldots,$ $X_k, \ldots$ は独立で,各 X_k が同じ分布に従い,平均 $\mu = E(X_k)$ が存在し,分散 $\sigma^2 = V(X_k)$ が有限とする.このとき,任意の $\varepsilon > 0$ に対して,次式

$$\lim_{n \to \infty} P\left(\left|\frac{1}{n}\sum_{k=1}^{n} X_k - \mu\right| \leq \varepsilon\right) = 1 \qquad (5.2)$$

が成り立つ.

[証明] $\overline{X}_n = (X_1 + X_2 + \cdots + X_n)/n$ とおくと,例 3.2.7 の (3.19) と (3.20) より,$E(\overline{X}_n) = \mu$ かつ $V(\overline{X}_n) = \sigma^2/n$ である.したがって,$\overline{X}_n$ に対してチェビシェフの不等式 (2.35) を適用すると,次の不等式

$$P(|\overline{X}_n - \mu| \leq \varepsilon) = 1 - P(|\overline{X}_n - \mu| > \varepsilon)$$

$$\geq 1 - \frac{1}{\varepsilon^2} V(\overline{X}_n) = 1 - \frac{\sigma^2}{n\varepsilon^2}$$

が得られる.この不等式において $n \to \infty$ とすると,(5.2) が得られる. $\square$

なお,大数の弱法則の結論 (5.2) を,標本点 ω を略さずに正確に書くと,

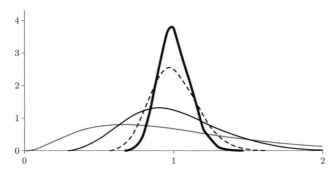

図 5.1 大数の弱法則の概念図：各 X_k が $\mathrm{Exp}(1)$ に従うときの $\overline{X}_n$ の密度関数 $(n = 3, 10, 40, 90)$.

$$\lim_{n \to \infty} P\left(\left\{\omega \in \Omega \;\middle|\; \left|\frac{1}{n}\sum_{k=1}^{n} X_k(\omega) - \mu\right| \le \varepsilon\right\}\right) = 1$$

と表せる．大数の弱法則は，「"$\overline{X}_n = (X_1 + X_2 + \cdots + X_n)/n$ が μ を中心として誤差 ε の範囲に収まる確率" は，n が大きくなるにつれて 1 に収束する」と主張する．この大数の弱法則の主張をふまえ，「"$\lim_{n \to \infty} \overline{X}_n$ が最終的に μ と一致する確率" は 1 である」と主張するのが次の大数の強法則である．

定理 5.1.2　（**大数の強法則**）　(Ω, P) 上の確率変数の列 $X_1, X_2, \ldots,$ $X_k, \ldots$ が独立で，各 X_k が同じ分布に従い，平均 $\mu = E(X_k)$ が存在するとする．このとき，次の関係式が成り立つ．

$$P\left(\lim_{n \to \infty} \frac{1}{n}\sum_{k=1}^{n} X_k = \mu\right) = 1. \tag{5.3}$$

　大数の強法則（定理 5.1.2）の証明は，後程述べることにする．

注意 5.1.1　定理 5.1.2 の結論 (5.3) を，標本点 ω を略さずに正確に書くと

$$P\left(\left\{\omega \in \Omega \;\middle|\; \lim_{n \to \infty} \frac{1}{n}\sum_{k=1}^{n} X_k(\omega) = \mu\right\}\right) = 1 \tag{5.4}$$

と表せる．以下では，この結論 (5.4) を，より強い次の主張

$$\lim_{n \to \infty} \frac{1}{n} \sum_{k=1}^{n} X_k(\omega) = \mu \quad (\omega \in \Omega) \tag{5.5}$$

に変更できないことを，例 5.1.1（硬貨を何回も投げる試行）を用いて説明する．ま
ず，任意の $k \geq 1$ に対して $X_k(\omega_1) = 0$, $X_k(\omega_2) = 1$ をみたす標本点 $\omega_1, \omega_2 \in \Omega$ を
取る．このとき，ω_1 は「すべて裏が出る結果」を表し，ω_2 は「すべて表が出る結果」
を表す．この標本点 ω_1, ω_2 に対して，次の不等式

$$\lim_{n \to \infty} \frac{1}{n} \sum_{k=1}^{n} X_k(\omega_1) = 0 < \mu = \frac{1}{2} < 1 = \lim_{n \to \infty} \frac{1}{n} \sum_{k=1}^{n} X_k(\omega_2)$$

が得られるため，(5.5) は成立しないことがわかる．ω_1, ω_2 以外にも，各 $k \geq 1$ に対
して次の関係式

$$X_{3k-2}(\omega_3) = X_{3k-1}(\omega_3) = 0, \quad X_{3k}(\omega_3) = 1,$$
$$X_{3k-2}(\omega_4) = X_{3k-1}(\omega_4) = 1, \quad X_{3k}(\omega_4) = 0$$

をみたす標本点 $\omega_3, \omega_4 \in \Omega$ を取れば，次の不等式

$$\lim_{n \to \infty} \frac{1}{n} \sum_{k=1}^{n} X_k(\omega_3) = \frac{1}{3} < \mu = \frac{1}{2} < \frac{2}{3} = \lim_{n \to \infty} \frac{1}{n} \sum_{k=1}^{n} X_k(\omega_4)$$

が得られるため，この不等式からも (5.5) は成立しないことがわかる．ここで，標本
点 ω_3 は「3 の倍数のとき表が出て，それ以外は裏が出る結果」を表し，標本点 ω_4 は
「3 の倍数のとき裏が出て，それ以外は表が出る結果」を表す．なお，(5.5) が成立し
ない標本点は $\omega_1, \omega_2, \omega_3, \omega_4$ 以外にも無数に存在することが知られている．大数の
強法則の結論 (5.3) は，「(5.5) が成立しない標本点の生起確率は 0 で無視可能であり，
無視できる標本点を除けばほとんど確実に (5.5) が成立する」と主張する．以下では
実際に，$P(\{\omega_i\})$ $(1 \leq i \leq 4)$ の値を計算してみる．まず，任意の自然数 n に対して
次が成り立つ．

$$\omega_1 \in \big\{ \omega \in \Omega \mid X_1(\omega) = X_2(\omega) = \cdots = X_n(\omega) = 0 \big\},$$

$$P(\{\omega_1\}) \leq P\big(\{\omega \in \Omega \mid X_1(\omega) = X_2(\omega) = \cdots = X_n(\omega) = 0\}\big) = \left(\frac{1}{2}\right)^n. \tag{5.6}$$

よって，(5.6) において $n \to \infty$ とすることで，$P(\{\omega_1\}) = 0$ が得られる．他の ω_i
$(2 \leq i \leq 4)$ についても同様に議論することで，$P(\{\omega_i\}) = 0$ が得られる．

注意 5.1.2　「大数の弱法則（定理 5.1.1）における確率変数に対する仮定」がみたさ
れるとき，「大数の強法則（定理 5.1.2）における確率変数に対する仮定」は必ずみた
される．しかも，大数の強法則の結論 (5.3) を用いると，大数の弱法則の結論 (5.2) を
証明することができる．その観点からは，大数の弱法則を述べる数学的な意義は失わ
れている．しかし，大数の弱法則は，その証明が初学者にとって理解しやすく，かつ
統計的推定において良い推定量がみたすべき性質（一致性）を直に表しているため，

本書を含め様々な確率統計の教科書で採録されている．なお，結論 (5.3) を用いて結論 (5.2) を導くためには，事象の演算に関する複雑な議論が必要となる．結論 (5.3) をみたせば結論 (5.2) が成り立つことは，確率論の専門用語を用いて「概収束する確率変数の列は確率収束する」と説明できる．興味を持たれた方は確率論の文献で勉強してもらいたい．

注意 5.1.3　大数の弱法則（定理 5.1.1）と大数の強法則（定理 5.1.2）において，「確率変数の列に対する独立性の仮定」は本質的である．つまり，これらの法則が成り立つためには，独立性の仮定は欠かすことができない．以下では，独立でない確率変数の列で，大数の弱法則（定理 5.1.1）も大数の強法則（定理 5.1.2）も成り立たない例を紹介する．さいころを 1 回振って出る目を X_1 とし，$X_k = X_1$ ($k \geq 2$) とおくと，$X_1, X_2, \ldots$ は同じ分布に従うが，当然独立ではない．このとき，$\frac{1}{n} \sum_{k=1}^n X_k = X_1$ であり，$\mu = E(X_1) = 7/2$ である．したがって，$0 < \varepsilon < 1/2$ であれば，関係式

$$\left\{ \omega \in \Omega \,\middle|\, \left| \frac{1}{n} \sum_{k=1}^n X_k(\omega) - \mu \right| \leq \varepsilon \right\} = \left\{ \omega \in \Omega \,\middle|\, \left| X_1(\omega) - \frac{7}{2} \right| \leq \varepsilon \right\} = \emptyset$$

が成り立つため，大数の弱法則（定理 5.1.1）は成立しない．このとき，同様に

$$\left\{ \omega \in \Omega \,\middle|\, \lim_{n \to \infty} \frac{1}{n} \sum_{k=1}^n X_k(\omega) = \mu \right\} = \left\{ \omega \in \Omega \,\middle|\, X_1(\omega) = \frac{7}{2} \right\} = \emptyset$$

が成り立つため，大数の強法則（定理 5.1.2）も成立しない．なお，「確率変数の列に対する独立性の仮定」を緩めても大数の強法則（定理 5.1.2）が成り立つことが知られている．この点に興味を持たれた方は，エルゴード理論とよばれる分野の文献を参照されたい．

例題 5.1.1

　$a > 0$ は定数とし，(Ω, P) 上の確率変数の列 $X_1, X_2, \ldots, X_k, \ldots$ は独立で，各 X_k は一様分布 $U(-a, a)$ に従うとする．このとき，次をみたす実数 m_1, m_2, m_3 を求めよ．

$$P\left(\lim_{n \to \infty} \frac{e^{X_1} + e^{X_2} + \cdots + e^{X_n}}{n} = m_1 \right) = 1, \qquad (5.7)$$

$$P\left(\lim_{n \to \infty} \frac{X_1^2 + X_2^2 + \cdots + X_n^2}{n} = m_2 \right) = 1, \qquad (5.8)$$

$$P\left(\lim_{n \to \infty} \frac{X_1^2 + X_2^2 + \cdots + X_n^2}{e^{X_1} + e^{X_2} + \cdots + e^{X_n}} = m_3 \right) = 1. \qquad (5.9)$$

【解答】　補題 3.1.1 より，確率変数の列 $e^{X_1}, e^{X_2}, \ldots, e^{X_k}, \ldots$ は独立である．また，補

題 A.6.1 より，各 e^{X_k} は同じ分布に従う．同様に，確率変数の列 $X_1^2, X_2^2, \ldots, X_k^2, \ldots$ も独立であり，各 X_k^2 は同じ分布に従う．また，各 e^{X_k} と X_k^2 の平均は次のように計算できる．

$$E(e^{X_k}) = \frac{1}{2a} \int_{-a}^{a} e^x \, dx = \frac{e^a - e^{-a}}{2a}, \quad E(X_k^2) = \frac{1}{2a} \int_{-a}^{a} x^2 \, dx = \frac{a^2}{3}.$$

したがって，大数の強法則（定理 5.1.2）より，次の 2 つの関係式

$$P\left(\lim_{n \to \infty} \frac{e^{X_1} + e^{X_2} + \cdots + e^{X_n}}{n} = \frac{e^a - e^{-a}}{2a} \right) = 1, \tag{5.10}$$

$$P\left(\lim_{n \to \infty} \frac{X_1^2 + X_2^2 + \cdots + X_n^2}{n} = \frac{a^2}{3} \right) = 1 \tag{5.11}$$

が得られる．よって，(5.10) より，$m_1 = (e^a - e^{-a})/(2a)$ がわかり，(5.11) より，$m_2 = a^2/3$ がわかる．次に，一般に数列 $\{a_n\}$, $\{b_n\}$ が収束して，$\lim_{n \to \infty} a_n = \alpha$, $\lim_{n \to \infty} b_n = \beta \ (\neq 0)$ のとき $\lim_{n \to \infty} \dfrac{a_n}{b_n} = \dfrac{\alpha}{\beta}$ が成り立つため，次の「事象の包含関係」を得る．

$$\left\{ \lim_{n \to \infty} \frac{e^{X_1} + \cdots + e^{X_n}}{n} = \frac{e^a - e^{-a}}{2a} \right\} \cap \left\{ \lim_{n \to \infty} \frac{X_1^2 + \cdots + X_n^2}{n} = \frac{a^2}{3} \right\}$$
$$\subset \left\{ \lim_{n \to \infty} \frac{X_1^2 + \cdots + X_n^2}{e^{X_1} + \cdots + e^{X_n}} = \frac{2a^3}{3(e^a - e^{-a})} \right\}. \tag{5.12}$$

ここで，(5.10)，(5.11) と系 1.2.1 より，「(5.12) の左辺の積事象」の確率は 1 である．よって，定理 1.2.1（単調性）より，「(5.12) の右辺の事象」の確率は 1 以上である．一方で，確率は 1 以下の値しか取り得ないため，「(5.12) の右辺の事象」の確率は 1 である．したがって，$m_3 = 2a^3/(3(e^a - e^{-a}))$ である． $\square$

┌─ 例題 5.1.2 ─

(Ω, P) 上の確率変数の列 $X_1, X_2, \ldots, X_k, \ldots$ は独立で，各 X_k は同じ分布に従い，平均 $\mu = E(X_k)$ が存在し，分散 $\sigma^2 = V(X_k)$ が有限とする．このとき，n 個の確率変数 $X_1, \ldots, X_n$ から 2 つを選んで作る距離の平方和 D_n を

$$D_n(\omega) = \sum_{1 \leq i < j \leq n} \left(X_i(\omega) - X_j(\omega) \right)^2 \qquad (\omega \in \Omega)$$

と定める．このとき，次の関係式 (5.13) をみたす実数 κ を求めよ．

$$P\left(\lim_{n\to\infty}\frac{D_n}{n^2}=\kappa\right)=1. \tag{5.13}$$

【解答】　対称性から $D_n=\frac{1}{2}\sum_{i,j=1}^{n}(X_i-X_j)^2$ であるため，式展開

$$\frac{D_n}{n^2}=\frac{1}{2n^2}\left(n\sum_{i=1}^{n}X_i^2+n\sum_{j=1}^{n}X_j^2-2\sum_{i,j=1}^{n}X_iX_j\right)$$

$$=\frac{1}{n}\sum_{k=1}^{n}X_k^2-\left(\frac{1}{n}\sum_{k=1}^{n}X_k\right)^2 \tag{5.14}$$

が成り立つ．まず，大数の強法則（定理 5.1.2）より，次の関係式が得られる．

$$P\left(\lim_{n\to\infty}\frac{1}{n}\sum_{k=1}^{n}X_k=\mu\right)=1. \tag{5.15}$$

次に，補題 3.1.1 より，$X_1^2,X_2^2,\ldots,X_n^2$ は独立である．また，補題 A.6.1 より，各 X_k^2 は同じ分布に従う．ここで，$E(X_k^2)=V(X_k)+(E(X_k))^2=\sigma^2+\mu^2$ と計算できる．したがって，大数の強法則（定理 5.1.2）より，関係式

$$P\left(\lim_{n\to\infty}\frac{1}{n}\sum_{k=1}^{n}X_k^2=\sigma^2+\mu^2\right)=1 \tag{5.16}$$

が得られる．ここで，標本点 $\omega\in\Omega$ が，次の 2 つの関係式

$$\lim_{n\to\infty}\frac{1}{n}\sum_{k=1}^{n}X_k(\omega)=\mu,\quad\lim_{n\to\infty}\frac{1}{n}\sum_{k=1}^{n}(X_k(\omega))^2=\sigma^2+\mu^2$$

をみたすとき，(5.14) より，次式

$$\lim_{n\to\infty}\frac{D_n(\omega)}{n^2}=(\sigma^2+\mu^2)-\mu^2=\sigma^2$$

が成り立つ．したがって，次の「事象の包含関係」

$$\left\{\lim_{n\to\infty}\frac{1}{n}\sum_{k=1}^{n}X_k=\mu\right\}\cap\left\{\lim_{n\to\infty}\frac{1}{n}\sum_{k=1}^{n}X_k^2=\sigma^2+\mu^2\right\}\subset\left\{\lim_{n\to\infty}\frac{D_n}{n^2}=\sigma^2\right\}$$

が成り立つ．ここで，(5.15), (5.16) および系 1.2.1 より，この「事象の包含関係」の左辺の積事象の確率は 1 である．したがって，定理 1.2.1（単調性）より，この「事象の包含関係」の右辺の事象の確率は 1 以上である．一方で，確率は 1 以下の値しか取り得ないため，関係式

$$1=P\left(\lim_{n\to\infty}\frac{D_n}{n^2}=\sigma^2\right)$$

が成り立つ. よって, $\kappa = \sigma^2$ である. $\square$

例 **5.1.2** (定積分の計算) $a > 0$ と $b > 0$ は定数とする. 関数 $f(x)$ は $0 \leq f(x) \leq b$ $(0 \leq x \leq a)$ をみたすとする. 座標平面上の長方形 $R = [0,a] \times [0,b]$ 内に無作為に n 個の点 $P_1, P_2, \ldots, P_n$ を取り, これらの n 個の点のうち, 領域 $D = \{(x,y) \mid 0 \leq x \leq a, \ 0 \leq y \leq f(x)\}$ に含まれる点の個数を $N_n(D)$ とする. 確率変数 $X_1, X_2, \ldots, X_n$, および実数 p を

$$X_k(\omega) = \begin{cases} 1 & (P_k(\omega) \in D) \\ 0 & (P_k(\omega) \notin D) \end{cases}, \quad p = \frac{|D|}{|R|} = \frac{1}{ab}\int_0^a f(x)\,dx$$

と定める. このとき, $X_1, X_2, \ldots, X_n$ は独立で, 各 X_k はベルヌーイ分布 $Be(p)$ に従う. ここで, $N_n(D)$ は, $X_1, X_2, \ldots, X_n$ を用いて

$$N_n(D)(\omega) = X_1(\omega) + X_2(\omega) + \cdots + X_n(\omega) \quad (\omega \in \Omega)$$

と表せる. よって, $E(X_k) = p$ と大数の強法則 (定理 5.1.2) より, 関係式

$$P\left(\lim_{n \to \infty} \frac{N_n(D)}{n} = \frac{1}{ab}\int_0^a f(x)\,dx\right) = 1 \tag{5.17}$$

が得られる. 以下では, 密度関数 $p(x)$ は次の 2 条件

$$p(x) > 0 \quad (x \in [0,a]), \qquad \int_0^a p(x)\,dx = 1$$

をみたすとする. さらに, 確率変数 $Z_1, Z_2, \ldots, Z_n$ は独立で, 各 Z_k の密度関数は $p(x)$ であるとする. このとき, n 個の確率変数

$$\frac{f(Z_1)}{p(Z_1)}, \ \frac{f(Z_2)}{p(Z_2)}, \ \ldots, \ \frac{f(Z_n)}{p(Z_n)} \tag{5.18}$$

を考える. 補題 3.1.1 より, (5.18) は独立である. また, 補題 A.6.1 より, 各 $f(Z_k)/p(Z_k)$ は同じ分布に従う. ここで, 各 $f(Z_k)/p(Z_k)$ の期待値は

$$E\left(\frac{f(Z_k)}{p(Z_k)}\right) = \int_0^a \frac{f(x)}{p(x)} \cdot p(x)\,dx = \int_0^a f(x)\,dx$$

と計算できる. したがって, 大数の強法則 (定理 5.1.2) より, 関係式

$$P\left(\lim_{n \to \infty} \frac{1}{n}\sum_{k=1}^n \frac{f(Z_k)}{p(Z_k)} = \int_0^a f(x)\,dx\right) = 1 \tag{5.19}$$

が得られる. 特に, $p(x) = 1/a \ (0 \le x \le a)$ のとき, 各 Z_k は一様分布 $U(0,a)$ に従い, $p(Z_k) = 1/a$ であるため, (5.19) は次のように表せる.

$$P\left(\lim_{n\to\infty} \frac{1}{n} \sum_{k=1}^{n} f(Z_k) = \frac{1}{a} \int_0^a f(x)\,dx \right) = 1. \tag{5.20}$$

注意 5.1.4 独立な2つの確率変数 ξ_1, ξ_2 を, ξ_1 が $U(0,a)$ に従い, かつ ξ_2 が $U(0,b)$ に従うように取り, 座標平面上で点 $\mathrm{P}(\xi_1, \xi_2)$ を対応させれば, 長方形 $R = [0,a] \times [0,b]$ 内に無作為な点 P を1つ取れたことになる.

例題 5.1.3

R を座標平面上の正方形 $R = [0,1] \times [0,1]$ とし, D を R 内の四分円 $D = \{(x,y) \in R \mid x^2 + y^2 \le 1\}$ とする. R 内に無作為に取った n 個の点のうち, D に含まれる点の個数を $N_n(D)$ とする. このとき, 次の関係式をみたす実数 μ を求めよ.

$$P\left(\lim_{n\to\infty} \frac{N_n(D)}{n} = \mu \right) = 1.$$

【解答】 R 内に無作為に取った n 個の点 $\mathrm{P}_1, \mathrm{P}_2, \ldots, \mathrm{P}_n$ に対して, 確率変数 $X_1, X_2, \ldots, X_n$ を

$$X_k(\omega) = 1_D\big(\mathrm{P}_k(\omega)\big) = \begin{cases} 1 & (\mathrm{P}_k(\omega) \in D) \\ 0 & (\mathrm{P}_k(\omega) \notin D) \end{cases} \quad (\omega \in \Omega)$$

と定める. このとき, $N_n(D)(\omega) = X_1(\omega) + X_2(\omega) + \cdots + X_n(\omega) \ (\omega \in \Omega)$ と表せる. $p = |D|/|R| = \pi/4$ とおくと, $X_1, X_2, \ldots, X_n$ は独立で, 各 X_k は同じベルヌーイ分布 $Be(p)$ に従う. したがって, $E(X_k) = p = \pi/4$ と大数の強法則 (定理 5.1.2) より, 次の関係式

$$P\left(\lim_{n\to\infty} \frac{N_n(D)}{n} = \frac{\pi}{4} \right) = P\left(\lim_{n\to\infty} \frac{X_1 + X_2 + \cdots + X_n}{n} = \frac{\pi}{4} \right) = 1$$

が得られる. よって, $\mu = \pi/4$ である. $\qquad\qquad\qquad\qquad\qquad\qquad\square$

注意 5.1.5 例 5.1.2 や例題 5.1.3 で紹介したように, 大数の強法則 (定理 5.1.2) を用いることで, 定積分や図形の面積の近似計算が可能となる. この発想に基づく確率的数値計算手法は**モンテカルロ法**とよばれ, 自然科学から社会科学まで幅広い分野のシミュレーションで応用されている.

トピックス 5（**大数の強法則とヒストグラム**）　(Ω, P) 上の確率変数の列 $X_1, X_2, \ldots,$ $X_k, \ldots$ は独立で，各 X_k の密度関数は $f(x)$ であるとする．このとき，任意の有界区間 I に対して，補題 3.1.1 と補題 A.6.1 より，次の確率変数の列

$$\frac{1}{|I|}\, 1_I(X_1), \ \frac{1}{|I|}\, 1_I(X_2), \ \ldots, \ \frac{1}{|I|}\, 1_I(X_k), \ldots$$

も独立であり，かつ同じ分布に従う．ただし，$|I|$ は区間 I の長さを表す．したがって，次の計算結果

$$E\!\left(\frac{1}{|I|}\, 1_I(X_k)\right) = \frac{1}{|I|} \int_{-\infty}^{\infty} 1_I(x) f(x)\, dx = \frac{1}{|I|} \int_I f(x)\, dx \quad (k \geq 1)$$

と大数の強法則（定理 5.1.2）より，次の関係式が得られる．

$$P\!\left(\left\{\omega \in \Omega \ \middle|\ \lim_{n \to \infty} \frac{1}{n|I|} \sum_{k=1}^{n} 1_I\big(X_k(\omega)\big) = \frac{1}{|I|} \int_I f(x)\, dx \right\}\right) = 1. \quad (5.21)$$

以下では，説明を簡単にするために，密度関数 $f(x)$ は連続であり，次式

$$\int_a^b f(x)\, dx = 1$$

をみたす実数 $a, b\ (a < b)$ が取れると仮定する．このとき，この a, b に対し，$m+1$ 個の実数 $c_1, c_2, \ldots, c_{m+1}$ を，次式

$$a = c_1 < c_2 < \cdots < c_{m+1} = b$$

をみたすように取り，有界区間 $[a, b)$ を m 個の有界区間 $\{I_k = [c_k, c_{k+1})\}_{k=1}^{m}$ に分割する．また，各 $j = 1, 2, \ldots, m$ に対して事象 A_j を

$$A_j := \left\{\omega \in \Omega \ \middle|\ \lim_{n \to \infty} \frac{1}{n|I_j|} \sum_{k=1}^{n} 1_{I_j}\big(X_k(\omega)\big) = \frac{1}{|I_j|} \int_{I_j} f(x)\, dx \right\}$$

と定める．このとき，(5.21) より，次の関係式

$$P(A_1) = P(A_2) = \cdots = P(A_m) = 1 \quad\quad (5.22)$$

が成り立つ．この関係式 (5.22) を用いて，系 1.2.1 を繰り返し適用することで

$$P\!\left(\bigcap_{j=1}^{m} \left\{\omega \in \Omega \ \middle|\ \lim_{n \to \infty} \frac{1}{n|I_j|} \sum_{k=1}^{n} 1_{I_j}\big(X_k(\omega)\big) = \frac{1}{|I_j|} \int_{I_j} f(x)\, dx \right\}\right) = 1 \quad (5.23)$$

が得られる．ここで，$X_1, X_2, \ldots, X_k, \ldots$ の実現値（観測値）をそれぞれ小文字 $x_1, x_2, \ldots, x_k, \ldots$ で表し，$[a, b)$ 上の関数 $h_n(x)$ を次式で定義する．

$$
h_n(x) = \begin{cases}
\dfrac{1}{n|I_1|} \sum_{k=1}^{n} 1_{I_1}(x_k) & (x \in I_1) \\[2mm]
\dfrac{1}{n|I_2|} \sum_{k=1}^{n} 1_{I_2}(x_k) & (x \in I_2) \\
\qquad \cdots\cdots \\
\dfrac{1}{n|I_m|} \sum_{k=1}^{n} 1_{I_m}(x_k) & (x \in I_m).
\end{cases}
$$

なお，関数 $h_n(x)$ $(x \in [a,b))$ は，n 個の実現値 $x_1, x_2, \ldots, x_n$ を用いて構成した**ヒストグラム**である．たとえば，関数 $h_n(x)$ の定義に現れる $\sum_{k=1}^{n} 1_{I_1}(x_k)$ の値は，「n 個の実現値 $x_1, x_2, \ldots, x_n$ のうち，区間 I_1 に含まれる実現値の個数」を表す．このとき，関係式 (5.23) より，ほとんど確実に次式が成り立つ．

$$
\lim_{n \to \infty} h_n(x) = h(x) := \begin{cases}
\dfrac{1}{|I_1|} \displaystyle\int_{I_1} f(z)\,dz & (x \in I_1) \\[2mm]
\dfrac{1}{|I_2|} \displaystyle\int_{I_2} f(z)\,dz & (x \in I_2) \\
\qquad \cdots\cdots \\
\dfrac{1}{|I_m|} \displaystyle\int_{I_m} f(z)\,dz & (x \in I_m).
\end{cases} \tag{5.24}
$$

さらに，分割された区間 $\{I_k\}_{k=1}^{m}$ の長さの最大値

$$
\Delta_m := \max_{1 \le k \le m} |I_k| = \max_{1 \le k \le m} (c_{k+1} - c_k)
$$

が十分小さいとき，「平均値の定理」を用いることで，次の近似的な関係式

$$
h(x) \approx f(x) \quad (a \le x < b) \tag{5.25}
$$

が成り立つことが知られている．したがって，n が十分大きく，かつ Δ_m が十分小さいとき，(5.24) と (5.25) より，次の近似式

$$
h_n(x) \approx h(x) \approx f(x) \quad (a \le x < b) \tag{5.26}
$$

が成り立ち，「ヒストグラム $h_n(x)$ が密度関数 $f(x)$ に近づく」ことがわかる．

5.1.1   大数の強法則の証明

統計的推定を理解するためには，大数の弱法則（定理 5.1.1）の主張とその証明，および大数の強法則（定理 5.1.2）の主張を理解できれば十分である．大数の強法則（定理 5.1.2）の証明は本書で扱える水準を超えるため，この項では，大数の強法則（定理 5.1.2）の特別な場合である定理 5.1.3 とその証明を紹介する．本項は興味を持たれた方だけ読み進めるとよい．まず補題 5.1.1 と補題 5.1.2 で定理 5.1.3 の証明のための準備を行う．

> **補題 5.1.1**　(Ω, P) 上の確率変数の列 $X_1, X_2, \ldots, X_k, \ldots$ は，各 k に対して $X_k(\omega) \geq 0 \ (\omega \in \Omega)$ をみたし，さらに次の条件
>
> $$\sum_{k=1}^{\infty} E(X_k) < \infty$$
>
> をみたすとする．このとき，次が成り立つ．
>
> $$P\left(\left\{\omega \in \Omega \ \middle|\ \sum_{k=1}^{\infty} X_k(\omega) < \infty \right\}\right) = 1.$$

[証明]　背理法で証明するため，$P\left(\sum_{k=1}^{\infty} X_k < \infty\right) < 1$ と仮定する．以下では，事象 F, N を次のように定義する．

$$F = \left\{\omega \in \Omega \ \middle|\ \sum_{k=1}^{\infty} X_k(\omega) < \infty \right\}, \quad N = \left\{\omega \in \Omega \ \middle|\ \sum_{k=1}^{\infty} X_k(\omega) = \infty \right\}.$$

このとき，$\Omega = F \cup N$ と $F \cap N = \emptyset$ が成り立つため，P の加法性より，関係式 $1 = P(\Omega) = P(F) + P(N)$ が得られる．この関係式と，背理法の仮定 $P(F) < 1$ より，$P(N) > 0$ が成り立つ．一方で，$\omega \in N$ のとき $\sum_{k=1}^{\infty} X_k(\omega) = \infty$ であり，$\omega \in N^c$ のとき $0 \leq \sum_{k=1}^{\infty} X_k(\omega) < \infty$ である．したがって，任意の正の実数 $r \geq 0$ に対して，不等式

$$r 1_N(\omega) \leq \sum_{k=1}^{\infty} X_k(\omega) \qquad (\omega \in \Omega) \tag{5.27}$$

が成り立つ．(5.27) の両辺の期待値を取ると，次の不等式が得られる（詳細は注意 5.1.6 を参照されたい）．

$$r \times P(N) = E(r 1_N) \leq \sum_{k=1}^{\infty} E(X_k) < \infty. \tag{5.28}$$

ここで，$P(N) > 0$ であり，$r \geq 0$ は任意の実数であるため，$r \to \infty$ とすれば (5.28) の左辺は ∞ となり矛盾が生じる．したがって，$P(F) = 1$ が成り立つ．　　□

注意 5.1.6　(Ω, P) 上の確率変数の列 $X, X_1, X_2, \ldots, X_k, \ldots$ は，$X(\omega) \geq 0 \ (\omega \in \Omega)$ をみたし，かつ各 k に対して $X_k(\omega) \geq 0 \ (\omega \in \Omega)$ をみたすとする．このとき，

$$X(\omega) \leq \sum_{k=1}^{\infty} X_k(\omega) \quad (\omega \in \Omega) \implies E(X) \leq \sum_{k=1}^{\infty} E(X_k) \tag{5.29}$$

が成り立つ．なお，補題 5.1.1 の証明において，(5.27) から (5.28) を導くときに (5.29)

を用いた．(5.29) を証明するためには測度論の知識（項別積分定理など）が必要になる．興味を持たれた読者は測度論の文献で勉強してもらいたい．

補題 5.1.2　$a, b \geq 0$ に対して $(a+b)^4 \leq 8(a^4 + b^4)$ が成り立つ．

[証明]　$f(t) = 8(1 + t^4) - (1 + t)^4 \ (t \geq 0)$ とおくと，$f(t)$ の微分は

$$f'(t) = 4\{(2t)^3 - (1+t)^3\} = 4(t-1)\{(2t)^2 + 2t(1+t) + (1+t)^2\}$$

と計算できる．したがって，任意の $t \geq 0$ に対して $f(t) \geq f(1) = 0$ がわかり，このことから次の不等式が得られる．

$$(1+t)^4 \leq 8(1 + t^4) \quad (t \geq 0). \tag{5.30}$$

$a = 0$ のとき，結論の不等式 $b^4 \leq 8b^4$ が成り立つことは自明である．$a > 0$ のとき，(5.30) において $t = b/a$ を代入することで，$(a+b)^4 \leq 8(a^4 + b^4)$ が得られる．□

　初学者にも大数の強法則（定理 5.1.2）の証明を理解しやすくするために，「定理 5.1.2 における確率変数に対する仮定」を新たな仮定 (5.31) に変更すると，次の定理 5.1.3 となる．

定理 5.1.3　(Ω, P) 上の確率変数の列 $X_1, X_2, \ldots, X_k, \ldots$ は独立であり（同じ分布に従うことは仮定しない），実数 μ と正の定数 $K < \infty$ があって，次の 2 条件 (5.31) をみたすとする．

$$E(X_k) = \mu, \quad E(X_k^4) \leq K \qquad (k \geq 1). \tag{5.31}$$

このとき，大数の強法則と同じ次の結論 (5.32) が成り立つ．

$$P\left(\lim_{n \to \infty} \frac{1}{n} \sum_{k=1}^{n} X_k = \mu\right) = 1. \tag{5.32}$$

[証明]　$S_n = X_1 + X_2 + \cdots + X_n$ かつ $\overline{X}_n = (X_1 + X_2 + \cdots + X_n)/n$ とおく．

　まず前半では，$\mu = 0$ を仮定し，この場合で (5.32) の証明を行う．一般に，数列 $\{a_n\}$ が $\lim_{n \to \infty} (a_n)^4 = 0$ をみたすとき，$\lim_{n \to \infty} a_n = 0$ が成り立つ．この数列の性質と，命題 A.8.1 より，次の「事象の包含関係」が得られる．

$$\left\{\omega \in \Omega \ \middle| \ \sum_{n=1}^{\infty} (\overline{X}_n(\omega))^4 < \infty\right\} \subset \left\{\omega \in \Omega \ \middle| \ \lim_{n \to \infty} \overline{X}_n(\omega) = 0\right\}. \tag{5.33}$$

ここで，次の関係式 (5.34) が成り立つことを示せたとする．

$$P\left(\sum_{n=1}^{\infty} \overline{X}_n^4 < \infty\right) = 1.\tag{5.34}$$

このとき，包含関係 (5.33) と関係式 (5.34) および定理 1.2.1 (P4) より，不等式

$$1 = P\left(\sum_{n=1}^{\infty} \overline{X}_n^4 < \infty\right) \le P\left(\lim_{n\to\infty} \overline{X}_n = 0\right)\tag{5.35}$$

が得られるため，(5.35) より結論 $P\left(\lim_{n\to\infty} \overline{X}_n = 0\right) = 1$ を導くことができる．そのため，以下では $\mu = 0$ を仮定し，(5.34) が成り立つことを証明する．まず，多項定理（定理 A.2.2）より，次の展開式

$$(X_1 + X_2 + \cdots + X_n)^4 = \sum_{\substack{p_1+p_2+\cdots+p_n=4 \\ p_i \ge 0 \ (1 \le i \le n)}} \frac{4!}{p_1! \, p_2! \cdots p_n!} X_1^{p_1} X_2^{p_2} \cdots X_n^{p_n}\tag{5.36}$$

（ただし $p_1, p_2, \ldots, p_n$ は 0 以上の整数を表すものとする）

が得られる．ここで，補題 3.1.1 より，0 以上の整数 $p_1, p_2, \ldots, p_n$ に対し，$X_1^{p_1}$, $X_2^{p_2}, \ldots, X_n^{p_n}$ は独立である．したがって，このことと系 3.2.1 と系 3.2.2 より，(5.36) の期待値は次のように計算できる．

$$E(S_n^4) = \sum_{\substack{p_1+p_2+\cdots+p_n=4 \\ p_i \ge 0 \ (1 \le i \le n)}} \frac{4!}{p_1! \, p_2! \cdots p_n!} E(X_1^{p_1} X_2^{p_2} \cdots X_n^{p_n})$$

$$= \sum_{\substack{p_1+p_2+\cdots+p_n=4 \\ p_i \ge 0 \ (1 \le i \le n)}} \frac{4!}{p_1! \, p_2! \cdots p_n!} E(X_1^{p_1}) E(X_2^{p_2}) \cdots E(X_n^{p_n}).\tag{5.37}$$

ここで，$E(X_k) = \mu = 0$ が成り立つことや，$4!/(2!\,2!) = 6$ を用いて，(5.37) の右辺の計算を続けると，次式が得られる．

$$E(S_n^4) = \sum_{k=1}^{n} E(X_k^4) + 6 \sum_{1 \le i < j \le n} E(X_i^2) E(X_j^2).\tag{5.38}$$

ここで，補題 3.2.1 と仮定 $E(X_k^4) \le K$ より，各 k に対し次式が成り立つ．

$$E(X_k^2) = E(X_k^2 \cdot 1) \le \sqrt{E(X_k^4)} \sqrt{E(1^2)} = \sqrt{E(X_k^4)} \le \sqrt{K}.\tag{5.39}$$

したがって，(5.38)，$E(X_k^4) \le K$ と (5.39) より，次の不等式評価を得る．

$$E(S_n^4) \le nK + 6 \sum_{1 \le i < j \le n} \sqrt{K}\,\sqrt{K} = nK + 3n(n-1)K \le 3Kn^2.\tag{5.40}$$

この不等式評価式 (5.40) と，級数の収束・発散に関する定理 A.8.1 より，不等式

$$\sum_{n=1}^{\infty} E\left(\overline{X}_n^4\right) = \sum_{n=1}^{\infty} \frac{1}{n^4} E(S_n^4) \le 3K \sum_{n=1}^{\infty} \frac{1}{n^2} < \infty\tag{5.41}$$

が成り立つ. したがって, (5.41) と補題 5.1.1 より, (5.34) が得られる.

次に後半では, $\mu \neq 0$ の場合で (5.32) の証明を行う. まず, $Y_k = X_k - \mu$ とおく. 補題 3.1.1 より, 確率変数の列 $Y_1, Y_2, \ldots, Y_k, \ldots$ は独立である. また, $E(Y_k) = E(X_k) - \mu = 0$ が成り立つ. 次に, 補題 5.1.2 と $E(X_k^4) \leq K$ より, 次の不等式

$$E(Y_k^4) \leq E((|X_k| + |\mu|)^4) \leq 8E(|X_k|^4 + |\mu|^4) \leq 8(K + \mu^4) < \infty$$

が成り立つ. したがって, この証明の前半で得られた結論より, 関係式

$$P\left(\lim_{n \to \infty} \frac{Y_1 + Y_2 + \cdots + Y_n}{n} = 0 \right) = 1 \tag{5.42}$$

が得られる. ここで, 任意の標本点 $\omega \in \Omega$ に対して, 等式

$$\frac{X_1(\omega) + \cdots + X_n(\omega)}{n} = \frac{Y_1(\omega) + \cdots + Y_n(\omega)}{n} + \mu$$

が成り立つため, 次の関係式が得られる.

$$\left\{ \omega \in \Omega \ \middle| \ \frac{X_1(\omega) + X_2(\omega) + \cdots + X_n(\omega)}{n} = \mu \right\}$$
$$= \left\{ \omega \in \Omega \ \middle| \ \frac{Y_1(\omega) + Y_2(\omega) + \cdots + Y_n(\omega)}{n} = 0 \right\}. \tag{5.43}$$

したがって, (5.42) と (5.43) より, 結論 (5.32) が得られる. □

5.2 中心極限定理

(Ω, P) 上の確率変数の列 $X_1, X_2, \ldots, X_k, \ldots$ は独立であり, 各 X_k は同じ分布に従い, 平均 $\mu = E(X_k)$ が存在し, 分散 $\sigma^2 = V(X_k)$ は有限であるとする. このとき, S_n を

$$S_n = X_1 + X_2 + \cdots + X_n \quad (n = 1, 2, \ldots)$$

とおくと, 系 3.2.1 と系 3.2.3 より, S_n の平均と分散は

$$E(S_n) = E(X_1) + E(X_2) + \cdots + E(X_n) = n\mu,$$
$$V(S_n) = V(X_1) + V(X_2) + \cdots + V(X_n) = n\sigma^2$$

と計算できる. よって, 定義 2.3.2 より, S_n の標準化 Z_n は

$$Z_n = \frac{S_n - E(S_n)}{\sqrt{V(S_n)}} = \frac{S_n - n\mu}{\sigma\sqrt{n}} = \frac{\sqrt{n}}{\sigma}\left(\frac{1}{n} \sum_{k=1}^{n} X_k - \mu \right) \tag{5.44}$$

と表せる．ここで，$E(S_n) = n\mu$ は S_n の分布の "重心" を表し，$\sigma(S_n) = \sigma\sqrt{n}$ は S_n の分布の「"重心" を基点とした左右の散らばり度合い」を表す．たとえば $\mu > 0$ の場合を考えると，$\lim_{n\to\infty} E(S_n) = \infty$ かつ $\lim_{n\to\infty} \sigma(S_n) = \infty$ であるため，n が大きくなるにつれて，S_n の分布は，"重心" $E(S_n)$ を右に移しながら，「"重心" を基点とした左右の散らばり度合い」$\sigma(S_n)$ を増し，S_n の確率関数や密度関数の高さを低くしていく（図 5.2 の上図）．そこでまず，$S_n - E(S_n)$ の分布を考えることで，S_n の分布の "重心" $E(S_n) = n\mu$ を原点に移して固定する「分布の左右の平行移動操作」を行う．その次に，$Z_n = (S_n - E(S_n))/\sigma(S_n)$ の分布を考えることで，$S_n - E(S_n)$ の分布の「左右の散らばり度合い」を 1 に整え，n を大きくしても確率関数や密度関数の高さが 0 につぶれないように保つ分布操作を行う（図 5.2 の下図）．そして，「このように S_n の分布を操作して作った Z_n の分布の形が，n が大きくなるにつれて $N(0, 1)$ の分布の形に近づく」と主張するのが次の**中心極限定理**である．

定理 5.2.1（**中心極限定理**）　(Ω, P) 上の確率変数の列 $X_1, X_2, \ldots,$ $X_k, \ldots$ は独立で，各 X_k は同じ分布に従い，平均 $\mu = E(X_k)$ が存在し，分散 $\sigma^2 = V(X_k)$ は有限とする．このとき，S_n を

$$S_n = X_1 + X_2 + \cdots + X_n \quad (n = 1, 2, \ldots)$$

とおけば，任意の $a < b$ に対して次式が成り立つ．

$$\lim_{n\to\infty} P\left(a \le \frac{S_n - n\mu}{\sigma\sqrt{n}} \le b\right) = \int_a^b \frac{1}{\sqrt{2\pi}} e^{-\frac{t^2}{2}} \, dt. \tag{5.45}$$

注意 5.2.1　定理 5.2.1 より，n が大きければ，$p_n = P(a \le (S_n - n\mu)/(\sigma\sqrt{n}) \le b)$ の近似値として，「(5.45) の右辺」を用いてよい．しかし，定理 5.2.1 は，どの程度 n が大きければ p_n と「(5.45) の右辺」が十分近づくか，という点については示していない．また，定理 5.2.1 において，(Ω, P) 上の確率変数 Z が標準正規分布 $N(0, 1)$ に従うとき，この Z を用いると，(5.45) は次式のように表せる．

$$\lim_{n\to\infty} P\left(a \le \frac{S_n - n\mu}{\sigma\sqrt{n}} \le b\right) = P(a \le Z \le b).$$

　証明は後程述べることにして，定理 5.2.1 の設定のもとで考察する．まず，結論の (5.45) を標本点 ω を略さずに正確に書くと，次のように表せる．

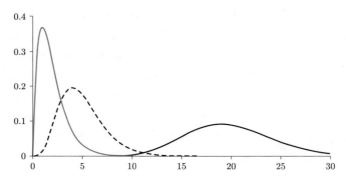

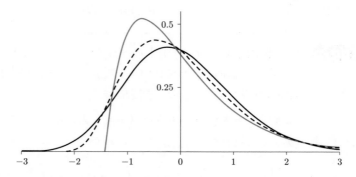

図 **5.2**　中心極限定理の概念図：各 X_k が $\mathrm{Exp}(1)$ に従うときの S_n の
密度関数（上図）と Z_n の密度関数（下図）（$n = 2, 5, 20$）.

$$\lim_{n \to \infty} P\left(\left\{ \omega \in \Omega \ \middle|\ a \leq \frac{S_n(\omega) - n\mu}{\sigma\sqrt{n}} \leq b \right\} \right) = \int_a^b \frac{1}{\sqrt{2\pi}} e^{-\frac{t^2}{2}} \, dt.$$

次に，$M > 0$ を任意の実数とし，(5.45) において $a = -M/\sigma$, $b = M/\sigma$ とお
くと，(5.44) より，次式が得られる.

$$\lim_{n \to \infty} P\left(\left| \frac{1}{n} \sum_{k=1}^n X_k - \mu \right| \leq \frac{M}{\sqrt{n}} \right) = \int_{-\frac{M}{\sigma}}^{\frac{M}{\sigma}} \frac{1}{\sqrt{2\pi}} e^{-\frac{t^2}{2}} \, dt. \quad (5.46)$$

この (5.46) より，n が十分大きければ「$\overline{X}_n$ が $[\mu - M/\sqrt{n},\ \mu + M/\sqrt{n}]$ の範囲にとどまる確率」が (5.46) 式の右辺で与えられる．さらに，次の命題 5.2.1 は，「中心極限定理の結論 (5.46)」の理解を深めるうえで参考になる．ただし，命題 5.2.1 (5.48) の証明では，「数列が極限を持つこと」を厳密に定式化する必要があるため，ε-N 論法とよばれる手法を用いる．この手法は抽象的で理解がやや難しいため，初学者は命題 5.2.1 (5.48) の証明をとばして読み進めても問題ない．

命題 5.2.1 中心極限定理（定理 5.2.1）と同一の仮定のもとで，任意の $M > 0$ と $\varepsilon > 0$ に対して次式が成り立つ．

$$(1) \quad \lim_{n \to \infty} P\left(\left| \frac{1}{n} \sum_{k=1}^{n} X_k - \mu \right| \leq \frac{M}{n^{\frac{1}{2} - \varepsilon}} \right) = 1, \qquad (5.47)$$

$$(2) \quad \lim_{n \to \infty} P\left(\left| \frac{1}{n} \sum_{k=1}^{n} X_k - \mu \right| \leq \frac{M}{n^{\frac{1}{2} + \varepsilon}} \right) = 0. \qquad (5.48)$$

[証明] $\overline{X}_n = (X_1 + X_2 + \cdots + X_n)/n$ とおく．このとき，例 3.2.7 の (3.19) と (3.20) より，$E(\overline{X}_n) = \mu$ かつ $V(\overline{X}_n) = \sigma^2/n$ である．ここで，$\overline{X}_n$ に対してチェビシェフの不等式 (2.35) を適用すると，次の不等式

$$P\left(\left| \overline{X}_n - \mu \right| > \frac{M}{n^{\frac{1}{2} - \varepsilon}} \right) \leq \frac{n^{1 - 2\varepsilon}}{M^2} V(\overline{X}_n) = \frac{\sigma^2}{M^2 n^{2\varepsilon}} \to 0 \quad (n \to \infty)$$

が成り立つため，(5.47) が得られる．次に，$\delta > 0$ を任意に取り固定する．この δ に対して自然数 N_1 を $M/(\sigma N_1^\varepsilon) < \delta$ をみたすように取る．このとき，$n \geq N_1$ をみたす自然数 n に対して次の不等式が成り立つ．

$$P\left(\left| \overline{X}_n - \mu \right| \leq \frac{M}{n^{\frac{1}{2} + \varepsilon}} \right) = P\left(\left| \frac{\sqrt{n}}{\sigma} \left(\overline{X}_n - \mu \right) \right| \leq \frac{M}{\sigma n^\varepsilon} \right)$$

$$\leq P\left(\left| \frac{\sqrt{n}}{\sigma} \left(\overline{X}_n - \mu \right) \right| \leq \delta \right). \qquad (5.49)$$

ここで，中心極限定理（定理 5.2.1）より，次式が得られる．

$$\lim_{n \to \infty} P\left(\left| \frac{\sqrt{n}}{\sigma} \left(\overline{X}_n - \mu \right) \right| \leq \delta \right) = \int_{-\delta}^{\delta} \frac{1}{\sqrt{2\pi}} e^{-\frac{t^2}{2}} \, dt. \qquad (5.50)$$

よって，(5.50) より，自然数 N_2 を十分大きく取れば，次の関係式

$$P\left(\left|\frac{\sqrt{n}}{\sigma}\left(\overline{X}_n-\mu\right)\right|\leq\delta\right)\leq\int_{-\delta}^{\delta}\frac{1}{\sqrt{2\pi}}\,e^{-\frac{t^2}{2}}\,dt+\delta\quad(n\geq N_2)\quad(5.51)$$

が成り立つようにできる．したがって，(5.49), (5.51) より，関係式

$$P\left(\left|\overline{X}_n-\mu\right|\leq\frac{M}{n^{\frac{1}{2}+\varepsilon}}\right)\leq\int_{-\delta}^{\delta}\frac{1}{\sqrt{2\pi}}\,e^{-\frac{t^2}{2}}\,dt+\delta\quad(n\geq N_1\vee N_2)\quad(5.52)$$

が成り立つ．ただし，$N_1\vee N_2$ は N_1 と N_2 の大きい方とする．一方で，(5.52) の右辺を $g(\delta)$ とおくと，

$$g(\delta)=\int_{-\delta}^{\delta}\frac{1}{\sqrt{2\pi}}\,e^{-\frac{t^2}{2}}\,dt+\delta\to 0\quad(\delta\downarrow 0)\quad(5.53)$$

をみたす．したがって，(5.52) と (5.53) より，(5.48) が得られる．　　□

例題 5.2.1（内閣支持率）

　ある国の有権者の内閣支持率が 20% であるとき，無作為に抽出した 400 人の有権者の内閣支持率を R とする．このとき，R が 19.3% 以上かつ 20.5% 以下である確率を，中心極限定理を用いて有効数字 4 桁まで求めよ．

【解答】　$p=0.2$ かつ $n=400$ とおく．k 番目の人が内閣を支持するときは $X_k=1$ と定め，支持しないときは $X_k=0$ と定める．このとき，各 X_k はベルヌーイ分布 $Be(p)$ に従う確率変数であり，$X_1,X_2,\dots,X_n$ は独立と仮定してよい．また，$R=(X_1+X_2+\cdots+X_n)/n=S_n/n$ と表せる．したがって，中心極限定理（定理 5.2.1）より，次の確率変数

$$Z_n=\frac{S_n-E(S_n)}{\sqrt{V(S_n)}}=\frac{nR-np}{\sqrt{np(1-p)}}=\frac{\sqrt{n}\,(R-p)}{\sqrt{p(1-p)}}$$

の分布が，標準正規分布 $N(0,1)$ で近似できると考えることで，(2.18) で定義した関数 $p(u)$ と表 C.1 を用いて，求める確率は次のように近似計算できる．

$$P(0.193\leq R\leq 0.205)=P(-0.35\leq Z_n\leq 0.25)$$
$$\approx p(0.35)+p(0.25)=0.1368+0.0987=0.2355.\qquad\square$$

問 5.2.1　ある国の有権者の内閣支持率が 40% であるとき，無作為に抽出した 216 人の有権者の内閣支持率を R とする．このとき，R が 38.0% 以上かつ 41.5% 以下である確率を，中心極限定理を用いて有効数字 4 桁まで求めよ．

トピックス 6（得点分布と中心極限定理）　試験の得点分布として正規分布が現れや

すいことが知られている．以下では，このことを試験の設問数の観点から説明する．まず，試験は n 個の設問からなり，各設問の得点は 0 点か $100/n$ 点のいずれかであり，かつ各設問の得点率は p $(0 < p < 1)$ であると仮定する．このとき，X_k を

$$X_k = \begin{cases} 1 & (k \text{ 番目の設問が正解}) \\ 0 & (k \text{ 番目の設問が不正解}) \end{cases} \quad (k = 1, 2, \ldots, n)$$

と定めると，各 X_k はベルヌーイ分布 $Be(p)$ に従い，k 番目の設問の得点は $(100/n)X_k$ と表せる．このとき，Z_n を

$$Z_n = \frac{X_1 + X_2 + \cdots + X_n - np}{\sqrt{npq}} \quad (q := 1 - p)$$

と定めると，この試験の得点 Y_n は

$$Y_n = \frac{100}{n}(X_1 + X_2 + \cdots + X_n) = 100p + 100\sqrt{\frac{pq}{n}}\, Z_n \tag{5.54}$$

と表せる．説明を簡単にするため，$X_1, X_2, \ldots, X_n$ が独立であると仮定すると，中心極限定理（定理 5.2.1）または後に説明するド・モアブル–ラプラスの定理（定理 5.2.2）より，n が大きければ Z_n の分布の形は標準正規分布 $N(0,1)$ の形に近づく．したがってこのとき，(5.54) と補題 2.1.2 より，得点 Y_n の分布の形は，次の正規分布

$$N\left(100p, \left(100\sqrt{\frac{pq}{n}}\right)^2\right)$$

の形に近づくことがわかる．なお，初学者は「試験の受験者数が多いほど得点分布の形は正規分布の形に近づく」と誤解しやすいが，試験の受験者数と得点分布の形は無関係である．もちろん，多くの受験者の得点データを用いてヒストグラムを作成すれば，そのヒストグラムの形は得点分布の形に近づくが，「設問数の少ない試験の得点分布の形」は正規分布の形とは大きく異なる．なお，受験者数，ヒストグラムおよび得点分布の関係に興味を持たれた方は，トピックス 5 も参照されたい．

5.2.1 中心極限定理の証明

統計的推定や統計的仮説検定を理解するためには，中心極限定理（定理 5.2.1）の結果を正しく理解できれば十分である．この項では中心極限定理（定理 5.2.1）の証明について解説する．本項は興味を持たれた方だけ読み進めるとよい．

まず，各 X_k が $N(\mu, \sigma^2)$ に従う場合，系 3.2.4 より，任意の自然数 n に対して

$$S_n = X_1 + X_2 + \cdots + X_n \sim N(n\mu, n\sigma^2)$$

が成り立つ．このことと注意 2.1.6 より，S_n の標準化 Z_n は次の関係式をみたす．

$$Z_n = \frac{S_n - E(S_n)}{\sqrt{V(S_n)}} = \frac{S_n - n\mu}{\sigma\sqrt{n}} \sim N(0,1).$$

よって，任意の $a < b$ に対して次式が成り立つ．

$$P\left(a \le \frac{S_n - n\mu}{\sigma\sqrt{n}} \le b\right) = \int_a^b \frac{1}{\sqrt{2\pi}} e^{-\frac{t^2}{2}} dt \quad (n = 1, 2, 3, \dots).$$

したがって，$X_k \sim N(\mu, \sigma^2)$ の場合に中心極限定理（定理 5.2.1）の結論 (5.45) が成り立つことを証明することができた．

次に，各 X_k が一般の分布に従う場合，中心極限定理（定理 5.2.1）を証明するためにはフーリエ変換の手法が必要となり，本書で扱える水準を超える．そのため以下では，各 X_k がベルヌーイ分布 $Be(p)$ に従う場合に，中心極限定理（定理 5.2.1）の特別な場合として知られるド・モアブル–ラプラスの定理（定理 5.2.2）を述べ，初学者にも理解が容易な（フーリエ変換を用いない）証明を概説する．まず，定理 5.2.2 の証明のための準備として，次の補題 5.2.1 を紹介する．

補題 5.2.1 c は定数とする．このとき，任意の実数 x に対して次式が成り立つ．

$$\lim_{\varepsilon \downarrow 0} \frac{(1 + \varepsilon x)^{\frac{1}{\varepsilon}(x + \frac{1}{\varepsilon}) + c}}{\exp\{\frac{x}{\varepsilon} + \frac{1}{2}x^2\}} = 1.$$

[証明] $f(\varepsilon) = (c\varepsilon^2 + x\varepsilon + 1)\log(1 + x\varepsilon) - x\varepsilon$ とおく．このとき，次の計算結果

$$\log\left(\frac{(1 + \varepsilon x)^{\frac{1}{\varepsilon}(x + \frac{1}{\varepsilon}) + c}}{\exp\{\frac{x}{\varepsilon} + \frac{1}{2}x^2\}}\right) = \frac{f(\varepsilon)}{\varepsilon^2} - \frac{x^2}{2},$$

$$\frac{f'(\varepsilon)}{\varepsilon} = (2c\varepsilon + x)\frac{\log(1 + x\varepsilon)}{\varepsilon} + \frac{cx\varepsilon}{1 + x\varepsilon} \to x^2 \quad (\varepsilon \downarrow 0)$$

が成り立つ．したがって，ロピタルの定理より，関係式

$$\lim_{\varepsilon \downarrow 0}\left(\frac{f(\varepsilon)}{\varepsilon^2} - \frac{x^2}{2}\right) = \lim_{\varepsilon \downarrow 0}\left(\frac{f'(\varepsilon)}{2\varepsilon} - \frac{x^2}{2}\right) = \frac{x^2}{2} - \frac{x^2}{2} = 0$$

が成り立ち，結論が得られる． $\square$

次のド・モアブル–ラプラスの定理（定理 5.2.2）は，母比率の区間推定（系 6.3.2）や，母比率の検定（7.4 節）で用いる．

定理 5.2.2（ド・モアブル–ラプラスの定理） (Ω, P) 上の確率変数の列 X_1, $X_2, \dots, X_k, \dots$ は独立で，各 X_k は同じベルヌーイ分布 $Be(p)$ $(0 < p < 1)$ に従うとする．このとき，$q = 1 - p$ かつ $S_n = X_1 + X_2 + \cdots + X_n$ とおけば，$a < b$ をみたす任意の実数 a, b に対して次式が成り立つ．

$$\lim_{n \to \infty} P\left(a \le \frac{S_n - np}{\sqrt{npq}} \le b\right) = \int_a^b \frac{1}{\sqrt{2\pi}} e^{-\frac{t^2}{2}} dt. \tag{5.55}$$

[証明] 系 3.1.1 より，S_n は二項分布 $B(n,p)$ に従う．よって，S_n の標準化 Z_n は

$$Z_n = \frac{S_n - E(S_n)}{\sqrt{V(S_n)}} = \frac{S_n - np}{\sqrt{npq}} \tag{5.56}$$

と表せる．したがって，次式が成り立つ．

$$P\left(a \le \frac{S_n - E(S_n)}{\sqrt{V(S_n)}} \le b\right) = P(np + a\sqrt{npq} \le S_n \le np + b\sqrt{npq})$$

$$= \sum_{k \in D_n(a,b)} \frac{n!}{k!\,(n-k)!}\, p^k q^{n-k}, \tag{5.57}$$

$$D_n(a,b) := \left\{ k \in \{0,1,2,\ldots,n\} \mid np + a\sqrt{npq} \le k \le np + b\sqrt{npq} \right\}.$$

ここで，以下での議論のため，次の記号を準備する．

$$t_k^{(n)} = \frac{k - E(S_n)}{\sigma(S_n)} = \frac{k - np}{\sqrt{npq}}, \quad \Delta t^{(n)} = t_{k+1}^{(n)} - t_k^{(n)} = \frac{1}{\sqrt{npq}},$$

$$\widetilde{D_n}(a,b) = \{t_k^{(n)}\}_{k \in D_n(a,b)}.$$

なお，この記号を用いると，k や $n-k$ は次のように表せる．

$$k = np + \sqrt{npq}\, t_k^{(n)}, \quad n - k = nq - \sqrt{npq}\, t_k^{(n)}. \tag{5.58}$$

まず，次の 2 つの関係式が成り立つ．

$$\lim_{n \to \infty}\left(p + a\sqrt{\frac{pq}{n}}\right) = \lim_{n \to \infty}\left(p + b\sqrt{\frac{pq}{n}}\right) = p, \qquad 0 < \frac{p}{2} < p < 1 - \frac{q}{2} < 1.$$

よって，自然数 N を十分大きく取れば，$n \ge N$ をみたす任意の自然数 n に対して

$$0 < \frac{p}{2} < p + a\sqrt{\frac{pq}{n}} < p + b\sqrt{\frac{pq}{n}} < 1 - \frac{q}{2} < 1$$

をみたすようにできる．したがって，$n \ge N$ をみたす自然数 n に対して不等式

$$\min_{k \in D_n(a,b)} k \ge np + a\sqrt{npq} \ge \frac{np}{2}, \quad \min_{k \in D_n(a,b)} (n-k) \ge nq - b\sqrt{npq} \ge \frac{nq}{2} \tag{5.59}$$

が成り立つ．$p > 0$, $q > 0$ と (5.59) より，$n \to \infty$ のとき，$k \in D_n(a,b)$ であれば $k \to \infty$ や $n - k \to \infty$ がわかる．したがって，n が十分大きく，かつ $k \in D_n(a,b)$ のとき，まずスターリングの公式 (A.45) を用いて，(5.57) の右辺の各項を

$$\frac{n!}{k!\,(n-k!)}\, p^k q^{n-k} \approx \frac{\sqrt{2\pi n}\,(\frac{n}{e})^n}{\sqrt{2\pi k}\,(\frac{k}{e})^k \sqrt{2\pi(n-k)}\,(\frac{n-k}{e})^{n-k}}\, p^k q^{n-k}$$

$$= \frac{1}{\sqrt{2\pi}}\, \Delta t^{(n)} \left(\frac{np}{k}\right)^{k+\frac{1}{2}} \left(\frac{nq}{n-k}\right)^{n-k+\frac{1}{2}} =: w_k^{(n)} \tag{5.60}$$

と近似計算でき，さらに (5.58) と補題 5.2.1 を用いて，(5.60) の $w_k^{(n)}$ を

$$w_k^{(n)} = \frac{1}{\sqrt{2\pi}} \Delta t^{(n)} \left(1 + \frac{\sqrt{q}\, t_k^{(n)}}{\sqrt{np}} \right)^{-\sqrt{np}\,(\sqrt{q}\, t_k^{(n)} + \sqrt{np})-1/2}$$

$$\times \left(1 + \frac{(-\sqrt{p}\, t_k^{(n)})}{\sqrt{nq}} \right)^{-\sqrt{nq}\,((-\sqrt{p}\, t_k^{(n)}) + \sqrt{nq})-1/2}$$

$$\approx \frac{1}{\sqrt{2\pi}} \Delta t^{(n)} \exp\left\{ -\sqrt{np}\,(\sqrt{q}\, t_k^{(n)}) - \frac{1}{2}\,(\sqrt{q}\, t_k^{(n)})^2 \right\}$$

$$\times \exp\left\{ -\sqrt{nq}\,(-\sqrt{p}\, t_k^{(n)}) - \frac{1}{2}\,(-\sqrt{p}\, t_k^{(n)})^2 \right\}$$

$$= \frac{1}{\sqrt{2\pi}} \Delta t^{(n)} \exp\left\{ -\frac{1}{2}\,(t_k^{(n)})^2 \right\} \tag{5.61}$$

と近似計算できる．一方で，n が大きければ，集合 $\widetilde{D_n}(a,b) = \{t_k^{(n)}\}_{k \in D_n(a,b)}$ は，区間 $[a,b]$ を幅 $\Delta t^{(n)}$ で等分割した分割点の集合とみなせる．したがって，このことと (5.60), (5.61) より，n が十分大きければ次の近似計算

$$\sum_{k \in D_n(a,b)} \frac{n!}{k!\,(n-k)!}\, p^k q^{n-k} \approx \sum_{k \in D_n(a,b)} w_k^{(n)}$$

$$\approx \sum_{k \in D_n(a,b)} \frac{1}{\sqrt{2\pi}} \exp\left\{ -\frac{1}{2}(t_k^{(n)})^2 \right\} \cdot \Delta t^{(n)} \approx \int_a^b \frac{1}{\sqrt{2\pi}} \exp\left\{ -\frac{t^2}{2} \right\} dt$$

が成り立ち，結論が得られる．なお，上記の議論を数学的に厳密に行うためには，n が十分大きいとき，(5.60), (5.61) の近似計算の誤差が，$k \in D_n(a,b)$ に依存せずに十分小さいことを証明する必要がある．しかし，この厳密な議論は本書で想定する水準を超えるため割愛する． $\square$

ド・モアブル–ラプラスの定理（定理 5.2.2）と同様に，各 X_k が指数分布 $\mathrm{Exp}(\lambda)$ に従う場合も，初学者にも理解が容易な（フーリエ変換の手法を用いない）中心極限定理の証明が可能である．以下では $X_k \sim \mathrm{Exp}(\lambda)$ の場合の中心極限定理（定理 5.2.3）を紹介し，その証明を概説する．ド・モアブル–ラプラスの定理（定理 5.2.2）の証明だけでなく，定理 5.2.3 の証明も理解できれば，たとえ中心極限定理（定理 5.2.1）を証明することができなくても，読者は「各 X_k が一般の分布に従う場合でも中心極限定理（定理 5.2.1）が成り立つ」ことを推測できるだろう．まず，命題 5.2.2 と補題 5.2.2 で定理 5.2.3 の証明のための準備を行う．

> **命題 5.2.2** (Ω, P) 上の確率変数 $X_1, X_2, \ldots, X_n$ が独立で, 各 X_k が同じ指数分布 $\mathrm{Exp}(\lambda)$ に従うとき, $S_n = X_1 + X_2 + \cdots + X_n$ の密度関数 $f_n(x)$ は
> $$f_n(x) = \begin{cases} \dfrac{\lambda^n}{(n-1)!} \, x^{n-1} e^{-\lambda x} & (x \geq 0) \\ 0 & (x < 0) \end{cases} \tag{5.62}$$
> で与えられ, S_n の平均と分散は $E(S_n) = n/\lambda,\ V(S_n) = n/\lambda^2$ である. なお, (5.62) の密度関数から定まる分布は**ガンマ分布**とよばれる.

[証明] 自然数 n に関する数学的帰納法で証明する. $0! = 1$ に注意すれば $f_1(x)$ は指数分布 $\mathrm{Exp}(\lambda)$ の密度関数であり, よって $n = 1$ の場合は (5.62) が成り立つ. 次に, n で (5.62) が成り立つと仮定する. このとき, $S_{n+1} = S_n + X_{n+1}$ の密度関数を $f_{n+1}(x)$ とおく. 補題 A.6.2 より, $S_n = X_1 + X_2 + \cdots + X_n$ と X_{n+1} は独立である. したがって, 定理 3.2.4 より, $x \geq 0$ のとき $f_{n+1}(x)$ は

$$f_{n+1}(x) = \int_{-\infty}^{\infty} f_n(y) f_1(x-y)\, dy = \int_0^x f_n(y) f_1(x-y)\, dy$$
$$= \frac{\lambda^n \lambda}{(n-1)!} \, e^{-\lambda x} \int_0^x y^{n-1}\, dy = \frac{\lambda^{n+1}}{n!} \, x^n e^{-\lambda x}$$

と計算できて, $x < 0$ のとき $f_{n+1}(x) = \int_{-\infty}^{\infty} f_n(y) f_1(x-y)\, dy = 0$ と計算できる. 以上より, $n+1$ でも (5.62) を示せた. 次に, $X_k \sim \mathrm{Exp}(\lambda)$ のとき, 例 2.3.8 より, $E(X_k) = 1/\lambda$ かつ $V(X_k) = 1/\lambda^2$ である. したがって, 系 3.2.1 と系 3.2.3 より, $E(S_n)$ と $V(S_n)$ は次のように計算できる.

$$E(S_n) = E(X_1) + E(X_2) + \cdots + E(X_n) = n/\lambda,$$
$$V(S_n) = V(X_1) + V(X_2) + \cdots + V(X_n) = n/\lambda^2. \qquad \square$$

> **補題 5.2.2** c は定数とする. このとき, 任意の実数 x に対して次式が成り立つ.
> $$\lim_{\varepsilon \downarrow 0} \frac{(1 + \varepsilon x)^{\frac{1}{\varepsilon^2} + c}}{\exp\{\frac{x}{\varepsilon} - \frac{1}{2}x^2\}} = 1.$$

[証明] $f(\varepsilon) = (c\varepsilon^2 + 1) \log(1 + x\varepsilon) - x\varepsilon$ とおく. このとき, 次の計算結果

$$\log\left(\frac{(1 + \varepsilon x)^{\frac{1}{\varepsilon^2} + c}}{\exp\{\frac{x}{\varepsilon} - \frac{1}{2}x^2\}} \right) = \frac{f(\varepsilon)}{\varepsilon^2} + \frac{x^2}{2},$$

$$\frac{f'(\varepsilon)}{\varepsilon} = 2c\log(1 + x\varepsilon) + \frac{x(c\varepsilon - x)}{1 + x\varepsilon} \to -x^2 \qquad (\varepsilon \downarrow 0)$$

が成り立つ．したがって，ロピタルの定理より，関係式

$$\lim_{\varepsilon \downarrow 0}\left(\frac{f(\varepsilon)}{\varepsilon^2} + \frac{x^2}{2}\right) = \lim_{\varepsilon \downarrow 0}\left(\frac{f'(\varepsilon)}{2\varepsilon} + \frac{x^2}{2}\right) = -\frac{x^2}{2} + \frac{x^2}{2} = 0$$

が成り立ち，結論が得られる． □

次の定理 5.2.3 は，各 X_k が指数分布 $\mathrm{Exp}(\lambda)$ に従う場合の中心極限定理である．

定理 5.2.3　(Ω, P) 上の確率変数の列 $X_1, X_2, \ldots, X_k, \ldots$ は独立で，各 X_k は指数分布 $\mathrm{Exp}(\lambda)$ に従うとする．このとき，$S_n = X_1 + X_2 + \cdots + X_n$ とおくと，$a < b$ をみたす任意の実数 a, b に対して，次式が成り立つ．

$$\lim_{n\to\infty} P\left(a \leq \left(S_n - \frac{n}{\lambda}\right)\bigg/ \frac{\sqrt{n}}{\lambda} \leq b\right) = \int_a^b \frac{1}{\sqrt{2\pi}}\, e^{-\frac{t^2}{2}}\, dt. \qquad (5.63)$$

[証明]　命題 5.2.2 より，S_n の標準化 Z_n は

$$Z_n = \frac{S_n - E(S_n)}{\sqrt{V(S_n)}} = \left(S_n - \frac{n}{\lambda}\right)\bigg/ \frac{\sqrt{n}}{\lambda}$$

と表せる．よって，(5.62) で与えられる「S_n の密度関数」$f_n(x)$ を用いると，次式

$$P(a \leq Z_n \leq b) = P\left(\frac{a\sqrt{n} + n}{\lambda} \leq S_n \leq \frac{b\sqrt{n} + n}{\lambda}\right)$$

$$= \int_{\frac{a\sqrt{n}+n}{\lambda}}^{\frac{b\sqrt{n}+n}{\lambda}} f_n(x)\, dx = \int_a^b \frac{\sqrt{n}}{\lambda} f_n\left(\frac{t\sqrt{n} + n}{\lambda}\right) dt \quad \left(x = \frac{t\sqrt{n} + n}{\lambda}\right)$$

が成り立つ．したがって，Z_n の密度関数 $g_n(t)$ は

$$g_n(t) = \frac{\sqrt{n}}{\lambda} f_n\left(\frac{t\sqrt{n} + n}{\lambda}\right) = c_n h_n(t),$$

$$c_n = \frac{n^{n-1/2}\, e^{-n}}{(n-1)!}, \quad h_n(t) = \begin{cases} e^{-\sqrt{n}\, t}\left(1 + \frac{t}{\sqrt{n}}\right)^{n-1} & (t > -\sqrt{n}) \\ 0 & (t \leq -\sqrt{n}) \end{cases}$$

で与えられる．まず，スターリングの公式 (A.45) より，次が成り立つ．

$$c_n = \frac{1}{\sqrt{2\pi}} \frac{\sqrt{2\pi n}}{n!}\left(\frac{n}{e}\right)^n \to \frac{1}{\sqrt{2\pi}} \quad (n \to \infty). \qquad (5.64)$$

次に，実数 t を任意に取り固定する．このとき，自然数 n を十分大きく取れば $t > -\sqrt{n}$ をみたすため，補題 5.2.2 より，次式が成り立つ．

$$\lim_{n\to\infty} h_n(t) = \lim_{n\to\infty} e^{-\sqrt{n}\,t}\left(1 + \frac{t}{\sqrt{n}}\right)^{n-1}$$

$$= \exp\left\{-\frac{t^2}{2}\right\} \lim_{n\to\infty} \frac{(1 + t/\sqrt{n})^{n-1}}{\exp\{\sqrt{n}\,t - t^2/2\}} = \exp\left\{-\frac{t^2}{2}\right\}. \quad (5.65)$$

したがって，(5.64) と (5.65) より，任意の実数 t に対して，次式

$$\lim_{n\to\infty} g_n(t) = \frac{1}{\sqrt{2\pi}} \exp\left\{-\frac{t^2}{2}\right\} \tag{5.66}$$

が成り立つ．なお，$t > -\sqrt{n}$ のとき，$\log h_n(t)$ の微分は次のように計算できる．

$$\frac{h_n'(t)}{h_n(t)} = \frac{d}{dt} \log h_n(t) = -\frac{\sqrt{n}\,t + 1}{t + \sqrt{n}} \quad (t > -\sqrt{n}).$$

したがって，$t = -1/\sqrt{n}$ のとき関数 $h_n(t)$ は最大値を取り，次の不等式

$$\max_{-\infty < t < \infty} h_n(t) = h_n\left(-\frac{1}{\sqrt{n}}\right) = e(1 - 1/n)^{n-1} < e \tag{5.67}$$

が成り立つ．ここで，(5.64) より，自然数 N を十分大きく取れば，$n \geq N$ をみたす任意の自然数 n に対し $c_n \leq 2/\sqrt{2\pi}$ が成り立つようにできる．したがって，このことと (5.67) より，次の不等式が成り立つ．

$$\max_{-\infty < t < \infty} g_n(t) < \frac{2e}{\sqrt{2\pi}} < \infty \quad (n \geq N). \tag{5.68}$$

なお，(5.66), (5.68) の 2 条件がそろえば，極限と積分の順序を交換して

$$\lim_{n\to\infty} \int_a^b g_n(t)\,dt = \int_a^b \lim_{n\to\infty} g_n(t)\,dt$$

と計算してよいことが知られている．したがって，次式

$$\lim_{n\to\infty} P(a \leq Z_n \leq b) = \int_a^b \lim_{n\to\infty} g_n(t)\,dt = \int_a^b \frac{1}{\sqrt{2\pi}} \exp\left\{-\frac{t^2}{2}\right\} dt$$

が成り立つことがわかり，結論が得られる．なお，上記の極限と積分の順序を交換する議論は，ルベーグ積分論における優収束定理を用いて正当化できる．興味を持たれた読者は本書の次のステップとして勉強してもらいたい．　　　　　□

演 習 問 題

演習 5.1　1 枚の硬貨を 10000 回続けて投げるとき，表が 4900〜5100 回出る確率の近似値を求めよ．

演習 5.2　成功確率が p $(0 < p < 1)$ の試行を n 回続けて繰り返すとき，成功の回数を S_n とする．十分小さい正の数 $\varepsilon > 0$ に対して，n がどの程度の大きさ以上であれば

$$P\left(\left|\frac{S_n}{n} - p\right| \leq \varepsilon\right) \geq 0.95$$

が成り立つか．n は十分大きいと仮定し，中心極限定理を用いて考察せよ．

演習 5.3　1 個のさいころを n 回続けて投げるとき，1 の目が出る回数を S_n とする．このとき，中心極限定理と表 C.1 を用いて，以下の問に有効数字 4 桁まで答えよ．（ヒント：系 3.1.1 と例 2.3.4.）

(1)　$n = 2000$ の場合で，$\left|\dfrac{S_n}{n} - \dfrac{1}{6}\right| \leq \dfrac{1}{60}$ となる確率を求めよ．

(2)　$\left|\dfrac{S_n}{n} - \dfrac{1}{6}\right| \leq 0.03$ となる確率が 0.95 以上になるためには，n をどのくらい大きくすればよいか．

演習 5.4　(Ω, P) 上の確率変数の列 $X_1, X_2, \ldots, X_k, \ldots$ は独立であり，各 X_k は $N(0, 1)$ に従うとする．このとき，$a < b$ に対して次の極限を求めよ．

$$\lim_{n \to \infty} P\left(a \leq \frac{X_1 + X_2 + \cdots + X_n}{n} \leq b\right).$$

演習 5.5　(Ω, P) 上の確率変数の列 $X_1, X_2, \ldots, X_k, \ldots$ は独立であり，各 X_k は正規分布 $N(\mu, \sigma^2)$ に従うとする．このとき，以下の問に答えよ．

(1)　$P\left(\displaystyle\lim_{n \to \infty} \frac{X_1^2 + X_2^2 + \cdots + X_n^2}{e^{X_1} + e^{X_2} + \cdots + e^{X_n}} = m\right) = 1$ をみたす m を求めよ．

(2)　任意の $a < b$ に対し，次式が成り立つように c_n, d_n を求めよ．

$$\lim_{n \to \infty} P\left(a \leq \frac{e^{X_1} + e^{X_2} + \cdots + e^{X_n} - c_n}{d_n} \leq b\right) = \int_a^b \frac{1}{\sqrt{2\pi}}\, e^{-\frac{t^2}{2}}\, dt.$$

演習 5.6　表の出る確率が p $(0 < p < 1)$ である 1 枚のコインがある．このコインを何回も続けて投げるとき，n 回目までに表が出る回数を H_n，裏の出る回数を T_n と表す．このとき，$q = 1 - p$ とおき，以下の問に答えよ．

(1)　$P(\lim_{n \to \infty} H_n = \infty) = P(\lim_{n \to \infty} T_n = \infty) = 1$ を示せ．

(2)　$P(\lim_{n \to \infty} H_n/T_n = \mu) = 1$ をみたす実数 μ を求めよ．（ヒント：系 1.2.1.）

(3)　任意の $\varepsilon > 0$ に対して次式が成り立つことを証明せよ．

$$\lim_{n \to \infty} P\left(p - q - \varepsilon \leq \frac{H_n - T_n}{n} \leq p - q + \varepsilon\right) = 1.$$

第 6 章

統 計 的 推 定

この章では，統計的推定で必要となる統計量の性質を紹介する．また，これらの統計量と，標本調査で得られた標本データを利用して，未知パラメータである母数を推測する「統計的推定の考え方」を解説する．

調査の対象とする集合から得られる特性値（数値）の集まりは**母集団**とよばれ，その値の分布は**母集団分布**とよばれる．母集団の**大きさ**（データの個数）が小さい場合は，母集団分布そのものや，母集団分布の代表値（平均や分散など）を直接調べることができ，この調査方法は**全数調査**とよばれる．全数調査では，4 章で紹介した記述統計の考え方を用いて母集団のデータの特徴を明らかにする．これに対して，「母集団の大きさ」が大きく，母集団すべてを調べることが困難なとき，母集団から無作為に**標本**を抽出し，この標本を調べることにより元の母集団の特徴を推測する調査方法がある．この調査方法は**標本調査**とよばれ，標本調査に基づいて行われる（統計的推定や統計的仮説検定などの）統計分析手法は**推測統計**とよばれる．6 章と 7 章では，この推測統計の考え方を紹介する．

n 個の標本を取る操作は，確率空間 (Ω, P) 上の確率変数 $X_1, X_2, \ldots, X_n$ で表すことができ，これら n 個の確率変数は**標本変量**とよばれ，n は**標本の大きさ**，または**標本サイズ**とよばれる．なお，X_k は k 番目に標本を取る操作を表し，X_k の実現値（観測値）は小文字 x_k で表す．この標本変量の n 個の実現値 $x_1, x_2, \ldots, x_n$ は（大きさ n の）**標本データ**とよばれる．6 章と 7 章で紹介する推測統計では，母集団の大きさは標本の大きさ n より十分大きく，かつ標本は無作為に抽出する（つまり，母集団の各要素を等しい確率で抽出する）ことを想定する．そのため，6 章と 7 章では，標本変量 $X_1, X_2, \ldots, X_n$ は独立であり（**独立性**），かつ各 X_k の分布は母集団分布と同じであると仮定する（**同分布性**）．本書では，独立性と同分布性の 2 つの性質をみたす標本変量を，こ

の母集団からの（大きさ n の）**無作為標本**とよぶ.

　母集団分布を特徴付ける定数（またはベクトル）は**母数**とよばれ，一般には母数を θ，母集団分布を D_θ という記号で表す. 6 章と 7 章では，多くの場合，母集団分布には有限な平均，分散，標準偏差が存在すると仮定している. このとき，これらの母数をそれぞれ**母平均，母分散，母標準偏差**とよび，それぞれ記号 μ, σ^2, σ で表す. 一般に，母集団分布が D_θ のとき，その母集団を D_θ 母集団とよぶ. なお，母集団分布が正規分布 $N(\mu, \sigma^2)$ のとき，その母集団を正規母集団 $N(\mu, \sigma^2)$ ともよぶ. 同様に，母集団分布が指数分布 $\mathrm{Exp}(\lambda)$ のとき，その母集団を指数母集団 $\mathrm{Exp}(\lambda)$ ともよぶ. 他にも，母集団分布がベルヌーイ分布 $Be(p)$ のとき，母数 p を**母比率**とよび，その母集団を二項母集団 $Be(p)$ ともよぶ.

6.1　標 本 分 布

　標本変量から計算できる量を統計量とよぶ. 統計量は標本データごとに値が変動する確率変数である. 統計量の分布を特に標本分布とよぶ.

定義 6.1.1　（**統計量と標本分布**）　標本変量 $X_1, X_2, \ldots, X_n$ の関数 $T_n = T(X_1, X_2, \ldots, X_n)$ を**統計量**といい，統計量 T_n が従う分布を**標本分布**とよぶ. $X_1, X_2, \ldots, X_n$ にそれぞれの実現値 $x_1, x_2, \ldots, x_n$ を代入した統計量の実現値は，小文字で $t_n = T(x_1, x_2, \ldots, x_n)$ と表す. 特に，母数 θ を推定する目的で使われる統計量 T_n を θ の**推定量**とよび，その実現値 t_n を θ の**推定値**とよぶ.

注意 6.1.1　定義 6.1.1 において，各 X_k は (Ω, P) 上の確率変数であるため，統計量 T_n も (Ω, P) 上の確率変数であり，

$$T_n(\omega) = T(X_1(\omega), X_2(\omega), \ldots, X_n(\omega)) \quad (\omega \in \Omega)$$

と定義される（記号 2.1.1）.

　本節では，ある母集団からの大きさ n の無作為標本 $X_1, X_2, \ldots, X_n$ を考え，母平均 $\mu = E(X_k)$ が存在し，母分散 $\sigma^2 = V(X_k)$ が有限とする. 以下では，

次の 3 つの基本的な統計量の標本分布に関する結果を紹介する.

$$\text{標本平均}: \overline{X}_n = \frac{1}{n}\sum_{k=1}^{n} X_k \tag{6.1}$$

$$\widehat{s}_n^2 = \frac{1}{n}\sum_{k=1}^{n}(X_k - \mu)^2 \tag{6.2}$$

$$\text{不偏標本分散}: U_n^2 = \frac{1}{n-1}\sum_{k=1}^{n}(X_k - \overline{X}_n)^2 \qquad (n \geq 2) \tag{6.3}$$

なお,(6.3) で定義した不偏標本分散 U_n^2 の U は,不偏標本分散を意味する unbiased sample variance の頭文字である.

本節で紹介する結果は,統計的推測の考え方の基礎を与える.まず,例 3.2.7 より,$E(\overline{X}_n) = \mu$ かつ $V(\overline{X}_n) = \sigma^2/n$ である.次に,系 3.2.1 より,次式

$$E(\widehat{s}_n^2) = \frac{1}{n}\sum_{k=1}^{n}E((X_k - \mu)^2) = \frac{1}{n}\sum_{k=1}^{n}\sigma^2 = \sigma^2 \tag{6.4}$$

が成り立つ.次に,$E(U_n^2)$ を計算する.まず,系 3.2.1 より,次の式変形

$$E\left(\sum_{k=1}^{n}(X_k - \overline{X}_n)^2\right) = \sum_{k=1}^{n}E((X_k - \mu + \mu - \overline{X}_n)^2)$$

$$= \sum_{k=1}^{n}E((X_k - \mu)^2) + \sum_{k=1}^{n}E((\overline{X}_n - \mu)^2) - 2\sum_{k=1}^{n}E((X_k - \mu)(\overline{X}_n - \mu))$$

$$= n\sigma^2 + nV(\overline{X}_n) - 2\sum_{k=1}^{n}E((X_k - \mu)(\overline{X}_n - \mu)) \tag{6.5}$$

が成り立つ.ここで,$X_1, X_2, \ldots, X_n$ は独立であるため,$\mathrm{Cov}(X_k, X_j) = 0$ $(k \neq j)$ である.したがって,次の計算結果

$$E((X_k - \mu)(\overline{X}_n - \mu)) = \frac{1}{n}\sum_{j=1}^{n}E((X_k - \mu)(X_j - \mu))$$

$$= \frac{1}{n}V(X_k) + \frac{1}{n}\sum_{\substack{1 \leq j \leq n \\ j \neq k}}\mathrm{Cov}(X_k, X_j) = \frac{\sigma^2}{n} \tag{6.6}$$

が得られる.(6.5), (6.6) および $V(\overline{X}_n) = \sigma^2/n$ より,次式が成り立つ.

$$E\left(\sum_{k=1}^{n}(X_k-\overline{X}_n)^2\right)=n\sigma^2+nV(\overline{X}_n)-2n\frac{\sigma^2}{n}=(n-1)\sigma^2,$$

$$E(U_n^2)=\frac{1}{n-1}\,E\left(\sum_{k=1}^{n}(X_k-\overline{X}_n)^2\right)=\sigma^2. \tag{6.7}$$

ここまでの計算結果を表 6.1 にまとめる.

表 6.1　基本的な統計量とその平均（分散）.

定義	平均（分散）	名称
$\overline{X}_n=\frac{1}{n}\sum_{k=1}^{n}X_k$	$E(\overline{X}_n)=\mu\;(V(\overline{X}_n)=\sigma^2/n)$	標本平均
$\widehat{s}_n^2=\frac{1}{n}\sum_{k=1}^{n}\left(X_k-\mu\right)^2$	$E(\widehat{s}_n^2)=\sigma^2$	
$U_n^2=\frac{1}{n-1}\sum_{k=1}^{n}\left(X_k-\overline{X}_n\right)^2$	$E(U_n^2)=\sigma^2$	不偏標本分散

注意 6.1.2　(6.3) の U_n^2 の分布の理論的性質（定理 6.1.2）を理解するためには, (6.2) の $\widehat{s}_n^2$ の分布の理論的性質（定理 6.1.1）を先に理解しておくことが望ましい. そのため, 本書では $\widehat{s}_n^2$ を基本的な統計量の 1 つとして取り上げて解説する. しかし, μ の値が未知の場合は, $X_1,X_2,\ldots,X_n$ の値が定まっても $\widehat{s}_n^2$ の数値を具体的に計算できない. そのため, U_n^2 と比較すると, $\widehat{s}_n^2$ は区間推定や統計的仮説検定での応用の機会が限られる. この点については, 注意 7.2.1 および注意 7.3.2 を参照されたい.

　次に紹介する定理 6.1.1 と定理 6.1.2 は, 区間推定や統計的仮説検定で必要となる重要な定理である. 定理 6.1.2 は結果を理解できれば十分であり, 証明はとばして読み進めても問題ない. ただし, 証明を理解したい方のために詳しく解説する. 定理 6.1.2 の証明を理解するために必要な知識は, A.14 節や A.17 節を参照されたい.

　定理 6.1.1　$N(\mu,\sigma^2)$ 母集団からの大きさ n の無作為標本を $X_1,$ $X_2,\ldots,X_n$ とする. このとき, (6.1), (6.2) で定めた $\overline{X}_n$ と $\widehat{s}_n^2$ に対して次が成り立つ.

$$(1)\quad \frac{n\widehat{s}_n^2}{\sigma^2}=\sum_{k=1}^{n}\left(\frac{X_k-\mu}{\sigma}\right)^2\sim\chi^2(n) \tag{6.8}$$

$$(2) \quad \frac{\sqrt{n}\,(\overline{X}_n - \mu)}{\sigma} \sim N(0,1) \qquad (6.9)$$

[証明]　まず，例 3.2.7 の (3.21) より，(6.9) が成り立つ．次に，各 k に対して $Z_k = (X_k - \mu)/\sigma$ とおく．注意 2.1.6 より，各 Z_k は $N(0,1)$ に従い，補題 3.1.1 より，$Z_1, Z_2, \ldots, Z_n$ は独立である．したがって，定義 3.2.8 より，(6.8) が成り立つ．　□

定理 6.1.1 の (6.9) の分母の σ を $\sqrt{U_n^2}$ に置き換えると，次の定理 6.1.2 の (6.11) となる．

定理 6.1.2　$N(\mu, \sigma^2)$ 母集団からの大きさ n の無作為標本を X_1, $X_2, \ldots, X_n$ とする $(n \geq 2)$．このとき，(6.1), (6.3) で定めた $\overline{X}_n$ と U_n^2 は独立であり，次が成り立つ．

$$(1) \quad \frac{(n-1)U_n^2}{\sigma^2} = \frac{1}{\sigma^2}\sum_{k=1}^{n}\left(X_k - \overline{X}_n\right)^2 \sim \chi^2(n-1) \quad (6.10)$$

$$(2) \quad \frac{\sqrt{n}\,(\overline{X}_n - \mu)}{\sqrt{U_n^2}} \sim t(n-1) \qquad (6.11)$$

[証明]　まず，$\mu = 0$, $\sigma^2 = 1$ の場合に，「$\overline{X}_n$ と U_n^2 の独立性」と (6.10) が成り立つことを証明する．A.17 節の例 A.17.1 より，「1 行目の要素がすべて $1/\sqrt{n}$ である直交行列」が存在する．この直交行列を Q とおくと，命題 A.17.1 および注意 A.17.1 より，Q の逆行列 Q^{-1} が存在し，Q^{-1} も直交行列であり，$|\det Q^{-1}| = 1$ が成り立つ．ここで変数変換 $T\colon (x_1, x_2, \ldots, x_n) \to (y_1, y_2, \ldots, y_n)$ を

$$\begin{pmatrix} y_1 \\ y_2 \\ \vdots \\ y_n \end{pmatrix} = Q \begin{pmatrix} x_1 \\ x_2 \\ \vdots \\ x_n \end{pmatrix} = \begin{pmatrix} \frac{1}{\sqrt{n}} & \frac{1}{\sqrt{n}} & \cdots & \frac{1}{\sqrt{n}} \\ * & * & \cdots & * \\ \vdots & \vdots & \ddots & \vdots \\ * & * & \cdots & * \end{pmatrix} \begin{pmatrix} x_1 \\ x_2 \\ \vdots \\ x_n \end{pmatrix} \qquad (6.12)$$

と定め，n 変量確率変数 $(Y_1, Y_2, \ldots, Y_n)$ を

$$(Y_1, Y_2, \ldots, Y_n) = T(X_1, X_2, \ldots, X_n)$$

と定める．このとき，(6.12) より，Y_1 は

$$Y_1 = \frac{1}{\sqrt{n}}\left(X_1 + X_2 + \cdots + X_n\right) \tag{6.13}$$

と表せる. また, n 変数関数 $g(x_1, x_2, \ldots, x_n)$ を

$$g(x_1, x_2, \ldots, x_n) = \frac{1}{(2\pi)^{\frac{n}{2}}} \exp\left\{-\frac{1}{2}\sum_{k=1}^{n} x_k^2\right\} \tag{6.14}$$

と定める. このとき, 系 3.4.2 より, 任意の区間 I_i $(1 \le i \le n)$ に対して

$$
\begin{aligned}
&P(Y_1 \in I_1, Y_2 \in I_2, \ldots, Y_n \in I_n)\\
&= P(T(X_1, X_2, \ldots, X_n) \in I_1 \times I_2 \times \cdots \times I_n)\\
&= P((X_1, X_2, \ldots, X_n) \in T^{-1}(I_1 \times I_2 \times \cdots \times I_n))\\
&= \int \cdots \int_{T^{-1}(I_1 \times I_2 \times \cdots \times I_n)} g(x_1, x_2, \ldots, x_n)\, dx_1 dx_2 \cdots dx_n \tag{6.15}
\end{aligned}
$$

が成り立つ. 次に, (6.15) と重積分の変数変換公式 (A.82) より, 次式

$$
\begin{aligned}
&P(Y_1 \in I_1, \ldots, Y_n \in I_n)\\
&= \int \cdots \int_{I_1 \times \cdots \times I_n} g(T^{-1}(y_1, \ldots, y_n))\big|J(y_1, \ldots, y_n)\big|\, dy_1 \cdots dy_n \tag{6.16}
\end{aligned}
$$

を得る. ここで, (6.12) と (A.74) より, T の逆変換 $(x_1, x_2, \ldots, x_n) = T^{-1}(y_1, y_2, \ldots, y_n)$ は, 次の関係式をみたす.

$$
\begin{pmatrix} x_1 \\ x_2 \\ \vdots \\ x_n \end{pmatrix} = Q^{-1} \begin{pmatrix} y_1 \\ y_2 \\ \vdots \\ y_n \end{pmatrix}, \quad
\begin{pmatrix}
\frac{\partial x_1}{\partial y_1} & \frac{\partial x_1}{\partial y_2} & \cdots & \frac{\partial x_1}{\partial y_n}\\
\frac{\partial x_2}{\partial y_1} & \frac{\partial x_2}{\partial y_2} & \cdots & \frac{\partial x_2}{\partial y_n}\\
\vdots & \vdots & \ddots & \vdots\\
\frac{\partial x_n}{\partial y_1} & \frac{\partial x_n}{\partial y_2} & \cdots & \frac{\partial x_n}{\partial y_n}
\end{pmatrix} = Q^{-1}. \tag{6.17}
$$

この関係式 (6.17) より, ヤコビアン $J(y_1, y_2, \ldots, y_n)$ は

$$
J(y_1, y_2, \ldots, y_n) = \det
\begin{pmatrix}
\frac{\partial x_1}{\partial y_1} & \frac{\partial x_1}{\partial y_2} & \cdots & \frac{\partial x_1}{\partial y_n}\\
\frac{\partial x_2}{\partial y_1} & \frac{\partial x_2}{\partial y_2} & \cdots & \frac{\partial x_2}{\partial y_n}\\
\vdots & \vdots & \ddots & \vdots\\
\frac{\partial x_n}{\partial y_1} & \frac{\partial x_n}{\partial y_2} & \cdots & \frac{\partial x_n}{\partial y_n}
\end{pmatrix} = \det Q^{-1}
$$

と表せる. このことと, $|\det Q^{-1}| = 1$ より, 次式が成り立つ.

$$\big|J(y_1, y_2, \ldots, y_n)\big| = |\det Q^{-1}| = 1. \tag{6.18}$$

また, Q^{-1} は直交行列であるため, (6.17) と命題 A.17.1 (4) より, T の逆変換

$(x_1, x_2, \ldots, x_n) = T^{-1}(y_1, y_2, \ldots, y_n)$ は $\sum_{k=1}^{n} x_k^2 = \sum_{k=1}^{n} y_k^2$ をみたす. よって, (6.14) で定義した n 変数関数 $g(x_1, x_2, \ldots, x_n)$ に対し, 次式

$$g(T^{-1}(y_1, y_2, \ldots, y_n)) = g(x_1, x_2, \ldots, x_n) = g(y_1, y_2, \ldots, y_n) \qquad (6.19)$$

が成り立つ. (6.16), (6.18), (6.19) より, 次式が成り立つ.

$$P(Y_1 \in I_1, Y_2 \in I_2, \ldots, Y_n \in I_n)$$
$$= \iint \cdots \int_{I_1 \times I_2 \times \cdots \times I_n} g(y_1, y_2, \ldots, y_n) \, dy_1 dy_2 \cdots dy_n. \qquad (6.20)$$

(6.20) と系 3.4.2 より, $Y_1, Y_2, \ldots, Y_n$ は独立で, 各 Y_k は $N(0,1)$ に従う. ここで, Q は直交行列であるため, (6.12) と命題 A.17.1 (4) より, $(Y_1, \ldots, Y_n) = T(X_1, \ldots, X_n)$ は $\sum_{k=1}^{n} X_k^2 = \sum_{k=1}^{n} Y_k^2$ をみたす. したがって, このことと (6.13) より,

$$\sum_{k=1}^{n}(X_k - \overline{X}_n)^2 = \sum_{k=1}^{n} X_k^2 - 2\overline{X}_n \sum_{k=1}^{n} X_k + n\overline{X}_n^2 = \sum_{k=1}^{n} X_k^2 - n\overline{X}_n^2$$
$$= \sum_{k=1}^{n} Y_k^2 - \left(\sum_{k=1}^{n} \frac{1}{\sqrt{n}} X_k\right)^2 = \sum_{k=1}^{n} Y_k^2 - Y_1^2 = \sum_{k=2}^{n} Y_k^2$$

と計算できる. 以上より, $\sum_{k=1}^{n}(X_k - \overline{X}_n)^2 = \sum_{k=2}^{n} Y_k^2$ が $\chi^2(n-1)$ に従うことがわかり, (6.10) が成り立つことを証明できた. また, $Y_1, Y_2, \ldots, Y_n$ が独立であることと, 補題 A.6.2 より, 次の 2 つの確率変数

(r_1) $\quad \overline{X}_n = \dfrac{1}{\sqrt{n}} \cdot \dfrac{X_1 + X_2 + \cdots + X_n}{\sqrt{n}} = \dfrac{1}{\sqrt{n}} Y_1,$

(r_2) $\quad U_n^2 = \dfrac{1}{n-1} \displaystyle\sum_{k=1}^{n}(X_k - \overline{X}_n)^2 = \dfrac{1}{n-1}(Y_2^2 + Y_3^2 + \cdots + Y_n^2)$

は独立である. 以上の結論をまとめると, $\mu = 0$, $\sigma^2 = 1$ の場合に, 「$\overline{X}_n$ と U_n^2 の独立性」と (6.10) が成り立つことを証明できた.

次に, μ と σ^2 の値が一般の場合に, 「$\overline{X}_n$ と U_n^2 の独立性」と (6.10) が成り立つことを証明する. 各 k に対し $Z_k = (X_k - \mu)/\sigma$ とおく. 注意 2.1.6 より, 各 Z_k は $N(0,1)$ に従い, 補題 3.1.1 より, $Z_1, Z_2, \ldots, Z_n$ は独立である. したがって, この証明の前半で得られた結果 ($\mu = 0$, $\sigma^2 = 1$ の場合の (6.10)) より, 次の関係式

$$\frac{(n-1)U_n^2}{\sigma^2} = \frac{1}{\sigma^2} \sum_{k=1}^{n}(X_k - \overline{X}_n)^2 = \sum_{k=1}^{n}(Z_k - \overline{Z}_n)^2 \sim \chi^2(n-1)$$

が成り立つこと, および次の 2 つの確率変数

$$(r_3)\quad \frac{1}{\sigma}(\overline{X}_n - \mu) = \frac{1}{n}\sum_{k=1}^{n} Z_k = \overline{Z}_n,$$

$$(r_4)\quad \frac{U_n^2}{\sigma^2} = \frac{1}{n-1}\sum_{k=1}^{n}(Z_k - \overline{Z}_n)^2$$

が独立であることがわかる．ここで，(r_3) と (r_4) の確率変数が独立であることと，補題 3.1.1 より，「$\overline{X}_n$ と U_n^2 の独立性」もわかる．

最後に (6.11) が成り立つことを証明する．(6.9) より，$X = \sqrt{n}\,(\overline{X}_n - \mu)/\sigma$ は $N(0,1)$ に従い，(6.10) より，$Y = (n-1)U_n^2/\sigma^2$ は $\chi^2(n-1)$ に従う．$\overline{X}_n$ と U_n^2 が独立であるため，補題 3.1.1 より，X と Y も独立である．したがって，$T = X/\sqrt{Y/(n-1)}$ は自由度 $n-1$ の t-分布に従い，次式が成り立つ．

$$T = \frac{X}{\sqrt{Y/(n-1)}} = \frac{\sqrt{n}\,(\overline{X}_n - \mu)}{\sqrt{U_n^2}} \sim t(n-1). \qquad \square$$

6.3 節において**母比率**の区間推定を行うためには，次の定理 6.1.3 が必要となる．

定理 6.1.3　$0 < p < 1$ とし，$X_1, X_2, \ldots, X_n$ を二項母集団 $Be(p)$ からの大きさ n の無作為標本とする．このとき，$\overline{p}_n := \overline{X}_n = \frac{1}{n}\sum_{k=1}^{n} X_k$ とおくと，任意の $a < b$ に対して次式が成り立つ．

$$\lim_{n\to\infty} P\left(a \le \frac{\sqrt{n}\,(\overline{p}_n - p)}{\sqrt{\overline{p}_n(1 - \overline{p}_n)}} \le b\right) = \int_a^b \frac{1}{\sqrt{2\pi}}\, e^{-\frac{t^2}{2}}\, dt.$$

[証明]　例 3.2.7 より，$E(\overline{p}_n) = p$ かつ $V(\overline{p}_n) = p(1-p)/n$ である．よって，$\overline{p}_n$ の標準化は次のように計算できる．

$$\frac{\overline{p}_n - E(\overline{p}_n)}{\sqrt{V(\overline{p}_n)}} = \frac{\sqrt{n}\,(\overline{p}_n - p)}{\sqrt{p(1-p)}} = \frac{X_1 + X_2 + \cdots + X_n - np}{\sqrt{np(1-p)}}.$$

したがって，定理 5.2.1（中心極限定理）または定理 5.2.2（ド・モアブル–ラプラスの定理）より，次式が成り立つ．

$$\lim_{n\to\infty} P\left(a \le \frac{\sqrt{n}\,(\overline{p}_n - p)}{\sqrt{p(1-p)}} \le b\right) = \int_a^b \frac{1}{\sqrt{2\pi}}\, e^{-\frac{t^2}{2}}\, dt. \qquad (6.21)$$

一方で，大数の強法則より，次の関係式が成り立つ．

$$P\left(\lim_{n\to\infty} \overline{p}_n = p\right) = 1. \tag{6.22}$$

ここで, $\lim_{n\to\infty} \overline{p}_n(\omega) = p$ が成り立つとき, 関係式

$$\lim_{n\to\infty} \frac{\sqrt{p(1-p)}}{\sqrt{\overline{p}_n(\omega)(1-\overline{p}_n(\omega))}} = \frac{\sqrt{p(1-p)}}{\sqrt{p(1-p)}} = 1$$

が得られる. したがって, 事象の包含関係

$$\left\{\omega \in \Omega \ \middle| \ \lim_{n\to\infty} \overline{p}_n(\omega) = p\right\} \subset \left\{\omega \in \Omega \ \middle| \ \lim_{n\to\infty} \frac{\sqrt{p(1-p)}}{\sqrt{\overline{p}_n(\omega)(1-\overline{p}_n(\omega))}} = 1\right\}$$

が成り立つ. この事象の包含関係と (6.22) より, 不等式

$$1 = P\left(\lim_{n\to\infty} \overline{p}_n = p\right) \leq P\left(\lim_{n\to\infty} \frac{\sqrt{p(1-p)}}{\sqrt{\overline{p}_n(1-\overline{p}_n)}} = 1\right) \tag{6.23}$$

が成り立つ. したがって, (6.23) より, 次式

$$P\left(\lim_{n\to\infty} \frac{\sqrt{p(1-p)}}{\sqrt{\overline{p}_n(1-\overline{p}_n)}} = 1\right) = 1 \tag{6.24}$$

が得られる. (6.21) と (6.24) を組み合わせると, 次の結論

$$\lim_{n\to\infty} P\left(a \leq \frac{\sqrt{n}\,(\overline{p}_n - p)}{\sqrt{\overline{p}_n(1-\overline{p}_n)}} \leq b\right)$$

$$= \lim_{n\to\infty} P\left(a \leq \frac{\sqrt{n}\,(\overline{p}_n - p)}{\sqrt{p(1-p)}} \cdot \frac{\sqrt{p(1-p)}}{\sqrt{\overline{p}_n(1-\overline{p}_n)}} \leq b\right)$$

$$= \lim_{n\to\infty} P\left(a \leq \frac{\sqrt{n}\,(\overline{p}_n - p)}{\sqrt{p(1-p)}} \cdot 1 \leq b\right) = \int_a^b \frac{1}{\sqrt{2\pi}}\, e^{-\frac{t^2}{2}}\, dt \tag{6.25}$$

が得られる. なお, (6.21) と (6.24) を組み合わせて結論 (6.25) を導く議論は, スラッキーの定理を用いることで正当化できる. 興味を持たれた読者は本書の次のステップとして勉強してもらいたい. □

6.2 点 推 定

　母数 θ の推定量 $T_n = T(X_1, X_2, \ldots, X_n)$ を決めて,「標本変量 $X_1, X_2, \ldots, X_n$ の実現値 $x_1, x_2, \ldots, x_n$ から求められる 1 つの推定値 $t_n = T(x_1, x_2, \ldots, x_n)$ が θ である」と推測するのが点推定の考え方である.

　推定量のばらつきの大きさを測定するための指標（ものさし）として，分散 $V(T_n)$ や標準偏差

$$\mathrm{se}(T_n) := \sqrt{V(T_n)} = \sqrt{E((T_n - E(T_n))^2)}$$

などが用いられ，$\mathrm{se}(T_n)$ は推定量 T_n の**標準誤差 (standard error)** ともよばれる．母数 θ が実数値のとき，θ と推定量 T_n との「近さ」を測るために，

$$\mathrm{MSE}(T_n, \theta) = E((T_n - \theta)^2)$$

を用いることにし，この $\mathrm{MSE}(T_n, \theta)$ を「θ の推定量 T_n に対する**平均二乗誤差 (mean squared error)**」とよぶ．$\mathrm{MSE}(T_n, \theta)$ が小さいほど「T_n は θ の良い推定量である」と考えられる．母数 θ の真の値が未知のとき，一般には $\mathrm{MSE}(T_n, \theta)$ の値を計算できない．$\mathrm{MSE}(T_n, \theta)$ と分散 $V(T_n)$ の間には次の大小関係

$$
\begin{aligned}
\mathrm{MSE}(T_n, \theta) &= E((T_n - E(T_n) + E(T_n) - \theta)^2) \\
&= E((T_n - E(T_n))^2) + 2(E(T_n) - \theta)E(T_n - E(T_n)) + (E(T_n) - \theta)^2 \\
&= V(T_n) + (E(T_n) - \theta)^2 \geq V(T_n)
\end{aligned}
\tag{6.26}
$$

が成り立つ．なお，T_n が $E(T_n) = \theta$ をみたす場合は $\mathrm{MSE}(T_n, \theta) = V(T_n)$ が成り立つため，この場合は $V(T_n)$ の計算を通じて $\mathrm{MSE}(T_n, \theta)$ の値を計算できる．このように $E(T_n) = \theta$ をみたす T_n は「θ の不偏推定量」とよばれる（定義 6.2.1）．点推定では，良い性質を持った推定量を採用することが重要である．推定量の望ましい性質として**不偏性**，**一致性**，**最尤性**などがあり，以下ではこれらの性質を順に紹介する．

定義 6.2.1（**不偏性**）　母数 θ は実数値とする．標本変量 $X_1, X_2, \ldots, X_n$ に対し，統計量 $T_n = T(X_1, X_2, \ldots, X_n)$ が θ の**不偏推定量 (unbiased estimator)** であるとは，$E(T_n) = \theta$ が成立することである．また $T_n = T(X_1, X_2, \ldots, X_n)$ と $S_n = S(X_1, X_2, \ldots, X_n)$ がともに θ の不偏推定量で，標準誤差の大小関係 $\mathrm{se}(S_n) \leq \mathrm{se}(T_n)$，つまり

$$\sqrt{E((S_n - \theta)^2)} \leq \sqrt{E((T_n - \theta)^2)}$$

をみたすとき，S_n は T_n よりも**有効**であるという．

例 6.2.1 $X_1, X_2, \ldots, X_n$ は，ある母集団からの大きさ n の無作為標本とし，母平均 $\mu = E(X_k)$ が存在し，母分散 $\sigma^2 = V(X_k)$ は有限とする．このとき，(6.1) で定義した標本平均 $\overline{X}_n$ は $E(\overline{X}_n) = \mu$ をみたすため，μ の不偏推定量である．さらに，次式も成り立つ．

$$E(\overline{X}_k) = \mu, \quad V(\overline{X}_k) = \frac{\sigma^2}{k} \quad (1 \leq k \leq n).$$

したがって，$1 \leq j < k \leq n$ に対し，$\overline{X}_j$ と $\overline{X}_k$ はともに μ の不偏推定量であり，$\overline{X}_k$ は $\overline{X}_j$ より有効である．よって，次の図式

$$\frac{X_1 + X_2}{2} \xrightarrow{\text{有効}} \frac{X_1 + X_2 + X_3}{3} \xrightarrow{\text{有効}} \cdots \xrightarrow{\text{有効}} \frac{X_1 + X_2 + \cdots + X_n}{n}$$

のように，同じ μ の不偏推定量でも右の推定量ほど分散が小さく有効である．

次に，定数 α_k $(1 \leq k \leq n)$ が $\sum_{k=1}^{n} \alpha_k = 1$ をみたすとき，統計量 $T_n = \sum_{k=1}^{n} \alpha_k X_k$ は**線形推定量**とよばれる．このとき，系 3.2.1 より，$E(T_n) = \sum_{k=1}^{n} \alpha_k E(X_k) = \sum_{k=1}^{n} \alpha_k \mu = \mu$ であるため，T_n は μ の不偏推定量である．一方で，$X_1, X_2, \ldots, X_n$ の独立性と注意 3.2.3 より，次式

$$V(T_n) = \sum_{k=1}^{n} \alpha_k^2 V(X_k) = \sigma^2 \sum_{k=1}^{n} \alpha_k^2 \tag{6.27}$$

が成り立つ．(6.27) と $\sum_{k=1}^{n} \alpha_k = 1$ より，次の不等式が成り立つ．

$$0 \leq \sigma^2 \sum_{k=1}^{n} \left(\alpha_k - \frac{1}{n} \right)^2 = \sigma^2 \left(\sum_{k=1}^{n} \alpha_k^2 - \frac{2}{n} \sum_{k=1}^{n} \alpha_k + \sum_{k=1}^{n} \frac{1}{n^2} \right)$$

$$= \sigma^2 \left(\sum_{k=1}^{n} \alpha_k^2 - \frac{1}{n} \right) = \sigma^2 \sum_{k=1}^{n} \alpha_k^2 - \frac{\sigma^2}{n} = V(T_n) - V(\overline{X}_n). \tag{6.28}$$

不等式 (6.28) より，線形推定量の中で分散が最小となるのは標本平均 $\overline{X}_n$ である．このことが，母平均 μ の推定量として標本平均 $\overline{X}_n$ が広く用いられる根拠となる．

最後に，(6.2) と (6.3) で定義した統計量 $\widehat{s}_n^2$ と不偏標本分散 U_n^2 は，(6.4) と (6.7) より，$E(\widehat{s}_n^2) = E(U_n^2) = \sigma^2$ をみたす．したがって，$\widehat{s}_n^2$ と U_n^2 はともに σ^2 の不偏推定量である．

┌─ **例題 6.2.1** ─────────────────

X_1, X_2 を $N(\mu, \sigma^2)$ 母集団からの大きさ 2 の無作為標本とする. このとき, 次の統計量が σ^2 の不偏推定量となるように定数 c_1, c_2 を求めよ.

$$(1) \quad c_1(X_1 + X_2 - 2\mu)^2 \qquad (2) \quad c_2(X_1 - X_2)^2$$

【解答】 まず, 系 3.2.4 より, $X_1 + X_2 \sim N(2\mu, 2\sigma^2)$ がわかる. よって, $E((X_1 + X_2 - 2\mu)^2) = 2\sigma^2$ がわかり, $c_1 = 1/2$ である. 次に, 系 3.2.5 より, $X_1 - X_2 \sim N(0, 2\sigma^2)$ がわかる. よって, $E((X_1 - X_2)^2) = 2\sigma^2$ がわかり, $c_2 = 1/2$ である.

□

問 6.2.1 X_1, X_2, X_3 を $N(\mu, \sigma^2)$ 母集団からの大きさ 3 の無作為標本とするとき, 次の統計量が σ^2 の不偏推定量となるように定数 c_1, c_2 を求めよ.

$$(1) \quad c_1(X_1 + 2X_2 - 3\mu)^2 \qquad (2) \quad c_2(X_1 + X_2 - 2X_3)^2$$

標本の大きさ n ごとに, 母数 θ の推定量 $T_n = T(X_1, X_2, \ldots, X_n)$ が与えられることが多く, このとき, $T_1, T_2, \ldots, T_k, \ldots$ は推定量の（無限）系列である. 次に紹介する一致性は,「標本サイズ n ごとに与えられた推定量の（無限）系列に対する性質」であり, 標本サイズ n を大きく取れば,「推定量 T_n が母数 θ に近い値を取る確率」が 1 に近づくことを意味する.

┌─────────────────────────────
│ **定義 6.2.2** （一致性） 母数 θ は実数値とする. 大きさ n の標本変量 X_1, $X_2, \ldots, X_n$ に対し定義される統計量 $T_n = T(X_1, X_2, \ldots, X_n)$ が θ の一致推定量であるとは, 任意の $\varepsilon > 0$ に対して, 次式
│
│ $$\lim_{n \to \infty} P(|T_n - \theta| \le \varepsilon) = 1$$
│
│ が成り立つことをいう.
└─────────────────────────────

注意 6.2.1 定義 6.2.2 の設定のもとで考察する. このとき, 関係式

$$P(|T_n - \theta| > \varepsilon) = 1 - P(|T_n - \theta| \le \varepsilon)$$

より, $\lim_{n \to \infty} P(|T_n - \theta| \le \varepsilon) = 1$ が成り立つことと, $\lim_{n \to \infty} P(|T_n - \theta| > \varepsilon) = 0$ が成り立つことは同値である.

例 6.2.2 $X_1, X_2, \ldots, X_n$ は, ある母集団からの大きさ n の無作為標本と

し，母平均 $\mu = E(X_k)$ が存在し，母分散 $\sigma^2 = V(X_k)$ は有限とする．定数 α_k $(1 \le k \le n)$ は $\sum_{k=1}^n \alpha_k = 1$ をみたすとし，線形推定量 $T_n = \sum_{k=1}^n \alpha_k X_k$ について考察する．例 6.2.1 より，$E(T_n) = \mu$ かつ $V(T_n) = \sigma^2 \sum_{k=1}^n \alpha_k^2$ である．よって，チェビシェフの不等式 (2.35) より，任意の $\varepsilon > 0$ に対して，次の不等式

$$P(|T_n - \mu| > \varepsilon) \le \frac{1}{\varepsilon^2} V(T_n) = \frac{\sigma^2}{\varepsilon^2} \sum_{k=1}^n \alpha_k^2$$

が成り立つ．たとえば，$\alpha_k = 1/n$ $(1 \le k \le n)$ の場合は，

$$\sum_{k=1}^n \alpha_k^2 = n \left(\frac{1}{n} \right)^2 = \frac{1}{n} \to 0 \quad (n \to \infty)$$

であるため，$\lim_{n \to \infty} P(|\overline{X}_n - \mu| > \varepsilon) = 0$ がわかる．したがって，$\overline{X}_n$ は μ の一致推定量である．

　ここまでは，「良い推定量」がみたすべき性質として，不偏性や一致性について解説した．推定量の一致性とは，標本サイズを大きくするにつれ（期待値ではなく）推定量自身が母数に近づくという性質をいう．そのため，一致性は「良い推定量」が当然みたすべき性質と言える．一方で，ある不偏推定量に「期待値 0 の任意の確率変数」を加えた新たな推定量は無限に存在するが，これらはすべて不偏推定量である．そのため，すべての不偏推定量が「良い推定量」とは限らない．また，後程説明する「最も良い推定量の 1 つと考えられている最尤推定量」は，一般に不偏性をみたすとは限らない．このように，不偏性は「良い推定量」がみたすべき性質ではあるものの，必須の要件ではない．さらに，不偏推定量が存在しない場合や，存在してもその中で最も有効な不偏推定量を求めることが困難な場合もある．そこで以下では，別の推定法として，最も良い統計的推定法の 1 つと考えられている最尤推定法について説明する．

定義 6.2.3 （**最尤法**）　$X_1, X_2, \ldots, X_n$ は θ を母数とする母集団分布 D_θ からの大きさ n の無作為標本とし，$X_1, X_2, \ldots, X_n$ の実現値 $x_1, x_2, \ldots, x_n$ が与えられているとする．このとき，**尤度関数** (likelihood function) とよばれる母数 θ の関数 $L(\theta)$ を以下で定義する．まず，母集団分布 D_θ

が密度関数 $f_\theta(x)$ から定まる分布の場合は, $L(\theta)$ を次式で定義する.

$$L(\theta) = \prod_{k=1}^{n} f_\theta(x_k). \tag{6.29}$$

次に, 母集団分布 D_θ が離散分布の場合は, $L(\theta)$ を次式で定義する.

$$L(\theta) = \prod_{k=1}^{n} P(X_k = x_k). \tag{6.30}$$

このとき, 次の関係式

$$L(\widehat{\theta}_n) = \max_{\theta} L(\theta) \tag{6.31}$$

をみたし, 尤度関数を最大にする $\widehat{\theta}_n$ を θ の推定値とする方法を**最尤法** (Maximum likelihood method) とよび, この $\widehat{\theta}_n$ を θ の**最尤推定値**とよぶ. $\widehat{\theta}_n$ は実現値 $x_1, x_2, \ldots, x_n$ の関数であるから, n 変数関数 $\widehat{\theta}(x_1, x_2, \ldots, x_n)$ を用いて

$$\widehat{\theta}_n = \widehat{\theta}(x_1, x_2, \ldots, x_n)$$

と表せる. この最尤推定値 $\widehat{\theta}(x_1, x_2, \ldots, x_n)$ の実現値 $x_1, x_2, \ldots, x_n$ を確率変数 $X_1, X_2, \ldots, X_n$ に置き換えた次の確率変数

$$\overline{\theta}_n = \widehat{\theta}(X_1, X_2, \ldots, X_n)$$

を θ の**最尤推定量**とよぶ.

注意 6.2.2　ここでは, 最尤法の考え方と「最尤推定量が良い推定量である」ことを説明する. 定義 6.2.3 において, 標本変量 $X_1, X_2, \ldots, X_n$ の独立性より, (6.29) は n 変量確率変数 $(X_1, X_2, \ldots, X_n)$ の $(x_1, x_2, \ldots, x_n)$ における同時密度関数の値であり, (6.30) は確率 $P(X_1 = x_1, \ldots, X_n = x_n)$ の値である. そのため最尤法とは, 標本データ $x_1, x_2, \ldots, x_n$ が得られたときに,「この標本データにおける同時密度関数の値 (6.29)」, または「この標本データが得られる確率 (6.30)」を最大にするように母数 θ を推定する方法である. 確率的には起こりにくい標本データが得られることもあるため, この方針で得られた最尤推定量が上手く機能するかは自明ではない. しかし, 最尤推定量は漸近正規性とよばれる性質を持ち, この漸近正規性が「最尤推定量が良い推定量である」ことを保証する. 最尤推定量の漸近正規性については本書で扱える水準を超えるため, 読者が次のステップとして高度な統計学の文献で勉強してもらいたい.

注意 6.2.3 定義 6.2.3 において，(6.31) の最大値を求めることは，**対数尤度関数** (log-likelihood function) $l(\theta) = \log L(\theta)$ の最大値を求めることと同値である．最尤推定値を計算するときは $L(\theta)$ と $l(\theta)$ のどちらを用いてもよいが，対数尤度関数 $l(\theta)$ を用いた方が，最尤推定値を求めるための計算が簡単であることが多い．

例 6.2.3 $X_1, X_2, \ldots, X_n$ を二項母集団 $Be(p)$ からの大きさ n の無作為標本とし，母比率 p の最尤推定量を計算する．まず，$x_1, x_2, \ldots, x_n$ を $X_1, X_2, \ldots, X_n$ の実現値とすると，これらの値は 0 または 1 である．以下では，$x = \sum_{k=1}^{n} x_k$ とおく．このとき，尤度関数 $L(p)$ と対数尤度関数 $l(p) = \log L(p)$ は

$$L(p) = \prod_{k=1}^{n} P(X_k = x_k) = \prod_{k=1}^{n} p^{x_k}(1-p)^{1-x_k} = p^x (1-p)^{n-x},$$

$$l(p) = \log L(p) = x \log p + (n-x)\log(1-p)$$

と計算できる．さらに，対数尤度関数の微分は

$$\frac{d}{dp} l(p) = \frac{x}{p} - \frac{n-x}{1-p} = \frac{x-np}{p(1-p)} \qquad (0 < p < 1)$$

と計算できる．したがって，$L(p)$ の最大値は $\widehat{p}_n = x/n$ で達成され，

$$\widehat{p}_n = \frac{1}{n}(x_1 + x_2 + \cdots + x_n), \quad \overline{p}_n = \frac{1}{n}(X_1 + X_2 + \cdots + X_n) = \overline{X}_n$$

である．よって，母比率 p の最尤推定量は標本平均 $\overline{X}_n$ である．したがって，たとえば表が出る確率が p であるコインを 100 回投げて 70 回表が出たとすると，$\widehat{p}_{100} = 70/100 = 0.7$ が最尤推定値である．もちろん $p = 0.1$ の場合でも 70 回表が出る可能性はあるが，その確率は $L(0.1) = (0.1)^{70}(0.9)^{30}$ であり，この確率は $p = 0.7$ の場合に 70 回表が出る確率 $L(0.7) = (0.7)^{70}(0.3)^{30}$ よりはるかに小さい．そのため，母比率 p を $\widehat{p}_{100} = 0.1$ と推測するより $\widehat{p}_{100} = 0.7$ と推測するほうが尤もらしい，と考えるのが最尤法の考え方である．

例題 6.2.2

$X_1, X_2, \ldots, X_n$ をポアソン母集団 $Po(\lambda)$ からの大きさ n の無作為標本とするとき，λ の最尤推定量を求めよ．

【解答】 $x_1, x_2, \ldots, x_n$ を $X_1, X_2, \ldots, X_n$ の実現値とすると，これらの値は 0 以上の整数であり，$P(X_k = x_k) = e^{-\lambda}\lambda^{x_k}/x_k!$ である．このとき，尤度関数 $L(\lambda)$ と対

数尤度関数 $l(\lambda) = \log L(\lambda)$ は次のように計算できる.

$$L(\lambda) = \prod_{k=1}^{n} P(X_k = x_k) = e^{-n\lambda} \prod_{k=1}^{n} \frac{\lambda^{x_k}}{x_k!},$$

$$l(\lambda) = -n\lambda + \left(\sum_{k=1}^{n} x_k\right) \log \lambda - \sum_{k=1}^{n} \log(x_k!).$$

次に, $l(\lambda)$ の微分と最大値について, 次式が成り立つ.

$$\frac{d}{d\lambda} l(\lambda) = -n + \frac{1}{\lambda} \sum_{k=1}^{n} x_k, \quad l\left(\frac{1}{n} \sum_{k=1}^{n} x_k\right) = \max_{\lambda > 0} l(\lambda).$$

よって, 最尤推定値は $\widehat{\lambda}_n = \frac{1}{n}\sum_{k=1}^{n} x_k$ で, 最尤推定量は $\overline{X}_n$ である. □

問 6.2.2 $X_1, X_2, \ldots, X_n$ を幾何母集団 $Ge(p)$ からの大きさ n の無作為標本とするとき, 母数 p の最尤推定量を求めよ.

問 6.2.3 自然数 m は既知とする. $X_1, X_2, \ldots, X_n$ を $B(m, p)$ 母集団からの大きさ n の無作為標本とするとき, 母数 p の最尤推定量を求めよ.

例題 6.2.3

$X_1, X_2, \ldots, X_n$ を $N(\mu, \sigma^2)$ 母集団からの大きさ n の無作為標本とするとき, 母数 $\theta = (\mu, \sigma^2)$ の最尤推定量を求めよ.

【解答】 $x_1, x_2, \ldots, x_n$ を $X_1, X_2, \ldots, X_n$ の実現値とすると, これらの値は実数であり, 尤度関数 $L(\mu, \sigma^2)$ と対数尤度関数 $l(\mu, \sigma^2) = \log L(\mu, \sigma^2)$ は

$$L(\mu, \sigma^2) = \prod_{k=1}^{n} \frac{1}{\sqrt{2\pi\sigma^2}} \exp\left\{-\frac{(x_k - \mu)^2}{2\sigma^2}\right\},$$

$$l(\mu, \sigma^2) = -\frac{n}{2} \log(2\pi\sigma^2) - \frac{1}{2\sigma^2} \sum_{k=1}^{n} (x_k - \mu)^2$$

と計算できる. $l(\mu, \sigma^2)$ を μ と σ^2 の 2 変数関数と考えて偏微分すると, 次式

$$\frac{\partial}{\partial \mu} l(\mu, \sigma^2) = \frac{1}{\sigma^2} \sum_{k=1}^{n} (x_k - \mu),$$

$$\frac{\partial}{\partial \sigma^2} l(\mu, \sigma^2) = -\frac{n}{2\sigma^2} + \frac{1}{2(\sigma^2)^2} \sum_{k=1}^{n} (x_k - \mu)^2$$

が成り立つ. 条件 $\frac{\partial}{\partial \mu} l(\mu, \sigma^2) = \frac{\partial}{\partial \sigma^2} l(\mu, \sigma^2) = 0$ をみたす μ と σ^2 の値のとき,

$l(\mu, \sigma^2)$ は最大となる.したがって,母数 $\theta = (\mu, \sigma^2)$ の最尤推定値 $\widehat{\theta}_n = (\widehat{\mu}_n, \widehat{(\sigma^2)}_n)$ は

$$\widehat{\mu}_n = \frac{1}{n}\sum_{k=1}^n x_k \ (= \overline{x}_n), \quad \widehat{(\sigma^2)}_n = \frac{1}{n}\sum_{k=1}^n (x_k - \overline{x}_n)^2$$

である.よって,$\theta = (\mu, \sigma^2)$ の最尤推定量 $\overline{\theta}_n = (\overline{\mu}_n, \overline{(\sigma^2)}_n)$ は

$$\overline{\mu}_n = \frac{1}{n}\sum_{k=1}^n X_k = \overline{X}_n, \quad \overline{(\sigma^2)}_n = \frac{1}{n}\sum_{k=1}^n (X_k - \overline{X}_n)^2$$

である.なお,$\overline{(\sigma^2)}_n$ と不偏標本分散 U_n^2 は係数が異なる. □

問 6.2.4 $X_1, X_2, \ldots, X_n$ を $N(3, \sigma^2)$ 母集団からの大きさ n の無作為標本とするとき,母数 σ^2 の最尤推定量を求めよ.

問 6.2.5 $X_1, X_2, \ldots, X_n$ を $U(0, \theta)$ 母集団からの大きさ n の無作為標本とするとき,母数 $\theta > 0$ の最尤推定量を求めよ.

6.3 区 間 推 定

本節で考察する母数 θ は実数値とする.大きさ n の標本調査で得られた標本データ $x_1, x_2, \ldots, x_n$ に対し,「この標本データを用いた推定値 $\widehat{\theta}_n = \widehat{\theta}(x_1, x_2, \ldots, x_n)$ が母数 θ である」と的確に推測するのが点推定の考え方であった.しかし,$\widehat{\theta}_n$ は統計的に θ に近い値を取ると考えられるものの,$\widehat{\theta}_n$ と θ が一致することはほとんど起こり得ない.そこで,「(確率的に評価した)一定の幅を持つ区間を作り,母数 θ はその区間の中にある」と幅を持たせて推測するのが **区間推定** の考え方である.

母集団分布を D_θ と表し,D_θ 母集団からの大きさ n の標本変量を $X_1, X_2, \ldots, X_n$ と表す.また,定数 α は $0 < \alpha < 1$ をみたすとし,この α は小さい値であることを想定する.ここで,2 つの統計量 $S_n = S(X_1, X_2, \ldots, X_n)$ と $T_n = T(X_1, X_2, \ldots, X_n)$ が大小関係 $S_n \le T_n$ と,次の関係式

$$P(S(X_1, X_2, \ldots, X_n) \le \theta \le T(X_1, X_2, \ldots, X_n)) = 1 - \alpha \quad (6.32)$$

をみたすとき,この 2 つの統計量 S_n, T_n を両端とする(無作為な)区間

$$[S(X_1, X_2, \ldots, X_n), T(X_1, X_2, \ldots, X_n)] \quad (6.33)$$

を信頼度（信頼係数）$1 - \alpha$ の θ の**信頼区間**，または θ の **$100(1 - \alpha)$% 信頼区間**とよぶ．なお，関係式 (6.32) に現れる確率変数は θ ではなく，$S(X_1, X_2, \ldots, X_n)$ と $T(X_1, X_2, \ldots, X_n)$ である．そのため，関係式 (6.32) は「母数 θ が信頼区間 (6.33) に入る確率」と表現するよりも，「信頼区間 (6.33) が母数 θ を含む確率」と表現するほうが適切である．このとき，$X_1, X_2, \ldots, X_n$ の実現値 $x_1, x_2, \ldots, x_n$ が得られるごとに，2 つの統計量の実現値 $S(x_1, x_2, \ldots, x_n)$，$T(x_1, x_2, \ldots, x_n)$ と，(6.33) に対応した 1 つの信頼区間

$$\left[S(x_1, x_2, \ldots, x_n), T(x_1, x_2, \ldots, x_n) \right] \tag{6.34}$$

が確定する．たとえば，大きさ n の観測を 1000 回実施した場合，信頼度 95%（$\alpha = 0.05$）の信頼区間 (6.34) は，1000 回のうち 950 回程度は母数 θ を含むことが期待される．

区間推定では，信頼係数 $1 - \alpha$ の値を大きくする（α の値を小さくする）と，「信頼区間の幅 $T(X_1, X_2, \ldots, X_n) - S(X_1, X_2, \ldots, X_n)$ が広くなり鋭い推定ができなくなる」という相反の関係がある．

以上で説明した区間推定の考え方に基づき，いくつかの具体的な母集団分布の場合に，母数の信頼区間の構成方法を紹介する．そのための準備として，分布の分位点の記号を定義する．定数 α は $0 < \alpha < 1$ をみたし，X は連続型確率変数とする．このとき，次の関係式

$$P(X \geq u) = \alpha$$

をみたす実数 u の値を，この確率変数 X が従う分布の「**上側 α 分位点**」とよぶ．また，上側 $1 - \alpha$ 分位点を「**下側 α 分位点**」とよぶ．これらの分位点は，X の分布ごとに表 6.2 の記号で表し，本節および 7 章で用いる．

表 **6.2**　上側 α 分位点と下側 α 分位点．

分布	確率変数 X	上側 α 分位点	下側 α 分位点	表（上側 α 分位点）
標準正規分布	$X \sim N(0, 1)$	z_α	$z_{1-\alpha} = -z_\alpha$	表 C.2
t-分布	$X \sim t(n)$	$t_\alpha^{(n)}$	$t_{1-\alpha}^{(n)} = -t_\alpha^{(n)}$	表 C.3
カイ二乗分布	$X \sim \chi^2(n)$	$c_\alpha^{(n)}$	$c_{1-\alpha}^{(n)}$	表 C.4

標準正規分布や t-分布の密度関数は，原点に関して左右対称である．そのた

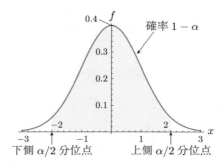

図 6.1 標準正規分布や t-分布の密度関数の概形.

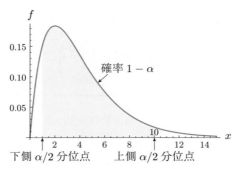

図 6.2 カイ二乗分布の密度関数の概形.

め，$0 < \alpha < 1/2$ をみたす α に対して，分位点に関する次の関係式が成り立つ．

$$z_{1-\alpha} = -z_\alpha, \quad t_{1-\alpha}^{(n)} = -t_\alpha^{(n)}. \tag{6.35}$$

このように，標準正規分布や t-分布の場合，下側 α 分位点は上側 α 分位点を用いて表せる（図 6.1）．

　カイ二乗分布の密度関数は，原点に関して左右対称ではないため，分位点 $c_\alpha^{(n)}$ については (6.35) に対応する関係式は成立しない（図 6.2）．

　正規母集団 $N(\mu, \sigma^2)$ における母平均 μ や母分散 σ^2 の区間推定を行う場合に，次の系 6.3.1 が有用である．系 6.3.1 では，$\alpha \in (0, 1)$ に対して，標本分布の上側 $\alpha/2$ 分位点と下側 $\alpha/2$ 分位点を用いることで，母平均や母分散の信頼度 $1 - \alpha$ の信頼区間を求める．

> **系 6.3.1** $X_1, X_2, \ldots, X_n$ を $N(\mu, \sigma^2)$ 母集団からの大きさ n の無作為標本とする. このとき, (6.1), (6.2), (6.3) で定めた 3 つの統計量 $\overline{X}_n$, $\widehat{s}_n^2$, U_n^2 と, $0 < \alpha < 1$ に対して次式が成り立つ.
>
> $$1 - \alpha = P\left(\overline{X}_n - z_{\alpha/2} \frac{\sigma}{\sqrt{n}} \leq \mu \leq \overline{X}_n + z_{\alpha/2} \frac{\sigma}{\sqrt{n}} \right), \tag{6.36}$$
>
> $$1 - \alpha = P\left(\overline{X}_n - t_{\alpha/2}^{(n-1)} \frac{\sqrt{U_n^2}}{\sqrt{n}} \leq \mu \leq \overline{X}_n + t_{\alpha/2}^{(n-1)} \frac{\sqrt{U_n^2}}{\sqrt{n}} \right), \tag{6.37}$$
>
> $$1 - \alpha = P\left(\frac{n\widehat{s}_n^2}{c_{\alpha/2}^{(n)}} \leq \sigma^2 \leq \frac{n\widehat{s}_n^2}{c_{1-\alpha/2}^{(n)}} \right), \tag{6.38}$$
>
> $$1 - \alpha = P\left(\frac{(n-1)U_n^2}{c_{\alpha/2}^{(n-1)}} \leq \sigma^2 \leq \frac{(n-1)U_n^2}{c_{1-\alpha/2}^{(n-1)}} \right). \tag{6.39}$$

[証明] 定理 6.1.1 と定理 6.1.2 より, 統計量の分布に関して次が成り立つ.

$$\frac{\sqrt{n}\,(\overline{X}_n - \mu)}{\sigma} \sim N(0, 1), \quad \frac{\sqrt{n}\,(\overline{X}_n - \mu)}{\sqrt{U_n^2}} \sim t(n-1),$$

$$\frac{n\widehat{s}_n^2}{\sigma^2} \sim \chi^2(n), \quad \frac{(n-1)U_n^2}{\sigma^2} \sim \chi^2(n-1).$$

これらの標本分布の上側と下側の $\alpha/2$ 分位点を用いた次の 4 つの確率

$$P\left(-z_{\alpha/2} \leq \frac{\sqrt{n}\,(\overline{X}_n - \mu)}{\sigma} \leq z_{\alpha/2} \right), \ P\left(c_{1-\alpha/2}^{(n)} \leq \frac{n\widehat{s}_n^2}{\sigma^2} \leq c_{\alpha/2}^{(n)} \right),$$

$$P\left(-t_{\alpha/2}^{(n-1)} \leq \frac{\sqrt{n}\,(\overline{X}_n - \mu)}{\sqrt{U_n^2}} \leq t_{\alpha/2}^{(n-1)} \right), \ P\left(c_{1-\alpha/2}^{(n-1)} \leq \frac{(n-1)U_n^2}{\sigma^2} \leq c_{\alpha/2}^{(n-1)} \right)$$

の値はいずれも $1 - \alpha$ である. 一方で, 事象の同値な表現として

$$\left\{ -z_{\frac{\alpha}{2}} \leq \frac{\sqrt{n}\,(\overline{X}_n - \mu)}{\sigma} \leq z_{\frac{\alpha}{2}} \right\} = \left\{ \overline{X}_n - z_{\frac{\alpha}{2}} \frac{\sigma}{\sqrt{n}} \leq \mu \leq \overline{X}_n + z_{\frac{\alpha}{2}} \frac{\sigma}{\sqrt{n}} \right\},$$

$$\left\{ c_{1-\alpha/2}^{(n)} \leq \frac{n\widehat{s}_n^2}{\sigma^2} \leq c_{\alpha/2}^{(n)} \right\} = \left\{ \frac{n\widehat{s}_n^2}{c_{\alpha/2}^{(n)}} \leq \sigma^2 \leq \frac{n\widehat{s}_n^2}{c_{1-\alpha/2}^{(n)}} \right\}$$

が成り立つため, (6.36) と (6.38) が得られる. 同様にして, (6.37) と (6.39) も得ら

れる. □

例 6.3.1　$N(\mu, \sigma^2)$ 母集団からの大きさ 20 の無作為標本を $X_1, X_2, \ldots, X_{20}$ とする.

(1)　標本平均 $\overline{X}_{20}$ の実現値が 100 で $\sigma^2 = 10^2$ のとき, (6.36) と $z_{0.05} = 1.645$ より, 母平均 μ の 90% 信頼区間は

$$\left[100 - \frac{10}{\sqrt{20}}\, z_{0.05},\ 100 + \frac{10}{\sqrt{20}}\, z_{0.05}\right] = [96.32,\ 103.68].$$

(2)　標本平均 $\overline{X}_{20}$ の実現値が 100 で $U_{10}^2 = 10^2$ のとき, (6.37) と $t_{0.05}^{(19)} = 1.729$ より, 母平均 μ の 90% 信頼区間は

$$\left[100 - \frac{10}{\sqrt{20}}\, t_{0.05}^{(19)},\ 100 + \frac{10}{\sqrt{20}}\, t_{0.05}^{(19)}\right] = [96.13,\ 103.87].$$

(3)　$\widehat{s}_{20}^2 = \frac{1}{20}\sum_{k=1}^{20}(X_k - \mu)^2$ の実現値が 100 のとき, (6.38) と $c_{0.95}^{(20)} = 10.85$ と $c_{0.05}^{(20)} = 31.41$ より, 母分散 σ^2 の 90% 信頼区間は

$$\left[\frac{20 \times 100}{c_{0.05}^{(20)}},\ \frac{20 \times 100}{c_{0.95}^{(20)}}\right] = [63.67,\ 184.33].$$

(4)　不偏標本分散 U_{20}^2 の実現値が 100 のとき, (6.39) と $c_{0.95}^{(19)} = 10.12$ と $c_{0.05}^{(19)} = 30.14$ より, σ^2 の 90% 信頼区間は

$$\left[\frac{19 \times 100}{c_{0.05}^{(19)}},\ \frac{19 \times 100}{c_{0.95}^{(19)}}\right] = [63.04,\ 187.75].$$

問 6.3.1　$N(\mu, \sigma^2)$ 母集団からの大きさ 20 の無作為標本 $X_1, X_2, \ldots, X_{20}$ に対し, 標本平均 $\overline{X}_{20}$ の実現値が 100 で, 不偏標本分散 U_{20}^2 の実現値が 100 とする. このとき, 母分散 σ^2 は未知として, 母平均 μ の 95% 信頼区間を求めよ.

定理 6.1.3 を用いると, 次の系 6.3.2 を直ちに証明することができる. 系 6.3.2 は**母比率**の区間推定を行う場合に有用である.

系 6.3.2　$X_1, X_2, \ldots, X_n$ を二項母集団 $Be(p)$ からの大きさ n の無作為標本とする. このとき, $\overline{p}_n := \overline{X}_n = \frac{1}{n}\sum_{k=1}^{n} X_k$ とおくと, $0 < \alpha <$

1 に対して次が成り立つ.

$$1 - \alpha = \lim_{n \to \infty} P\left(-z_{\alpha/2} \leq \frac{\sqrt{n}\,(\overline{p}_n - p)}{\sqrt{\overline{p}_n(1 - \overline{p}_n)}} \leq z_{\alpha/2}\right)$$

$$= \lim_{n \to \infty} P\left(\overline{p}_n - z_{\alpha/2}\sqrt{\frac{\overline{p}_n(1 - \overline{p}_n)}{n}} \leq p \leq \overline{p}_n + z_{\alpha/2}\sqrt{\frac{\overline{p}_n(1 - \overline{p}_n)}{n}}\right).$$

━━ 例題 6.3.1 ━━

ある県の中学校 1 年生から無作為に 300 人を選び,虫歯がある生徒を数えたところ,210 人であった.この県の中学校 1 年生の虫歯の保有率 p を,95% の信頼度で推定せよ.

【解答】 標本比率 $\overline{p}_{300}$ は $\overline{p}_{300} = 210/300 = 0.7$ であるから,系 6.3.2 と $z_{0.025} = 1.96$ より,虫歯の保有率 p に対する信頼度 95% の信頼区間は

$$\left[0.7 - 1.96\sqrt{\frac{0.7 \times 0.3}{300}}, 0.7 + 1.96\sqrt{\frac{0.7 \times 0.3}{300}}\right] = [0.648, 0.752]. \qquad \square$$

問 6.3.2 ある意見に対する賛成率は約 60% と予想されている.この意見に対する賛成率を,信頼区間の幅が 4% 以下になるように推定したい.信頼度 95% で推定するには,何人以上抽出して調べればよいか.

$\bullet\bullet\bullet\bullet\bullet\bullet\bullet\bullet\bullet\bullet\bullet\bullet\bullet\bullet$ 演 習 問 題 $\bullet\bullet\bullet\bullet\bullet\bullet\bullet\bullet\bullet\bullet\bullet\bullet\bullet\bullet$

演習 6.1 $X_1, X_2, \ldots, X_n$ を $N(\mu, \sigma^2)$ 母集団からの大きさ n の無作為標本とする.このとき,次の統計量はいずれも母標準偏差 σ の不偏推定量であることを示せ.

(1) $S_1 = \sqrt{\dfrac{\pi}{2}} \cdot \dfrac{1}{n}\displaystyle\sum_{k=1}^{n} |X_k - \mu|$ (2) $S_2 = \sqrt{\dfrac{\pi}{2n(n-1)}}\displaystyle\sum_{k=1}^{n} |X_k - \overline{X}_n|$

演習 6.2 $X_1, X_2, \ldots, X_n$ を,ある母集団からの大きさ n の無作為標本とし,母平均 $\mu = E(X_k)$ が存在し,母分散 $\sigma^2 = V(X_k)$ は有限とする.このとき,次の統計量

$$T_n = -\frac{1}{n-1} \sum_{\substack{1 \leq i \leq n \\ 1 \leq j \leq n \\ i \neq j}} (X_i - \overline{X}_n)(X_j - \overline{X}_n)$$

は母分散 σ^2 の不偏推定量であることを証明せよ.ただし,$\overline{X}_n$ は標本平均とする.

演習 6.3　ある工場で生産されている照明器具の有効時間は正規分布 $N(\mu, \sigma^2)$ に従うとする．この中から無作為抽出で 20 個の標本を選び，有効時間の標本平均 $\overline{X}_{20}$ と不偏標本分散 U_{20}^2 を調べたところ，それぞれ 2000 時間と $(122)^2$ であった．このとき，母平均 μ と母標準偏差 σ の信頼度 95% の信頼区間を求めよ．

演習 6.4　$\theta > 0$ は定数とし，次の密度関数

$$f_\theta(x) = \begin{cases} \theta x^{\theta-1} & (0 \le x \le 1) \\ 0 & (x < 0 \text{ または } x > 1) \end{cases}$$

から定まる分布を D_θ とする．$X_1, X_2, \ldots, X_n$ を D_θ 母集団からの大きさ n の無作為標本とするとき，θ の最尤推定量を求めよ．

演習 6.5　$\theta > 0$ は定数とし，$X_1, X_2, \ldots, X_n$ を $U(0, \theta)$ 母集団からの大きさ n の無作為標本とする．このとき，$M_n = \max\{X_1, X_2, \ldots, X_n\}$ と定めると，M_n の密度関数が

$$f_n(x) = \begin{cases} n \dfrac{x^{n-1}}{\theta^n} & (0 \le x \le \theta) \\ 0 & (x < 0 \text{ または } x > \theta) \end{cases}$$

であることを示せ．また，次の 2 つの統計量 $S_n = c_1 M_n$ と $T_n = c_2 \overline{X}_n$ が θ の不偏推定量であるとき，定数 c_1, c_2 の値を求め，S_n と T_n のどちらが有効か比較せよ．

演習 6.6　$\lambda > 0$ は定数とし，$X_1, X_2, \ldots, X_n$ を $\mathrm{Exp}(\lambda)$ 母集団からの大きさ n の無作為標本とする．このとき，定数 c_1, c_2 に対して，次の 2 つの統計量 $S_n = c_1 \min\{X_1, X_2, \ldots, X_n\}$ と $T_n = c_2 \overline{X}_n$ が $1/\lambda$ の不偏推定量であるとき，定数 c_1, c_2 の値を求め，S_n と T_n のどちらが有効か比較せよ．

第7章

統計的仮説検定

統計的仮説検定とは，母集団分布に対する仮説を立て，その仮説が妥当か否かを，母集団から得られた標本データを用いて統計的に検証する方法である．この章では，統計的仮説検定における論証方法の概要と，様々な仮説に応じた標準的な検定方法を紹介する．

統計的仮説検定 (statistical hypothesis test) とは，母集団分布のパラメータに関する「疑わしい仮説」が正しいか否かを，母集団から得られた標本データに基づいて判断する統計手法である．統計的仮説検定は，単に**検定**とよばれることも多いため，本書でも検定とよぶ．検定によって否定したい「疑わしい仮説」は**帰無仮説** (null hypothesis) とよばれ，帰無仮説が正しいか否かを判断するために利用する統計量は**検定統計量** (test statistic) とよばれる．検定では，（確率論的な）背理法の考え方を用いる．すなわち，検定では，「帰無仮説が正しいと仮定した上で，標本データに基づいて計算した検定統計量の実現値が，確率的に現れにくい"極端な値"であれば，最初に仮定した帰無仮説が正しくないと考える」という背理法の論理に基づいて，統計学的観点から帰無仮説が誤りであると主張することを意図している．

7.1 検定における論証方法の概要

本節では，検定における論証方法の概要を説明する．母数を θ，母集団分布を D_θ と表し，$X_1, X_2, \ldots, X_n$ は D_θ 母集団からの大きさ n の無作為標本とする．母数 θ が取り得る値全体からなる集合を Θ で表し，**パラメータ空間**とよぶ．Θ を，部分集合 Θ_0 と $\Theta_1 = \Theta \setminus \Theta_0$ に分割し，帰無仮説は「母数 θ が Θ_0 に含まれる」($\theta \in \Theta_0$) と表されるとする．このとき，帰無仮説は $H_0\colon \theta \in \Theta_0$ と略記する．一方で，「母数 θ が Θ_1 に含まれる」($\theta \in \Theta_1$) という，帰無仮説

と反対の仮説は**対立仮説** (alternative hypothesis) とよばれ，$H_1: \theta \in \Theta_1$ と
略記する.

$$\text{帰無仮説 } H_0: \theta \in \Theta_0, \quad \text{対立仮説 } H_1: \theta \in \Theta_1.$$

以下では，母数 θ が実数であり，Θ_0 が 1 点 θ_0 からなる単純仮説の場合 ($\Theta_0 = \{\theta_0\}$) で考察する．この場合，帰無仮説は $H_0: \theta = \theta_0$ と表され，対立仮説 H_1
は次の 2 つのいずれかであることが多い.

$$H_1: \theta \neq \theta_0, \tag{7.1}$$
$$H_1: \theta > \theta_0 \quad (\text{または } H_1: \theta < \theta_0). \tag{7.2}$$

なお，(7.1) の場合は**両側検定**とよばれ，(7.2) の場合は**片側検定**とよばれる.
パラメータ空間 Θ と対立仮説 H_1 に応じて，Θ_1 は次のように表せる.

$$\Theta = (0, \infty), \quad H_1: \theta \neq \theta_0 \iff \Theta_1 = (0, \theta_0) \cup (\theta_0, \infty),$$
$$\Theta = (0, \theta_0], \quad H_1: \theta < \theta_0 \iff \Theta_1 = (0, \theta_0),$$
$$\Theta = [\theta_0, \infty), \quad H_1: \theta > \theta_0 \iff \Theta_1 = (\theta_0, \infty).$$

まず，検定統計量 $T_n = T(X_1, X_2, \ldots, X_n)$ を適切に決める．次に，「H_1 の
もとでの現れやすさと相対的に比較すると，H_0 のもとでは現れにくい T_n の
実現値の範囲」を**棄却域**とよび，記号 W で表す．棄却域 W の決め方の詳細は
7.1.1 項で解説する．「帰無仮説 H_0 のもとで検定統計量 T_n が棄却域 W に含
まれる確率」は**有意水準**とよばれる．有意水準 α ($0 < \alpha < 1$) は小さい値を想
定し，0.1, 0.05 や 0.01 が習慣的によく使われる．以上より，検定統計量 T_n,
棄却域 W および有意水準 α は，次の関係式

$$P(T_n \in W | \theta_0) = \alpha \tag{7.3}$$

をみたす．ただし，(7.3) の左辺の記号 $P(T_n \in W | \theta_0)$ は，1 章で定義した条
件付き確率ではなく，「母数 θ_0 のもとでの確率 $P(T_n \in W)$」を表す．検定統
計量 T_n の決め方は，個々の検定方法に応じて解説する.

最後に，標本変量 $X_1, X_2, \ldots, X_n$ の標本データ $x_1, x_2, \ldots, x_n$ を用いて検
定統計量 T_n の実現値 $t_n = T(x_1, x_2, \ldots, x_n)$ を計算し，この実現値 t_n が棄
却域 W に含まれるか否かを判定すると，次のいずれかの結論を得る.

(1) t_n が棄却域 W に含まれるとき ($t_n \in W$)，「H_1 のもとでの現れやすさ
と相対的に比較すると，H_0 のもとでは現れにくい実現値 t_n が得られた」と考

える．よって，このとき「H_1 と比較して相対的に H_0 は誤りであり，H_0 より H_1 を支持する」と結論付け，このことを「有意水準 $100\alpha\%$ で帰無仮説 H_0 を**棄却**する」という．

(2)　t_n が棄却域 W に含まれないとき ($t_n \notin W$)，「H_1 と比較して相対的に H_0 が誤りである」とは判断できない．このことを「有意水準 $100\alpha\%$ で帰無仮説 H_0 を**受容**する」という．なお，H_0 を受容することは，H_0 が正しいことを意味するものではない．

このように，H_0 を棄却するか，受容するかの判定を行うことを「有意水準 $100\alpha\%$ で検定を行う」という．なお，有意水準 α が小さいほど，棄却域 W は狭くなり，H_0 は棄却されにくくなる．

検定では，確率をもとに結論を導くため，次の 2 種類の誤りを起こす可能性がある．まず，H_0 が正しいときに H_0 を棄却することは**第 1 種の誤り**とよばれる．次に，H_0 が間違いのとき（H_1 が正しいとき）に H_0 を受容することは**第 2 種の誤り**とよばれる．(7.3) より，第 1 種の誤りが起こる確率 $P(T_n \in W|\theta_0)$ は有意水準 α である．一方で，「母数 $\theta \in \Theta_1$ のもとで第 2 種の誤りが起こる確率 $P(T_n \notin W)$」は，記号 $\beta(\theta)$ または記号 $P(T_n \notin W|\theta)$ で表す．この $\beta(\theta) = P(T_n \notin W|\theta)$ $(\theta \in \Theta_1)$ は，一般的には計算が困難である．第 1 種の誤りが起こる確率 α も，第 2 種の誤りが起こる確率 $\beta(\theta)$ $(\theta \in \Theta_1)$ も小さい方が良いが，この α と $\beta(\theta)$ $(\theta \in \Theta_1)$ は相反の関係にあるため，双方を同時には小さくできない．なお，$1 - \beta(\theta) = P(T_n \in W|\theta)$ $(\theta \in \Theta_1)$ は，**検出力関数**とよばれる．つまり，$\theta \in \Theta_1$ に対して，$1 - \beta(\theta)$ は「母数 θ のもとで第 2 種の誤りが起こらない確率」である．帰無仮説，対立仮説および有意水準が同じであっても，検定統計量の選び方が変われば検出力も変わることが知られている．そのため，帰無仮説，対立仮説および有意水準が同じであれば，検出力が大きい検定統計量を選ぶべきである．

例 7.1.1　ある「歪んださいころ」の持ち主である A さんは，「このさいころは $1/2$ の確率で 1 の目が出る」と主張している．一方で B さんは，「A さんが嘘をついている」と考えており，1 の目が出る確率が $1/2$ 未満であることを証明したい．そこで B さんは，A さんからこのさいころを借りて 4 回投げさせてもらい，4 回のうち一度も 1 の目が出ないなら「A さんは嘘をついている」

とみなすことにした.

まず,このさいころの「1 の目が出る真の確率」を p とする $(0 < p \leq 1/2)$. このとき,同じベルヌーイ分布 $Be(p)$ に従う確率変数 X_1, X_2, X_3, X_4 を

$$X_i = \begin{cases} 1 & (i \text{ 回目にさいころが 1 の目}) \\ 0 & (i \text{ 回目にさいころが 1 以外の目}) \end{cases}$$

と定めると,X_1, X_2, X_3, X_4 は独立である.よって,X_1, X_2, X_3, X_4 は $Be(p)$ 母集団からの大きさ 4 の無作為標本である.ここで,$p_0 = 1/2$ とおくと,B さんの帰無仮説 H_0 と対立仮説 H_1 は

$$H_0 : p = p_0, \quad H_1 : 0 < p < p_0$$

である.次に,「4 回のさいころ投げのうち,1 の目が出る回数」を T_4 とする.このとき,$T_4 = X_1 + X_2 + X_3 + X_4$ と表せるため,系 3.1.1 より,T_4 は二項分布 $B(4, p)$ に従う.したがって,帰無仮説 $H_0 : p = p_0$ のもとで,検定統計量 T_4 は次の離散分布

$$\begin{pmatrix} k \\ {}_4\mathrm{C}_k \, p_0^k (1-p_0)^{4-k} \end{pmatrix}_{0 \leq k \leq 4} = \begin{pmatrix} 0 & 1 & 2 & 3 & 4 \\ 1/16 & 4/16 & 6/16 & 4/16 & 1/16 \end{pmatrix}$$

に従う.ここで,4 回のさいころ投げのうち一度も 1 の目が出ないことと,$T_4 = 0$ は同値であるため,棄却域は $W = \{0\}$ である.よって,有意水準 α は $\alpha = P(T_4 = 0 | p_0) = 1/16$ である.

まず,第 1 種の誤りが起こる確率は,「A は嘘をついていないのに,A が嘘をついていると判断する確率」である.つまりこの確率は,p_0 のもとで $T_4 = 0$ となる確率 $P(T_4 = 0 | p_0)$ であり,有意水準 $\alpha = 1/16$ と等しい.次に,第 2 種の誤りは「A は嘘をついているのに,A が嘘をついていると判断できない」ことを指す.よって,母数 $p \in (0, p_0)$ のもとで第 2 種の誤りが起こる確率 $\beta(p)$ は,母数 $p \in (0, p_0)$ のもとで $T_4 \geq 1$ となる確率

$$\beta(p) = P(T_4 \geq 1 | p) = 1 - P(T_4 = 0 | p) = 1 - (1-p)^4$$

である.したがって,検出力関数は

$$1 - \beta(p) = P(T_4 = 0 | p) = (1-p)^4 \quad (p \in (0, p_0))$$

である.

7.1.1　検定統計量の尤度比関数と棄却域

母数 θ のもとでの検定統計量 T_n の分布が，密度関数 $f_\theta(x)$ から定まる分布か，離散分布かに応じて，T_n の尤度関数 $L(\theta|x)$ をそれぞれ

$$L(\theta|x) = f_\theta(x), \quad L(\theta|x) = P(T_n = x|\theta)$$

と定義する．ただし，記号 $P(T_n = x|\theta)$ は，条件付き確率ではなく，「母数 θ のもとでの確率 $P(T_n = x)$」を表す．T_n の尤度関数 $L(\theta|x)$ の値の大きさは，「母数 θ のもとでの T_n の実現値 x の現れやすさ」を表す．よって，「帰無仮説 H_0 のもとでは T_n の実現値が現れにくい範囲」W_0 は，「$L(\theta_0|x)$ の値が小さい x の集合」である．そのため，たとえば定数 $c_0 > 0$ を用いて W_0 を

$$W_0 = \big\{ x \mid L(\theta_0|x) \le c_0 \big\} \tag{7.4}$$

と定義する決め方があり得る．次に，「対立仮説 H_1 のもとでは T_n の実現値が現れにくい範囲」W_1 は，「どのように母数 $\theta \in \Theta_1$ を選んでも，母数 θ のもとでは T_n の実現値として表れにくい x の集合」である．つまり，W_1 は「どのように $\theta \in \Theta_1$ を選んでも $L(\theta|x)$ の値が小さい x の集合」である．よって，W_1 は「$\sup_{\theta \in \Theta_1} L(\theta|x)$ の値が小さい x の集合」である．ここで，$\sup_{\theta \in \Theta_1} L(\theta|x)$ は，集合 $\{L(\theta|x) \mid \theta \in \Theta_1\}$ の上限とよばれる．上限の定義については，微分積分の文献を参照されたい．なお，最大値 $\max_{\theta \in \Theta_1} L(\theta|x)$ が存在するとき，上限 $\sup_{\theta \in \Theta_1} L(\theta|x)$ と最大値 $\max_{\theta \in \Theta_1} L(\theta|x)$ は一致する．そのため，たとえば定数 $c_1 > 0$ を用いて W_1 を

$$W_1 = \left\{ x \ \middle| \ \sup_{\theta \in \Theta_1} L(\theta|x) \le c_1 \right\} \tag{7.5}$$

と定義する決め方があり得る．最後に，棄却域 W は「H_1 のもとでの現れやすさと相対的に比較すると，H_0 のもとでは現れにくい T_n の実現値の範囲」であった．本項でのこれまでの議論から，

$$T_n \text{ の尤度比関数：} \Lambda(x) = \frac{L(\theta_0|x)}{\sup_{\theta \in \Theta} L(\theta|x)} \qquad (\Theta = \{\theta_0\} \cup \Theta_1) \tag{7.6}$$

は，「H_0 のもとでの T_n の実現値 x の現れやすさ」を相対的に表す．したがって，棄却域 W とは「T_n の尤度比関数 $\Lambda(x)$ の値が小さい x の集合」である．T_n の尤度比関数 $\Lambda(x)$ の取り得る値は 0 以上かつ 1 以下の実数である．そのため，たとえば定数 $c\ (0 < c < 1)$ を用いて棄却域 W を次のように定義する決め方があり得る．

$$W = \left\{ x \ \middle| \ \frac{L(\theta_0|x)}{\sup_{\theta \in \Theta} L(\theta|x)} \le c \right\}. \tag{7.7}$$

注意 7.1.1　「H_k のもとでは現れにくい T_n の実現値の範囲」を W_k で表す（$k = 0, 1$）．以下では，W_0 から W_1 の要素を取り除いた集合 $\widehat{W} = W_0 \setminus W_1$ を棄却域とした場合の問題点を説明する．まず，「H_0 のもとでも現れやすいが，H_1 のもとではさらに現れやすい T_n の実現値の範囲」を V で表し，V は次の関係式 (7.8) をみたすとする．

$$V \neq \emptyset, \qquad V \cap W_0 = V \cap W_1 = \emptyset. \tag{7.8}$$

このとき, 関係式 (7.8) より, $V \cap \widehat{W} = \emptyset$ が成り立つため, V は $\widehat{W}$ に含まれない. 一方で, T_n の実現値 t_n が V に含まれるとき $(t_n \in V)$, V の定め方より,「H_1 と比較して相対的に H_0 は誤りである」と考えるべきであり, 本来は H_0 より H_1 を支持すべきである. しかしながら, 棄却域として $\widehat{W}$ を用いる場合は, $t_n \in V$ と $V \cap \widehat{W} = \emptyset$ より, $t_n \notin \widehat{W}$ がわかり, 帰無仮説 H_0 を受容してしまう. したがって, 本書では $\widehat{W}$ のような棄却域の決め方は採用せず,「T_n の尤度比関数 $\Lambda(x)$ の値が小さい x の集合」W を棄却域とする. このとき, V を含むように棄却域 W を決めることができる. この点については, 注意 7.3.1 も参照されたい.

7.2 正規母集団の母平均の検定

本節では, 正規母集団 $N(\mu, \sigma^2)$ からの大きさ n の無作為標本 $X_1, X_2, \ldots, X_n$ を考える. また, 既知の定数 μ_0 に対し帰無仮説 H_0 が

$$H_0 : \mu = \mu_0$$

で与えられ, 対立仮説 H_1 が次のいずれかで与えられる場合を考える.

$$\text{(両側検定)} \quad H_1 : \mu \neq \mu_0, \tag{7.9}$$

$$\text{(片側検定)} \quad H_1 : \mu > \mu_0 \quad \text{(または } H_1 : \mu < \mu_0). \tag{7.10}$$

定理 6.1.1 と定理 6.1.2 より, 統計量の分布に関して次が成り立つ.

$$\frac{\sqrt{n}\,(\overline{X}_n - \mu)}{\sigma} \sim N(0, 1), \qquad \frac{\sqrt{n}\,(\overline{X}_n - \mu)}{\sqrt{U_n^2}} \sim t(n-1). \tag{7.11}$$

次の例 7.2.1 と例 7.2.2 では, 有意水準 $\alpha\ (0 < \alpha < 1)$ は固定し, 検定統計量 T_n を適切に決め, 対立仮説 (7.9) と (7.10) のそれぞれについて, 対応する棄却域 W の決め方を解説する.

例 7.2.1 ここでは, 検定統計量 T_n と, $N(0, 1)$ に従う確率変数 $\widetilde{T}_n$ を

$$T_n = \frac{\sqrt{n}\,(\overline{X}_n - \mu_0)}{\sigma}, \qquad \widetilde{T}_n = \frac{\sqrt{n}\,(\overline{X}_n - \mu)}{\sigma} \sim N(0, 1) \tag{7.12}$$

と定める. このとき, H_0 のもとで $T_n = \widetilde{T}_n$ が成り立つため, H_0 のもとで T_n は $N(0, 1)$ に従う. よって, 母平均 μ のもとでの T_n の密度関数を記号 $f_\mu(x)$ で表すと, $f_{\mu_0}(x)$ は次式で与えられる.

$$f_{\mu_0}(x) = \frac{1}{\sqrt{2\pi}} \, e^{-\frac{x^2}{2}} \quad (x \in \mathbb{R}). \tag{7.13}$$

一方で，関係式 $T_n = \widetilde{T}_n + \sqrt{n}\,(\mu - \mu_0)/\sigma$ と補題 2.1.1 より，$f_\mu(x)$ は

$$f_\mu(x) = f_{\mu_0}\left(x - \frac{\sqrt{n}\,(\mu - \mu_0)}{\sigma}\right) = \frac{1}{\sqrt{2\pi}} \exp\left\{-\frac{1}{2}\left(x - \frac{\sqrt{n}\,(\mu - \mu_0)}{\sigma}\right)^2\right\} \tag{7.14}$$

と計算できる．(7.14) より，x を固定してパラメータ μ を動かすとき，$(x - \frac{\sqrt{n}\,(\mu - \mu_0)}{\sigma})^2$ の値が小さいほど，$f_\mu(x)$ は大きい値を取る．したがって，次の 3 つの関係式が成り立つ．

$$\sup_{\mu \in \mathbb{R}} f_\mu(x) = \max_{\mu \in \mathbb{R}} f_\mu(x) = f_{\mu_0 + \sigma x/\sqrt{n}}(x) \quad (x \in \mathbb{R}), \tag{7.15}$$

$$\sup_{\mu \geq \mu_0} f_\mu(x) = \max_{\mu \geq \mu_0} f_\mu(x) = \begin{cases} f_{\mu_0 + \sigma x/\sqrt{n}}(x) & (x > 0) \\ f_{\mu_0}(x) & (x \leq 0), \end{cases} \tag{7.16}$$

$$\sup_{\mu \leq \mu_0} f_\mu(x) = \max_{\mu \leq \mu_0} f_\mu(x) = \begin{cases} f_{\mu_0}(x) & (x > 0) \\ f_{\mu_0 + \sigma x/\sqrt{n}}(x) & (x \leq 0). \end{cases} \tag{7.17}$$

(1) 対立仮説が $H_1: \mu \neq \mu_0$ の場合を考える．このとき，(7.13) と (7.15) より，T_n の尤度比関数 (7.6) は

$$\Lambda(x) = \frac{f_{\mu_0}(x)}{\sup_{\mu \in \mathbb{R}} f_\mu(x)} = e^{-\frac{x^2}{2}} \qquad (x \in \mathbb{R})$$

と計算できる．よって，$0 < c < 1$ を用いて棄却域 W を

$$W = \left\{x \in \mathbb{R} \mid \Lambda(x) \leq c\right\} = \left(-\infty, -\sqrt{-2\log c}\,\right] \cup \left[\sqrt{-2\log c}, \infty\right)$$

と決める．ここで，関係式 (7.3) より，$\sqrt{-2\log c} = z_{\alpha/2}$ となる：

$$W = (-\infty, -z_{\alpha/2}] \cup [z_{\alpha/2}, \infty). \tag{7.18}$$

(2) 対立仮説が $H_1: \mu > \mu_0$ の場合を考える．このとき，(7.13) と (7.16) より，T_n の尤度比関数 (7.6) は

$$\Lambda(x) = \frac{f_{\mu_0}(x)}{\sup_{\mu \geq \mu_0} f_\mu(x)} = \begin{cases} e^{-\frac{x^2}{2}} & (x > 0) \\ 1 & (x \leq 0) \end{cases}$$

と計算できる．よって，$0 < c < 1$ を用いて棄却域 W を

$$W = \{x \in \mathbb{R} \mid \Lambda(x) \leq c\} = \left[\sqrt{-2\log c}, \infty\right)$$

と決める．ここで，関係式 (7.3) より，$\sqrt{-2\log c} = z_\alpha$ となる：

$$W = [z_\alpha, \infty). \tag{7.19}$$

(3) 対立仮説が $H_1: \mu < \mu_0$ の場合を考える．このとき，(7.13) と (7.17) より，T_n の尤度比関数 (7.6) は

$$\Lambda(x) = \frac{f_{\mu_0}(x)}{\sup_{\mu \leq \mu_0} f_\mu(x)} = \begin{cases} 1 & (x > 0) \\ e^{-\frac{x^2}{2}} & (x \leq 0) \end{cases}$$

と計算できる．よって，$0 < c < 1$ を用いて棄却域 W を

$$W = \{x \in \mathbb{R} \mid \Lambda(x) \leq c\} = \left(-\infty, -\sqrt{-2\log c}\right]$$

と決める．ここで，関係式 (7.3) より，$-\sqrt{-2\log c} = -z_\alpha$ となる：

$$W = (-\infty, -z_\alpha]. \tag{7.20}$$

例 7.2.2 ここでは，検定統計量 T_n を $T_n = \sqrt{n}\,(\overline{X}_n - \mu_0)/\sqrt{U_n^2}$ と定める．H_0 のもとで $T_n = \sqrt{n}\,(\overline{X}_n - \mu)/\sqrt{U_n^2}$ が成り立つ．したがって，(7.11) より，H_0 のもとで T_n は $t(n-1)$ に従う．例 7.2.1 と同様に，対立仮説 (7.9) と (7.10) のそれぞれについて，対応する棄却域 W を次のように決める．

$$H_1: \mu \neq \mu_0 \iff W = \left(-\infty, -t_{\alpha/2}^{(n-1)}\right] \cup \left[t_{\alpha/2}^{(n-1)}, \infty\right), \tag{7.21}$$

$$H_1: \mu > \mu_0 \iff W = \left[t_\alpha^{(n-1)}, \infty\right), \tag{7.22}$$

$$H_1: \mu < \mu_0 \iff W = \left(-\infty, -t_\alpha^{(n-1)}\right]. \tag{7.23}$$

注意 7.2.1 棄却域 W が定まり，標本変量 $X_1, X_2, \ldots, X_n$ の標本データ $x_1, x_2, \ldots, x_n$ が得られたとする．このとき，$\overline{X}_n$ や U_n^2 の実現値を具体的に計算できるため，例 7.2.2 の検定統計量 T_n の実現値も具体的に計算できる．一方で，母分散 σ^2 の値が未知の場合は，例 7.2.1 の検定統計量 T_n の実現値を具体的に計算できない．そのため，σ^2 の値が未知の場合は，例 7.2.1 で紹介した方法を用いても，帰無仮説 H_0 を棄却するか，または受容するかを判定できない．

┌─ 例題 7.2.1 ─────────────────────────

　　ある部屋に設置された空調システムでは，設定温度を 25.0 度として作動したとき，室内温度 X は正規分布 $N(\mu, \sigma^2)$ に従うとする．7 日間にわたり，設定温度を 25.0 度として作動し，室内温度 $X_1, X_2, \ldots, X_7$ を測定したところ，室内温度の標本平均 $\overline{X}_7$ の実現値は 25.21 であり，不偏標本分散の正の平方根 $\sqrt{U_7^2}$ の実現値は 0.715 であった．このとき，この空調システムは正しく作動しているといえるか，有意水準 5% で検定せよ．ただし，$X_1, X_2, \ldots, X_7$ は独立であるとする．

└──────────────────────────────────

【解答】 $\mu_0 = 25.0$ とおく．空調システムが正しく作動しているとは，$\mu = \mu_0$ が成り立つことを意味し，正しく作動していないとは，$\mu \neq \mu_0$ であることを意味する．よって，帰無仮説 $H_0: \mu = \mu_0$ と対立仮説 $H_1: \mu \neq \mu_0$ について，検定統計量 $T_7 = \sqrt{7}\,(\overline{X}_7 - \mu_0)/\sqrt{U_7^2}$ を用いて，有意水準 5% で検定する．まず，(7.21) と表 C.3 より，棄却域 W は

$$W = \left(-\infty, -t_{0.025}^{(6)}\right] \cup \left[t_{0.025}^{(6)}, \infty\right) = (-\infty, -2.447] \cup [2.447, \infty)$$

である．一方で，検定統計量 T_7 の実現値 t_7 は

$$t_7 = \frac{\sqrt{7}\,(25.21 - 25)}{0.715} = 0.777$$

と計算できる．このとき，$t_7 \notin W$ であるため，帰無仮説 H_0 を受容する．したがって，この空調システムが正しく作動していないとはいえない． □

7.3 正規母集団の母分散の検定

　本節では，正規母集団 $N(\mu, \sigma^2)$ からの大きさ n の無作為標本 $X_1, X_2, \ldots,$ X_n を考える．また，既知の定数 σ_0^2 に対し帰無仮説 H_0 が

$$H_0: \sigma^2 = \sigma_0^2$$

で与えられ，対立仮説 H_1 が次のいずれかで与えられる場合を考える．

$$\text{（両側検定）} \quad H_1: \sigma^2 \neq \sigma_0^2, \tag{7.24}$$

$$\text{（片側検定）} \quad H_1: \sigma^2 > \sigma_0^2 \quad \text{（または } H_1: \sigma^2 < \sigma_0^2 \text{）}. \tag{7.25}$$

定理 6.1.1 と定理 6.1.2 より,統計量の分布に関して次が成り立つ.

$$\frac{n\widehat{s}_n^2}{\sigma^2} \sim \chi^2(n) \quad (n \geq 1), \quad \frac{(n-1)U_n^2}{\sigma^2} \sim \chi^2(n-1) \quad (n \geq 2). \quad (7.26)$$

次の例 7.3.1 と例 7.3.2 では,有意水準 α $(0 < \alpha < 1)$ は固定し,検定統計量 T_n を適切に選び,対立仮説 (7.24) と (7.25) のそれぞれについて,対応する棄却域 W の決め方を解説する.

例 7.3.1 ここでは,$n \geq 2$ とし,検定統計量 T_n と確率変数 $\widetilde{T}_n$ を

$$T_n = \frac{(n-1)U_n^2}{\sigma_0^2}, \qquad \widetilde{T}_n = \frac{(n-1)U_n^2}{\sigma^2} \sim \chi^2(n-1) \qquad (7.27)$$

と定める.このとき,H_0 のもとで $T_n = \widetilde{T}_n$ が成り立つため,H_0 のもとで検定統計量 T_n は $\chi^2(n-1)$ に従う.よって,$m = n-1$ とおき,母分散 σ^2 のもとでの T_n の密度関数を記号 $f_{\sigma^2}(x)$ $(x > 0)$ で表すと,系 3.2.6 より,次式

$$f_{\sigma_0^2}(x) = \frac{1}{2^{\frac{m}{2}} \Gamma(\frac{m}{2})} x^{\frac{m}{2}-1} e^{-\frac{x}{2}} \quad (x > 0) \qquad (7.28)$$

が成り立つ.ここで,関係式 $T_n = (\sigma^2/\sigma_0^2)\widetilde{T}_n$ と補題 2.1.1 より,次式

$$f_{\sigma^2}(x) = \frac{\sigma_0^2}{\sigma^2} f_{\sigma_0^2}\left(\frac{\sigma_0^2}{\sigma^2} x\right) = \frac{1}{2^{\frac{m}{2}} \Gamma(\frac{m}{2})} x^{\frac{m}{2}-1} g_x\left(\frac{\sigma_0^2}{\sigma^2}\right) \quad (x > 0) \quad (7.29)$$

が得られる.ただし,$x > 0$ に対して,関数 $g_x(c)$ を

$$g_x(c) = c^{\frac{m}{2}} \exp\left\{-\frac{xc}{2}\right\} \quad (c > 0) \qquad (7.30)$$

と定義した.(7.29) より,$x > 0$ に対して次の 3 つの関係式

$$\sup_{\sigma^2 > 0} f_{\sigma^2}(x) = \max_{\sigma^2 > 0} f_{\sigma^2}(x) = \frac{1}{2^{\frac{m}{2}} \Gamma(\frac{m}{2})} x^{\frac{m}{2}-1} \max_{c > 0} g_x(c), \qquad (7.31)$$

$$\sup_{\sigma^2 \geq \sigma_0^2} f_{\sigma^2}(x) = \max_{\sigma^2 \geq \sigma_0^2} f_{\sigma^2}(x) = \frac{1}{2^{\frac{m}{2}} \Gamma(\frac{m}{2})} x^{\frac{m}{2}-1} \max_{0 < c \leq 1} g_x(c), \quad (7.32)$$

$$\sup_{0 < \sigma^2 \leq \sigma_0^2} f_{\sigma^2}(x) = \max_{0 < \sigma^2 \leq \sigma_0^2} f_{\sigma^2}(x) = \frac{1}{2^{\frac{m}{2}} \Gamma(\frac{m}{2})} x^{\frac{m}{2}-1} \max_{c \geq 1} g_x(c) \quad (7.33)$$

が成り立つ.ここで,関数 $g_x(c)$ の微分は次のように計算できる.

$$\frac{d}{dc} g_x(c) = \frac{x}{2} e^{-\frac{xc}{2}} c^{\frac{m}{2}-1}\left\{\frac{m}{x} - c\right\} \quad (c > 0). \qquad (7.34)$$

この計算結果 (7.34) より，関数 $g_x(c)$ の最大値に関する次の 3 つの関係式

$$\max_{c>0} g_x(c) = g_x\left(\frac{m}{x}\right), \tag{7.35}$$

$$\max_{0<c\leq1} g_x(c) = \begin{cases} g_x(1) & (0 < x \leq m) \\ g_x\left(\frac{m}{x}\right) & (x > m), \end{cases} \tag{7.36}$$

$$\max_{c\geq1} g_x(c) = \begin{cases} g_x\left(\frac{m}{x}\right) & (0 < x \leq m) \\ g_x(1) & (x > m) \end{cases} \tag{7.37}$$

が成り立つ．また，準備のため，関数 $h_m(x)$ を

$$h_m(x) = \left(\frac{x}{m}\right)^{\frac{m}{2}} e^{\frac{m-x}{2}} \quad (x > 0)$$

と定義する．この関数 $h_m(x)$ の導関数 $\frac{d}{dx}h_m(x)$ とその符号について，

$$\frac{d}{dx}h_m(x) = \frac{m-x}{2x}\left(\frac{x}{m}\right)^{\frac{m}{2}} e^{\frac{m-x}{2}} \quad (x > 0),$$

$$\frac{d}{dx}h_m(x) > 0 \quad (0 < x < m) \quad \text{および} \quad \frac{d}{dx}h_m(x) < 0 \quad (m < x)$$

が成り立つため，$h_m(x)$ は $0 < x < m$ で単調に増加し，$x > m$ で単調に減少し，$h_m(m) = 1$ が極大値である．また，$h_m(0) = 0$ が成り立つ．次に，ロピタルの定理を複数回適用すると，$\lim_{x\to\infty} h_m(x) = 0$ も得られる．

(1)　対立仮説が $H_1: \sigma^2 \neq \sigma_0^2$ の場合を考える．このとき，(7.28)，(7.31) と (7.35) より，T_n の尤度比関数 (7.6) は

$$\Lambda(x) = \frac{f_{\sigma_0^2}(x)}{\sup_{\sigma^2>0} f_{\sigma^2}(x)} = h_m(x) \quad (x > 0) \tag{7.38}$$

と計算できる．よって，$0 < r_1 < m < r_2 < \infty$ をみたす実数 r_1, r_2 を用いて，棄却域を $W = (0, r_1] \cup [r_2, \infty)$ と決めればよい．ここで，表 C.4 より，有意水準 α が $0 < \alpha \leq 0.2$ をみたすとき，不等式

$$c_{1-\alpha/2}^{(n-1)} < m = n-1 < c_{\alpha/2}^{(n-1)}$$

が成り立つ．したがって，このとき関係式 (7.3) より，$r_1 = c_{1-\alpha/2}^{(n-1)}$ と $r_2 = c_{\alpha/2}^{(n-1)}$ を採用し，棄却域 W を次のように決める．

$$W = \left(0, c_{1-\alpha/2}^{(n-1)}\right] \cup \left[c_{\alpha/2}^{(n-1)}, \infty\right). \tag{7.39}$$

(2)　対立仮説が $H_1: \sigma^2 > \sigma_0^2$ の場合を考える．このとき，(7.28)，(7.32) と (7.36) より，T_n の尤度比関数 (7.6) は

$$\Lambda(x) = \frac{f_{\sigma_0^2}(x)}{\sup_{\sigma^2 \geq \sigma_0^2} f_{\sigma^2}(x)} = \begin{cases} 1 & (0 < x \leq m) \\ h_m(x) & (x > m) \end{cases} \tag{7.40}$$

と計算できる．よって，実数 $r \, (> m)$ を用いて，$[r, \infty)$ を棄却域 W として決めればよい．表 C.4 より，有意水準 α が $0 < \alpha \leq 0.1$ をみたすとき，$m = n - 1 < c_\alpha^{(n-1)}$ が成り立つ．したがって，このとき関係式 (7.3) より，$r = c_\alpha^{(n-1)}$ を採用し，棄却域 W を次のように決める．

$$W = \left[c_\alpha^{(n-1)}, \infty \right). \tag{7.41}$$

(3)　対立仮説が $H_1: \sigma^2 < \sigma_0^2$ の場合を考える．このとき，(7.28)，(7.33) と (7.37) より，T_n の尤度比関数 (7.6) は

$$\Lambda(x) = \frac{f_{\sigma_0^2}(x)}{\sup_{0 < \sigma^2 \leq \sigma_0^2} f_{\sigma^2}(x)} = \begin{cases} h_m(x) & (0 < x \leq m) \\ 1 & (x > m) \end{cases} \tag{7.42}$$

と計算できる．よって，$0 < r < m$ をみたす実数 r を用いて，$(0, r]$ を棄却域 W として決めればよい．表 C.4 より，有意水準 α が $0 < \alpha \leq 0.1$ をみたすとき，$c_{1-\alpha}^{(n-1)} < m = n - 1$ が成り立つ．したがって，このとき関係式 (7.3) より，$r = c_{1-\alpha}^{(n-1)}$ を採用し，棄却域 W を次のように決める．

$$W = \left(0, c_{1-\alpha}^{(n-1)} \right]. \tag{7.43}$$

注意 7.3.1　例 7.3.1 の設定において，$n = 2, 3$ の場合（つまり $m = 1, 2$ の場合）を考える．このとき，注意 3.2.5 より，(7.28) の $f_{\sigma_0^2}(x) \, (x > 0)$ は単調に減少する．そのため，(7.39) の $(0, c_{1-\alpha/2}^{(n-1)}]$ や，(7.43) の $(0, c_{1-\alpha}^{(n-1)}]$ は，「H_0 のもとでは現れにくい T_n の実現値の範囲」W_0 に含まれない．したがって，(7.39) の $(0, c_{1-\alpha/2}^{(n-1)}]$ や，(7.43) の $(0, c_{1-\alpha}^{(n-1)}]$ は，「H_0 のもとでも現れやすいが，H_1 のもとではさらに現れやすい T_n の実現値の範囲」である．この点については，注意 7.1.1 も参照されたい．

[**例 7.3.2**]　ここでは，検定統計量 T_n を $T_n = n\widehat{s}_n^2 / \sigma_0^2$ と定める．H_0 のもとで $T_n = n\widehat{s}_n^2 / \sigma_0^2 = n\widehat{s}_n^2 / \sigma^2$ が成り立つ．したがって，(7.26) より，H_0 のもとで T_n は $\chi^2(n)$ に従う．例 7.3.1 と同様の考察により，有意水準 α が $0 < \alpha \leq$

0.1 をみたすとき，対立仮説 (7.24) と (7.25) のそれぞれについて，対応する棄却域 W を次のように決める.

$$H_1\colon \sigma^2 \neq \sigma_0^2 \iff W = \left(0, c_{1-\alpha/2}^{(n)}\right] \cup \left[c_{\alpha/2}^{(n)}, \infty\right), \qquad (7.44)$$

$$H_1\colon \sigma^2 > \sigma_0^2 \iff W = \left[c_\alpha^{(n)}, \infty\right), \qquad (7.45)$$

$$H_1\colon \sigma^2 < \sigma_0^2 \iff W = \left(0, c_{1-\alpha}^{(n)}\right]. \qquad (7.46)$$

注意 7.3.2　棄却域 W が定まり，標本変量 $X_1, X_2, \ldots, X_n$ の標本データ $x_1, x_2, \ldots, x_n$ が得られたとする．このとき，U_n^2 の実現値を具体的に計算できるため，例 7.3.1 の検定統計量 T_n の実現値も具体的に計算できる．一方で，母平均 μ の値が未知の場合は，$\widehat{s}_n^2$ の実現値を具体的に計算できないため，例 7.3.2 の検定統計量 T_n の実現値も具体的に計算できない．そのため，μ の値が未知の場合は，例 7.3.2 で紹介した方法を用いても，帰無仮説 H_0 を棄却するか，または受容するかを判定できない．

例題 7.3.1

　ある機械で生産される製品の重量 X は正規分布 $N(\mu, \sigma^2)$ に従うとする．あるとき無作為に 10 個の製品を抽出して重量 $X_1, X_2, \ldots, X_{10}$ を測定したところ，不偏標本分散の正の平方根 $\sqrt{U_{10}^2}$ の実現値が $1.535\,\mathrm{g}$ であった．このとき，母標準偏差 σ は $1.0\,\mathrm{g}$ より大きいと考えてよいか，有意水準 5% で検定せよ．

【解答】　$\sigma_0 = 1.0$ とおく．帰無仮説 $H_0\colon \sigma = \sigma_0$ と対立仮説 $H_1\colon \sigma > \sigma_0$ について，検定統計量 $T_{10} = (10-1)U_{10}^2/\sigma_0^2$ を用いて有意水準 5% で検定する．まず，(7.41) と表 C.4 より，棄却域は $W = [c_{0.05}^{(9)}, +\infty) = [16.92, +\infty)$ である．一方で，検定統計量 T_{10} の実現値 t_{10} は $t_{10} = 9 \cdot (1.535)^2/(1.0)^2 = 21.21$ と計算できる．このとき，$t_{10} \in W$ であるため，帰無仮説 H_0 を棄却する．したがって，母標準偏差 σ は $1.0\,\mathrm{g}$ より大きいと考えてよい．　　　□

7.4　二項母集団の母比率の検定

　本節では，二項母集団 $Be(p)$ からの大きさ n の無作為標本 $X_1, X_2, \ldots, X_n$ を考える．また，既知の定数 p_0 $(0 < p_0 < 1)$ に対し帰無仮説 H_0 が

$$H_0\colon p = p_0$$

で与えられ，対立仮説 H_1 が次のいずれかで与えられる場合を考える．

（両側検定）　$H_1\colon p \neq p_0,$ $\qquad\qquad\qquad\qquad$ (7.47)

（片側検定）　$H_1\colon p > p_0$ 　（または $H_1\colon p < p_0$）. $\qquad$ (7.48)

以下では $\overline{p}_n := \overline{X}_n = \frac{1}{n}\sum_{k=1}^{n} X_k$ とおく．なお，$\overline{p}_n$ は**標本比率**ともよばれる．このとき，例 3.2.7 より，$E(\overline{p}_n) = p$ かつ $V(\overline{p}_n) = p(1-p)/n$ である．よって，$\overline{p}_n$ の標準化は次のように計算できる．

$$\frac{\overline{p}_n - E(\overline{p}_n)}{\sqrt{V(\overline{p}_n)}} = \frac{\sqrt{n}\,(\overline{p}_n - p)}{\sqrt{p(1-p)}} = \frac{X_1 + X_2 + \cdots + X_n - np}{\sqrt{np(1-p)}}.$$

したがって，定理 5.2.1（中心極限定理）または定理 5.2.2（ド・モアブル–ラプラスの定理）より，任意の $a < b$ に対して，n が十分大きければ，次の近似式

$$P\left(a \leq \frac{\sqrt{n}\,(\overline{p}_n - p)}{\sqrt{p(1-p)}} \leq b\right) \approx \int_a^b \frac{1}{\sqrt{2\pi}}\, e^{-\frac{t^2}{2}}\, dt \qquad (7.49)$$

が成り立つ．ここで，検定統計量 T_n と確率変数 $\widetilde{T}_n$ を

$$T_n = \frac{\sqrt{n}\,(\overline{p}_n - p_0)}{\sqrt{p_0(1-p_0)}}, \quad \widetilde{T}_n := \frac{\sqrt{n}\,(\overline{p}_n - p)}{\sqrt{p(1-p)}} \qquad (7.50)$$

と定める．このとき，(7.49) より，n が十分大きいとき，$\widetilde{T}_n$ の分布の形は，標準正規分布 $N(0,1)$ の形に近づく．以下では n は十分大きいと仮定し，有意水準 α $(0 < \alpha < 1)$ を固定し，対立仮説 (7.47) と (7.48) のそれぞれについて，対応する棄却域 W の決め方を解説する．

まず，H_0 のもとで $T_n = \widetilde{T}_n$ が成り立つため，H_0 のもとで T_n の分布の形は，$N(0,1)$ の形に近い．よって，母比率 p_0 のもとでの T_n の密度関数 $f_{p_0}(x)$ が，次式 (7.51) で与えられるとする．

$$f_{p_0}(x) = \frac{1}{\sqrt{2\pi}}\, e^{-\frac{x^2}{2}} \quad (x \in \mathbb{R}). \qquad (7.51)$$

ここで，2 つの関数 $c(p)$ と $d_n(p)$ を

$$c(p) := \frac{\sqrt{p(1-p)}}{\sqrt{p_0(1-p_0)}}, \quad d_n(p) := \frac{\sqrt{n}\,(p - p_0)}{\sqrt{p_0(1-p_0)}}$$

と定めると，T_n と $\widetilde{T}_n$ は関係式 $T_n = c(p)\widetilde{T}_n + d_n(p)$ をみたす．この関係式と補題 2.1.1，および (7.51) より，母比率 p のもとでの T_n の密度関数 $f_p(x)$ は

$$f_p(x) = \frac{1}{c(p)} f_{p_0}\left(\frac{x - d_n(p)}{c(p)}\right) = \frac{1}{\sqrt{2\pi} \cdot c(p)} \exp\left(-\frac{(x - d_n(p))^2}{2c(p)^2}\right) \quad (7.52)$$

で与えられる．このとき，2 つの記号 $p_0^{(n)}(x)$ と $\kappa_x(p)$ を

$$p_0^{(n)}(x) := p_0 + x\sqrt{\frac{p_0(1 - p_0)}{n}},$$

$$\kappa_x(p) := \left(p - p_0^{(n)}(x)\right)\left((2p_0^{(n)}(x) - 1)p - p_0^{(n)}(x)\right)$$

と定めると，$\log f_p(x)$ の p に関する微分は，この 2 つの記号 $p_0^{(n)}(x)$ と $\kappa_x(p)$ を用いて次のように計算できる．

$$\frac{d}{dp} \log f_p(x) = \frac{n}{2p^2(1 - p)^2}\left\{\frac{(2p - 1)p(1 - p)}{n} + \kappa_x(p)\right\}. \quad (7.53)$$

ここで，n が十分大きければ，(7.53) の $(2p - 1)p(1 - p)/n$ は 0 に近い値であるため，次の 2 つの同値関係が近似的に成り立つと考えてよい．

$$(a_1) \quad \frac{\frac{d}{dp} f_p(x)}{f_p(x)} = \frac{d}{dp} \log f_p(x) > 0 \iff \kappa_x(p) > 0,$$

$$(a_2) \quad \frac{\frac{d}{dp} f_p(x)}{f_p(x)} = \frac{d}{dp} \log f_p(x) < 0 \iff \kappa_x(p) < 0.$$

以下では，実数 x を任意に取り固定して議論する．この x に対し，n が十分大きければ，次の不等式

$$-\sqrt{n}\sqrt{\frac{p_0}{1 - p_0}} < x < \sqrt{n}\sqrt{\frac{1 - p_0}{p_0}} \quad \left(\text{つまり } 0 < p_0^{(n)}(x) < 1\right) \quad (7.54)$$

をみたす．この不等式 (7.54) をみたすとき，$\kappa_x(p)$ の符号に関して次の関係式

(b_1) $\kappa_x(p) > 0$ $\left(0 < p < p_0^{(n)}(x)\right)$, $\quad (b_2)$ $\kappa_x(p) < 0$ $\left(p_0^{(n)}(x) < p < 1\right)$

が成り立つ．よって，(a_1), (a_2), (b_1), (b_2) より，n が十分大きく不等式 (7.54) をみたすとき，次の 2 つの同値関係が近似的に成り立つと考えてよい．

$$(c_1) \quad \frac{d}{dp} f_p(x) > 0 \iff p \in \left(0, p_0^{(n)}(x)\right),$$

$$(c_2) \quad \frac{d}{dp} f_p(x) < 0 \iff p \in \left(p_0^{(n)}(x), 1 \right).$$

一方で, $p_0^{(n)}(x)$ と p_0 の大小関係について, 次の2つの同値関係が成り立つ.

$$(d_1) \quad p_0^{(n)}(x) \geq p_0 \iff x \geq 0, \qquad (d_2) \quad p_0^{(n)}(x) \leq p_0 \iff x \leq 0.$$

したがって, (c_1), (c_2), (d_1), (d_2) より, n が十分大きく不等式 (7.54) をみたすとき, 次の3つの近似式が成り立つ.

$$\sup_{p \in (0,1)} f_p(x) = \max_{p \in (0,1)} f_p(x) \approx f_{p_0^{(n)}(x)}(x), \tag{7.55}$$

$$\sup_{p \in [p_0,1)} f_p(x) = \max_{p \in [p_0,1)} f_p(x) \approx \begin{cases} f_{p_0^{(n)}(x)}(x) & (x > 0) \\ f_{p_0}(x) & (x \leq 0), \end{cases} \tag{7.56}$$

$$\sup_{p \in (0,p_0]} f_p(x) = \max_{p \in (0,p_0]} f_p(x) \approx \begin{cases} f_{p_0}(x) & (x > 0) \\ f_{p_0^{(n)}(x)}(x) & (x \leq 0). \end{cases} \tag{7.57}$$

なお, n が十分大きく, (7.54) をみたすとき, 次の関係式

$$c\left(p_0^{(n)}(x) \right) = \left(1 + \frac{x}{\sqrt{n}} \sqrt{\frac{1 - p_0}{p_0}} \right)^{\frac{1}{2}} \left(1 - \frac{x}{\sqrt{n}} \sqrt{\frac{p_0}{1 - p_0}} \right)^{\frac{1}{2}}$$

が成り立つ. また, 関係式 $d_n\left(p_0^{(n)}(x) \right) = x$ も成り立つ. この2つの関係式より, (7.54) をみたすとき, $f_{p_0^{(n)}(x)}(x)$ は

$$f_{p_0^{(n)}(x)}(x) = \frac{1}{\sqrt{2\pi} \cdot c\left(p_0^{(n)}(x) \right)} \approx \frac{1}{\sqrt{2\pi}} \tag{7.58}$$

と近似計算できる.

(1) 対立仮説が $H_1 : p \neq p_0$ の場合を考える. このとき, (7.51), (7.55) および (7.58) より, 実数 x に対して n が十分大きければ, T_n の尤度比関数 (7.6) は次のように近似計算できる.

$$\Lambda(x) = \frac{f_{p_0}(x)}{\sup_{p \in (0,1)} f_p(x)} \approx e^{-\frac{x^2}{2}}. \tag{7.59}$$

よって, $0 < c < 1$ を用いて棄却域 W を

$$W = \left\{ x \in \mathbb{R} \mid \Lambda(x) \leq c \right\} = \left(-\infty, -\sqrt{-2\log c}\,\right] \cup \left[\sqrt{-2\log c}, \infty \right)$$

と決める. ここで, 関係式 (7.3) より, $\sqrt{-2\log c} = z_{\alpha/2}$ となる:

$$W = (-\infty, -z_{\alpha/2}] \cup [z_{\alpha/2}, \infty). \tag{7.60}$$

(2)　対立仮説が $H_1 : p > p_0$ の場合を考える．このとき，(7.51), (7.56) および (7.58) より，実数 x に対して n が十分大きければ，T_n の尤度比関数 (7.6) は次のように近似計算できる．

$$\Lambda(x) = \frac{f_{p_0}(x)}{\sup_{p \in [p_0, 1)} f_p(x)} \approx \begin{cases} e^{-\frac{x^2}{2}} & (x > 0) \\ 1 & (x \leq 0). \end{cases} \tag{7.61}$$

よって，$0 < c < 1$ を用いて棄却域 W を

$$W = \{x \in \mathbb{R} \mid \Lambda(x) \leq c\} = [\sqrt{-2\log c}, \infty)$$

と決める．ここで，関係式 (7.3) より，$\sqrt{-2\log c} = z_\alpha$ となる：

$$W = [z_\alpha, \infty). \tag{7.62}$$

(3)　対立仮説が $H_1 : p < p_0$ の場合を考える．このとき，(7.51), (7.57) および (7.58) より，実数 x に対して n が十分大きければ，T_n の尤度比関数 (7.6) は次のように近似計算できる．

$$\Lambda(x) = \frac{f_{p_0}(x)}{\sup_{p \in (0, p_0]} f_p(x)} \approx \begin{cases} 1 & (x > 0) \\ e^{-\frac{x^2}{2}} & (x \leq 0). \end{cases} \tag{7.63}$$

よって，$0 < c < 1$ を用いて棄却域 W を

$$W = \{x \in \mathbb{R} \mid \Lambda(x) \leq c\} = (-\infty, -\sqrt{-2\log c}\,]$$

と決める．ここで，関係式 (7.3) より，$-\sqrt{-2\log c} = -z_\alpha$ となる：

$$W = (-\infty, -z_\alpha]. \tag{7.64}$$

── 例題 7.4.1 ──────────────────────

　　不良率が 0.05 であるとされていた工程を，不良品が少なくなるように対策した．対策後に改善されたか否かを調べるため無作為に 500 個抽出して調べたところ，不良品が 15 個あった．このとき，この対策により工程は改善されたといえるか，有意水準 5% で検定せよ．

【解答】　工程が改善されたとは，対策後の真の不良率 p が $p_0 = 0.05$ より小さいことを意味する．よって，帰無仮説 $H_0 : p = p_0$ と対立仮説 $H_1 : p < p_0$ について，500 個

の無作為抽出における不良率 $\overline{p}_{500}$ と，(7.50) で定めた検定統計量 T_{500} を用いて，有意水準 5% で検定する．まず，(7.64) と表 C.2 より，棄却域は $W = (-\infty, -z_{0.05}] = (-\infty, -1.645]$ である．一方で，$\overline{p}_{500}$ の実現値が $15/500$ であるため，T_{500} の実現値 t_{500} は

$$t_{500} = \frac{\sqrt{500}\,(\frac{15}{500} - 0.05)}{\sqrt{0.05(1 - 0.05)}} = -2.052$$

と計算できる．このとき，$t_{500} \in W$ であるため，帰無仮説 H_0 を棄却する．したがって，この対策により工程は改善されたといえる．　　　　　　　　　　　　　　□

演 習 問 題

演習 7.1　定説によると，生まれてくる子供の男女比は，男：女 = 51 : 49 であるとされている．ある集団に対して調査した結果，男の子の出生数が 5383 人であり，女の子の出生数が 5125 人であった．この調査結果に基づき，定説が誤りであると判断できるか，（両側検定を用いて）有意水準 5% で検定せよ．

演習 7.2　$X_1, X_2, \ldots, X_n$ を正規母集団 $N(\mu, 4.0)$ からの大きさ n の無作為標本とする．このとき，帰無仮説 $H_0: \mu = 0$ と対立仮説 $H_1: \mu > 0$ を，検定統計量

$$T_n = \frac{\sqrt{n}\,\overline{X}_n}{2}$$

を利用して有意水準 5% で検定する．このとき，検出力関数 $1 - \beta(\mu)$ $(\mu > 0)$ を計算せよ．また，$\mu = 1$ における検出力 $1 - \beta(1)$ を 0.90 以上とするためには，n の値はいくつ以上でなければならないか答えよ．

演習 7.3　表が出る確率が $1/6$ のコイン A と，表が出る確率が $5/6$ のコイン B の区別ができなくなった．そのため，試しに片方のコインを選び，そのコインが 2 回表を出すまで繰り返し投げて，そのコインがコイン A かコイン B かを判断することにした．まず，このコインの表が出る確率を p とし，帰無仮説 H_0 と対立仮説 H_1 を

$$H_0: p = \frac{1}{6}, \quad H_1: p = \frac{5}{6}$$

とする．次に，1 回目の表が出るまでに裏が出た回数を X_1 とおき，1 回目の表が出た後に 2 回目の表が出るまでに裏が出た回数を X_2 とおく．X_1 か X_2 の少なくとも一方が 1 以下の場合に H_0 を棄却し，それ以外の場合に H_0 を受容するとき，第 1 種の誤りを起こす確率 α と，$p = 5/6$ のもとで第 2 種の誤りを起こす確率 $\beta(5/6)$ を求めよ．

付録 A

付　　録

A.1　ロピタルの定理

　この節では，不定形の極限を求める際に有効であり，本書の様々な場面で活用するロピタルの定理を紹介する．まず，ロピタルの定理の証明のための準備として，ロルの定理とコーシーの平均値の定理を紹介する．ロルの定理は高等学校の数学の教科書でも扱われるため，本書では証明は省略する．

> **定理 A.1.1**（ロルの定理）　関数 $f(x)$ が閉区間 $[a, b]$ で連続であり，開区間 (a, b) で微分可能であり，$f(a) = f(b)$ をみたすとする．このとき，次の条件
> $$f'(c) = 0 \quad (a < c < b)$$
> をみたす実数 c が存在する．

ロルの定理を用いてコーシーの平均値の定理を証明する．

> **定理 A.1.2**（コーシーの平均値の定理）　関数 $f(x)$ と $g(x)$ は，閉区間 $[a, b]$ で連続であり，開区間 (a, b) で微分可能であり，$g'(x) \neq 0$ $(x \in (a, b))$ をみたすとする．このとき，$g(a) \neq g(b)$ が成り立ち，さらに次の条件
> $$\frac{f'(c)}{g'(c)} = \frac{f(b) - f(a)}{g(b) - g(a)} \quad (a < c < b)$$
> をみたす実数 c が存在する．

[証明]　$g(a) = g(b)$ と仮定すると，ロルの定理より，$g'(c) = 0$ をみたす $c \in (a, b)$ が存在し矛盾が生じる．したがって，$g(a) \neq g(b)$ が成り立つ．次に，関数 $F(x)$ を

$$F(x) = f(x) - f(b) - \frac{f(b) - f(a)}{g(b) - g(a)} \left(g(x) - g(a) \right)$$

とおく．このとき，$F(a) = F(b)$ をみたすため，ロルの定理より，次の条件

$$F'(c) = f'(c) - \frac{f(b) - f(a)}{g(b) - g(a)} g'(c) = 0 \quad (a < c < b)$$

をみたす実数 c が存在する. □

コーシーの平均値の定理を用いると，次の「ロピタルの定理」を証明することができる.

> **定理 A.1.3** （ロピタルの定理） a は実数か $\pm\infty$ とする．関数 $f(x)$ と $g(x)$ は，点 a の近くで定義されており，微分可能とする．さらに，点 a の近くで $g'(x) \neq 0$ であり，$A = \lim_{x \to a} f(x) = \lim_{x \to a} g(x) = 0$ （または $\pm\infty$）であるとする．このとき，
>
> $$l = \lim_{x \to a} \frac{f'(x)}{g'(x)} \text{ となる実数 } l \text{ が存在} \implies \lim_{x \to a} \frac{f(x)}{g(x)} = \lim_{x \to a} \frac{f'(x)}{g'(x)}$$
>
> が成り立つ.

[証明]　(1)　a が実数で $A = 0$ の場合を考える．このとき，$f(a) = g(a) = 0$ と定めると，$f(x), g(x)$ は a で連続である．よって，コーシーの平均値の定理より，a と $x \, (\neq a)$ の間に c_x が存在して，次式が成り立つ.

$$\frac{f(x)}{g(x)} = \frac{f(x) - f(a)}{g(x) - g(a)} = \frac{f'(c_x)}{g'(c_x)}. \tag{A.1}$$

$x \to a$ のとき $c_x \to a$ であるため，(A.1) より，次式が成り立つ.

$$\lim_{x \to a} \frac{f(x)}{g(x)} = \lim_{c_x \to a} \frac{f'(c_x)}{g'(c_x)} = l.$$

　(2)　a が実数で $A = \pm\infty$ の場合を考える．この場合に厳密に証明するためには，ε-δ 論法が必要になり，本書で想定する水準を超える．よって，ここでは直観的な証明を行う．まず，$y \, (\neq a)$ を a の十分近くに取り，a と y の間の z に対しては次の近似式

$$\frac{f'(z)}{g'(z)} \approx l \tag{A.2}$$

が成り立つようにしておく．次に，a と y の間に $x \, (\neq y)$ を取る．このとき，コーシーの平均値の定理より，x と y の間に $c_{x,y}$ が存在して，次の関係式

$$\frac{f(x) - f(y)}{g(x) - g(y)} = \frac{f'(c_{x,y})}{g'(c_{x,y})}$$

が成り立つ．したがって，次式が成り立つ.

$$\frac{f(x)}{g(x)} = \frac{f(y) - f(x)}{g(y) - g(x)} \cdot \frac{\frac{f(x)}{f(y) - f(x)}}{\frac{g(x)}{g(y) - g(x)}} = \frac{f'(c_{x,y})}{g'(c_{x,y})} \cdot \frac{-1 + \frac{f(y)}{f(y) - f(x)}}{-1 + \frac{g(y)}{g(y) - g(x)}}. \quad \text{(A.3)}$$

$A = \pm\infty$ であるため, x を a に十分近づけると, 次の近似式

$$\frac{-1 + \frac{f(y)}{f(y) - f(x)}}{-1 + \frac{g(y)}{g(y) - g(x)}} \approx 1 \quad \text{(A.4)}$$

が成り立つ. 一方で, $c_{x,y}$ は a と y の間を動くことに注意すると, x を a に十分近づけるとき, (A.2) と (A.4) より, (A.3) は次のように近似計算できる.

$$\frac{f(x)}{g(x)} = \frac{f'(c_{x,y})}{g'(c_{x,y})} \cdot \frac{-1 + \frac{f(y)}{f(y) - f(x)}}{-1 + \frac{g(y)}{g(y) - g(x)}} \approx l \cdot 1 = l.$$

したがって, $\lim_{x \to a} f(x)/g(x) = l$ が成り立つ.

(3) $a = \infty$ で, $A = 0$ または $\pm\infty$ の場合を考える. 関数 $F(x)$ と $G(x)$ を

$$F(x) = f\left(\frac{1}{x}\right), \quad G(x) = g\left(\frac{1}{x}\right) \quad (x > 0)$$

とおく. このとき, 仮定より, $\lim_{x \to +0} F(x) = \lim_{x \to +0} G(x) = A$ が成り立つ. さらに, $F'(x) = -x^{-2} f'(1/x)$ と $G'(x) = -x^{-2} g'(1/x) \neq 0$ より,

$$\frac{F'(x)}{G'(x)} = \frac{f'(1/x)}{g'(1/x)} \to l \quad (x \to +0)$$

が成り立つ. よって, この証明の (1), (2) ですでに証明した結果より, 関係式

$$\lim_{x \to +0} \frac{F'(x)}{G'(x)} = \lim_{x \to +0} \frac{F(x)}{G(x)} \quad \text{(A.5)}$$

が成り立つ. 一方で, 次の2つの関係式

$$\lim_{x \to +0} \frac{F'(x)}{G'(x)} = \lim_{x \to \infty} \frac{f'(x)}{g'(x)}, \quad \lim_{x \to +0} \frac{F(x)}{G(x)} = \lim_{x \to \infty} \frac{f(x)}{g(x)} \quad \text{(A.6)}$$

が成り立つため, (A.5) と (A.6) より結論が得られる.

(4) $a = -\infty$ の場合は, $a = \infty$ の場合と同様にして結論を証明することができる.

$\square$

A.2 順列と組合せ

本節では, 確率を計算するために必要となる順列と組合せについて解説する.

a, b, c, d, e, f の6つの文字から3つを取り出し, 順番に並べる方法が何通りあるか考える. 1番目には a, b, c, d, e, f の6つを置くことが可能であり, 2番目には

1番目に置いた文字以外の5つを置くことが可能であり，3番目には1番目と2番目に置いた文字以外の4つを置くことが可能である．したがって，すべての方法は $6 \times 5 \times 4 = 120$ 通りある．

一般に，異なる n 個の要素から $r \ (1 \leq r \leq n)$ 個の要素を取り出して，順序をつけて1列に並べる配列を，n 個から r 個取る**順列** (permutation) といい，その総数を

$$_n\mathrm{P}_r = n(n-1)(n-2) \cdots (n-r+1)$$

で表す．特に $r = n$ のとき，$_n\mathrm{P}_n$ を n の**階乗**といい，$n!$ で表す．この階乗の記号を用いると $_n\mathrm{P}_r = n!/(n-r)!$ である．また形式上の都合から $0! = 1$ と約束する．他にも便利な記号として，1つ飛ばしに自然数の積を取る**二重階乗**を次で定義する．

$$(2n)!! = (2n) \cdot (2n-2) \cdots 2, \quad (2n+1)!! = (2n+1) \cdot (2n-1) \cdots 3 \cdot 1. \quad \text{(A.7)}$$

次に，a, b, c, d, e, f の6つの文字から3つを選ぶ選び方が何通りあるかを考える．まず，6つの文字から3つ選んで順序をつけて1列に並べる順列の数は $6 \times 5 \times 4 = 120$ 通りであった．ところが，たとえば b, d, f の3つを選んだ場合，(b, d, f), (b, f, d), (d, b, f), (d, f, b), (f, b, d), (f, d, b) の6つの順列は，文字の選び方としては同じとみなされ，この順列は $3!$ 通りある．よって，求める選び方は $(6 \times 5 \times 4)/3!$ 通りである．

一般に，異なる n 個の要素から $r \ (1 \leq r \leq n)$ 個の要素を取り出して，順列は考慮せず1組にしたものを，n 個から r 個取る**組合せ** (combination) といい，その総数を

$$_n\mathrm{C}_r = \frac{_n\mathrm{P}_r}{r!} = \frac{n(n-1)(n-2) \cdots (n-r+1)}{r!} = \frac{n!}{r! \, (n-r)!} \qquad \text{(A.8)}$$

で表す．また，公式 (A.8) が $r = 0$ のときも成り立つように，$_n\mathrm{C}_0 = 1$ と約束する．他にも，組合せの本来の意味を考えて

$$_n\mathrm{C}_r = 0 \quad (r \leq -1 \text{ または } r \geq n+1) \qquad \text{(A.9)}$$

も約束する．$_n\mathrm{C}_0 = 1$ と (A.9) の規約からは様々な形式上のメリットが得られる．

次の公式 (A.10) は基本的であり，証明も容易である．

$$_{n+1}\mathrm{C}_r = {_n\mathrm{C}_r} + {_n\mathrm{C}_{r-1}} \quad (1 \leq r \leq n). \qquad \text{(A.10)}$$

なお，$_n\mathrm{C}_0 = 1$ と (A.9) の規約より，任意の自然数 n と整数 r に対して (A.10) が成り立つ．

組合せは二項展開の係数にも表れ，次の二項定理としてよく知られている．

定理 A.2.1 （**二項定理**） 次式が成り立つ．

$$(a+b)^n = \sum_{k=0}^{n} {_n\mathrm{C}_k} \, a^k b^{n-k} = a^n + na^{n-1}b + \cdots + nab^{n-1} + b^n. \quad \text{(A.11)}$$

（ただし，n は自然数で，a, b は実数とする．）

[証明]　自然数 n に関する数学的帰納法で証明する．$n=1$ のとき，(A.11) が成り立つことは明らかである．n で (A.11) が成り立つと仮定する．このとき，$n+1$ の場合は，帰納法の仮定より次のように計算できる．

$$(a+b)^{n+1} = (a+b)\sum_{k=0}^{n} {}_n\mathrm{C}_k\, a^k b^{n-k} = \sum_{k=0}^{n} {}_n\mathrm{C}_k\, a^{k+1}b^{n-k} + \sum_{k=0}^{n} {}_n\mathrm{C}_k\, a^k b^{n+1-k}$$

$$= \sum_{k'=1}^{n+1} {}_n\mathrm{C}_{k'-1}\, a^{k'} b^{n+1-k'} + \sum_{k=0}^{n} {}_n\mathrm{C}_k\, a^k b^{n+1-k} \qquad (k'=k+1)$$

$$= a^{n+1} + \sum_{k'=1}^{n} {}_n\mathrm{C}_{k'-1}\, a^{k'} b^{n+1-k'} + \sum_{k=1}^{n} {}_n\mathrm{C}_k\, a^k b^{n+1-k} + b^{n+1}$$

$$= a^{n+1} + \sum_{k=1}^{n} ({}_n\mathrm{C}_{k-1} + {}_n\mathrm{C}_k)a^k b^{n+1-k} + b^{n+1}. \tag{A.12}$$

ここで，(A.10) より，関係式 ${}_n\mathrm{C}_{k-1} + {}_n\mathrm{C}_k = {}_{n+1}\mathrm{C}_k$ が成り立つため，この関係式を (A.12) に代入することで，$n+1$ でも (A.11) が成り立つ．　　　□

　二項定理の (A.11) において，$(a,b)=(1,1)$ や $(-1,1)$ を代入することで，次の2つの公式が得られる．

$$\sum_{k=0}^{n} {}_n\mathrm{C}_k = 2^n, \qquad \sum_{k=0}^{n} (-1)^k\, {}_n\mathrm{C}_k = 0.$$

　n, m は自然数で，a, b は実数とする．このとき，$(a+b)^{n+m} = (a+b)^n \cdot (a+b)^m$ が成り立つことと，二項定理より，次式が得られる．

$$\sum_{r=0}^{n+m} {}_{n+m}\mathrm{C}_r\, a^r b^{n+m-r} = \left(\sum_{k=0}^{n} {}_n\mathrm{C}_k\, a^k b^{n-k}\right)\left(\sum_{l=0}^{m} {}_m\mathrm{C}_l\, a^l b^{m-l}\right)$$

$$= \sum_{k=0}^{n}\sum_{l=0}^{m} {}_n\mathrm{C}_k \cdot {}_m\mathrm{C}_l\, a^{k+l} b^{n+m-(k+l)} \tag{A.13}$$

$$= \sum_{r=0}^{n+m}\left(\sum_{k=0\vee(r-m)}^{r\wedge n} {}_n\mathrm{C}_k \cdot {}_m\mathrm{C}_{r-k}\right)a^r b^{n+m-r} \quad (r=k+l).$$

ここで，$k \wedge l$ は k と l の小さい方，$k \vee l$ は k と l の大きい方とする．また，(A.9) の規約より，次の関係式

$$_m\mathrm{C}_{-1} = {}_m\mathrm{C}_{-2} = \cdots = 0, \quad {}_m\mathrm{C}_{m+1} = {}_m\mathrm{C}_{m+2} = \cdots = 0 \tag{A.14}$$

が成り立つ．したがって，(A.13) と (A.14) より，次式も得られる．

$$\sum_{r=0}^{n+m} {}_{n+m}\mathrm{C}_r\, a^r b^{n+m-r} = \sum_{r=0}^{n+m}\left(\sum_{k=0}^{n} {}_n\mathrm{C}_k \cdot {}_m\mathrm{C}_{r-k}\right)a^r b^{n+m-r}. \tag{A.15}$$

(A.13) と (A.15) の両辺の $a^r b^{n+m-r}$ の係数を比較することで，ヴァンデルモンドの畳み込みとよばれる次の恒等式 (A.16) が得られる.

補題 A.2.1 自然数 $n, m \geq 1$ と，$0 \leq r \leq n+m$ をみたす整数 r に対し，次式が成り立つ.

$$_{n+m}\mathrm{C}_r = \sum_{k=0\vee(r-m)}^{r\wedge n} {}_n\mathrm{C}_k \cdot {}_m\mathrm{C}_{r-k} = \sum_{k=0}^{n} {}_n\mathrm{C}_k \cdot {}_m\mathrm{C}_{r-k}. \quad (A.16)$$

ここで，$k \wedge l$ は k と l の小さい方，$k \vee l$ は k と l の大きい方とする.

本書では，二項分布の再生性（系 3.1.2）を証明するときに (A.16) を利用する. それ以外でも，(A.16) を用いることで，(A.10) を含む様々な公式を導出できる. まず，(A.16) において，$m = 1$ および $1 \leq r \leq n$ とおくと，公式

$$_{n+1}\mathrm{C}_r = \sum_{k=0\vee(r-1)}^{r\wedge n} {}_n\mathrm{C}_k \cdot {}_1\mathrm{C}_{r-k} = \sum_{k=r-1}^{r} {}_n\mathrm{C}_k \cdot {}_1\mathrm{C}_{r-k}$$
$$= {}_n\mathrm{C}_{r-1} \cdot {}_1\mathrm{C}_1 + {}_n\mathrm{C}_r \cdot {}_1\mathrm{C}_0 = {}_n\mathrm{C}_{r-1} + {}_n\mathrm{C}_r$$

が得られ，公式 (A.10) を導出することができる. 次に，(A.16) において $n = m = r$ とおき，関係式 ${}_n\mathrm{C}_k = {}_n\mathrm{C}_{n-k}$ を用いると，次の公式を導出することができる.

$$_{2n}\mathrm{C}_n = \sum_{k=0}^{n} {}_n\mathrm{C}_k \cdot {}_n\mathrm{C}_{n-k} = \sum_{k=0}^{n} ({}_n\mathrm{C}_k)^2.$$

次の累乗の和の公式も二項定理から直ちに導かれる. 累乗の和の公式は，さいころを振って出る目の平均や分散を計算するときに利用する重要な公式である.

例題 A.2.1（累乗の和の公式）

自然数の和の公式 $\sum_{k=1}^{n} k = n(n+1)/2$ と，二項定理を用いて，次の和の公式を示せ.

$$\sum_{k=1}^{n} k^2 = \frac{n(n+1)(2n+1)}{6}, \quad \sum_{k=1}^{n} k^3 = \left(\frac{n(n+1)}{2}\right)^2.$$

【解答】 二項定理より，関係式 $(k+1)^3 - k^3 = 3k^2 + 3k + 1$ が成り立つ. よって，$1 \leq k \leq n$ の範囲でこの関係式の辺々を加えると次式が得られる.

$$(n+1)^3 - 1^3 = 3\sum_{k=1}^{n} k^2 + 3\sum_{k=1}^{n} k + n. \quad (A.17)$$

ここで，$\sum_{k=1}^{n} k$ の公式を，(A.17) に代入して整理することで，$\sum_{k=1}^{n} k^2$ の公式が

得られる．さらに，二項定理より，関係式 $(k+1)^4 - k^4 = 4k^3 + 6k^2 + 4k + 1$ が成り立つため，$1 \leq k \leq n$ の範囲でこの関係式の辺々を加えることで，次式

$$(n+1)^4 - 1^4 = 4\sum_{k=1}^{n} k^3 + 6\sum_{k=1}^{n} k^2 + 4\sum_{k=1}^{n} k + n \tag{A.18}$$

が得られる．ここで，$\sum_{k=1}^{n} k$ と $\sum_{k=1}^{n} k^2$ の公式を，(A.18) に代入して整理することで $\sum_{k=1}^{n} k^3$ の公式が得られる． $\square$

二項定理の二項式の展開を，多項式の展開に対して一般化すると，次の多項定理が得られる．

定理 A.2.2（多項定理）　自然数 $n, k \geq 1$ と k 個の実数 $a_1, a_2, \ldots, a_k$ に対して，次式が成り立つ．

$$(a_1 + a_2 + \cdots + a_k)^n = \sum_{\substack{x_1 + x_2 + \cdots + x_k = n \\ x_i \geq 0 \ (1 \leq i \leq k)}} \frac{n!}{x_1! \, x_2! \cdots x_k!} a_1^{x_1} a_2^{x_2} \cdots a_k^{x_k}. \tag{A.19}$$

（ただし $x_1, x_2, \ldots, x_k$ は 0 以上の整数を表すものとする．）

[証明]　自然数 k に関する数学的帰納法で証明する．$k = 1$ のとき，(A.19) が成り立つことは明らか．$k = 2$ のとき，二項定理より，(A.19) が成り立つ．k で (A.19) が成り立つと仮定する．このとき，$k+1$ の場合は，二項定理と帰納法の仮定より，

$$(a_1 + a_2 + \cdots + a_k + a_{k+1})^n$$

$$= \sum_{x_{k+1}=0}^{n} \frac{n!}{x_{k+1}! \, (n - x_{k+1})!} a_{k+1}^{x_{k+1}} (a_1 + a_2 + \cdots + a_k)^{n - x_{k+1}}$$

$$= \sum_{x_{k+1}=0}^{n} \sum_{\substack{x_1 + x_2 + \cdots + x_k = n - x_{k+1} \\ x_i \geq 0 \ (1 \leq i \leq k)}} \frac{n!}{x_1! \, x_2! \cdots x_k! \, x_{k+1}!} a_1^{x_1} a_2^{x_2} \cdots a_k^{x_k} a_{k+1}^{x_{k+1}}$$

$$= \sum_{\substack{x_1 + x_2 + \cdots + x_{k+1} = n \\ x_i \geq 0 \ (1 \leq i \leq k+1)}} \frac{n!}{x_1! \, x_2! \cdots x_{k+1}!} a_1^{x_1} a_2^{x_2} \cdots a_{k+1}^{x_{k+1}}$$

と計算できるため，$k+1$ のときも (A.19) が成り立つ． $\square$

A.3　指数関数のマクローリン展開

自然対数の底の定義は $e = \lim_{h \to 0}(1+h)^{\frac{1}{h}} = 2.718\cdots$ である．よって，$a \neq 0$ と b, c に対して，次の公式が成り立つ．

$$\lim_{n \to \infty} \left(1 + \frac{a}{n}\right)^{bn+c} = \left(\lim_{n \to \infty} \left(1 + \frac{a}{n}\right)^{\frac{n}{a}}\right)^{ab} \cdot \lim_{n \to \infty} \left(1 + \frac{a}{n}\right)^c = e^{ab}. \quad (A.20)$$

次の公式 (A.21) は，指数関数のマクローリン展開として知られている．

$$e^x = \sum_{k=0}^{\infty} \frac{x^k}{k!} \qquad (-\infty < x < \infty). \quad (A.21)$$

本節では，マクローリン展開を未習の読者のために，二項定理を利用して，(A.21) の形式的な証明を与える．まず $x = 0$ のとき，(A.21) の両辺は 1 である．以下では $x \neq 0$ とする．このとき，(A.20) に $a = x$，$b = 1$，$c = 0$ を代入することで，次式

$$e^x = \lim_{n \to \infty} \left(1 + \frac{x}{n}\right)^n \quad (A.22)$$

が得られる．ここで，二項定理より，次式が成り立つ．

$$\left(1 + \frac{x}{n}\right)^n = \sum_{k=0}^{n} {}_n\mathrm{C}_k \left(\frac{x}{n}\right)^k = \sum_{k=0}^{n} 1 \cdot \left(1 - \frac{1}{n}\right) \cdots \left(1 - \frac{k-1}{n}\right) \frac{x^k}{k!}. \quad (A.23)$$

また，各 k に対して，次式が成り立つ．

$$\lim_{n \to \infty} 1 \cdot \left(1 - \frac{1}{n}\right) \cdots \left(1 - \frac{k-1}{n}\right) = 1. \quad (A.24)$$

したがって，(A.23) と (A.24) を用いて (A.22) を形式的に計算することで，次式

$$e^x = \lim_{n \to \infty} \sum_{k=0}^{n} 1 \cdot \left(1 - \frac{1}{n}\right) \cdots \left(1 - \frac{k-1}{n}\right) \frac{x^k}{k!} = \sum_{k=0}^{\infty} \frac{x^k}{k!}$$

が成り立ち，(A.21) が得られる．なお，本節で紹介した「二項定理を利用した (A.21) の証明」のアイデアは，A.4 節でも用いる．

A.4 ポアソンの少数の法則

本節では，ポアソンの少数の法則について解説する．$\lambda > 0$ は定数とし，λ より大きい各自然数 n に対して (Ω, P) 上の確率変数 X_n が二項分布 $B(n, \lambda/n)$ に従うとする．このとき，n が十分大きければ，X_n の分布はポアソン分布 $Po(\lambda)$ で近似できる．本節ではこのことを説明する．まず，各 n $(> \lambda)$ に対して $p_n = \lambda/n$ とおく．各自然数 k に対して，自然数 n が $n \geq k$ をみたせば，$P(X_n = k)$ は

$$\begin{aligned} P(X_n = k) &= {}_n\mathrm{C}_k \, p_n^k (1 - p_n)^{n-k} \\ &= \frac{1}{k!} \, 1 \cdot \left(1 - \frac{1}{n}\right) \cdots \left(1 - \frac{k-1}{n}\right) (np_n)^k (1 - p_n)^{n-k} \end{aligned} \quad (A.25)$$

と計算できる．まず，$np_n = \lambda$ より，次式が成り立つ．

$$\lim_{n \to \infty} 1 \cdot \left(1 - \frac{1}{n}\right) \cdots \left(1 - \frac{k-1}{n}\right) (np_n)^k = 1 \cdot \lambda^k. \quad (A.26)$$

次に, $e = \lim_{h\to 0}(1+h)^{\frac{1}{h}}$ と $\lim_{n\to\infty} p_n = 0$ より, 次式が成り立つ.

$$(1 - p_n)^{n-k} = \frac{1}{(1-p_n)^k}\left\{(1-p_n)^{-\frac{1}{p_n}}\right\}^{-np_n} \to e^{-\lambda} \qquad (n \to \infty). \quad \text{(A.27)}$$

(A.25), (A.26), (A.27) より, 次式が成り立つ.

$$\lim_{n\to\infty} P(X_n = k) = \frac{\lambda^k}{k!}\,e^{-\lambda}.$$

したがって, n が十分大きいとき, X_n の分布 $B(n, \lambda/n)$ は $Po(\lambda)$ で近似できる. このことを**二項分布のポアソン近似**, または**ポアソンの少数の法則**とよぶ.

━ 例題 A.4.1 ━━━━━━━━━━━━━━━━━━━━━━━━━━━━━━━

不良品が 1% である製造ラインから, 200 個の製品を無作為に抽出して不良品か否かを調べる. 200 個の中に 3 個以上の不良品が含まれる確率を, まず二項分布を利用して計算し, 次に二項分布のポアソン近似を利用して計算せよ.

【解答】 X を不良品の個数とする. このとき, 3 個以上の不良品が含まれる確率は

$$P(X \geq 3) = 1 - \left\{P(X = 0) + P(X = 1) + P(X = 2)\right\}$$

と表せる. X は $B(200, 0.01)$ に従うため, $P(X = k) = {}_{200}\mathrm{C}_k (0.01)^k (0.99)^{200-k}$ であり, $P(X \geq 3) = 1 - \{0.134 + 0.271 + 0.271\} = 0.324$ と計算できる. 次に, $\lambda = 200 \times 0.01 = 2$ とおき, X が近似的にポアソン分布 $Po(2)$ に従うと考えることで, $P(X = k) \approx e^{-2}\frac{2^k}{k!}$ と近似計算できる. この近似計算により, $P(X \geq 3) \approx 1 - \{0.135 + 0.271 + 0.271\} = 0.323$ が得られる. なお, この 0.323 という値はあくまで 0.324 の近似値である. 200 程度のサンプルでポアソン近似することで, この程度の誤差で確率を近似計算できる.   □

A.5 指数分布の導出

「単位時間あたりに起こる確率が常に一定である無作為なイベントの発生間隔」を表す確率変数を X とすると, X は指数分布に従うことを説明する. まず仮定より, 「時刻 s でまだイベントが発生しないときの, 時刻 $s+t$ でもまだイベントが発生しない条件付き確率」$P(X > s+t \mid X > s)$ と, 「時刻 t でまだイベントが発生しない確率」$P(X > t)$ は等しい. したがって, 次式が成り立つ.

$$\begin{aligned} P(X > s+t) &= P(X > s+t, X > s) \\ &= P(X > s)P(X > s+t \mid X > s) = P(X > s)P(X > t). \end{aligned} \quad \text{(A.28)}$$

次に, $\varphi(t) = P(X > t)$ とおくと, $\varphi(t)$ は t の減少関数であり, (A.28) より,

$$\varphi(s+t) = \varphi(s)\varphi(t) \qquad (s, t \geq 0) \quad \text{(A.29)}$$

が成り立つ. 以下では, $\varphi(0) = P(X > 0) = 1$ が成り立ち, かつ次の 2 条件

$$0 < \varphi(a) = P(X > a) < 1, \quad C_a = \int_0^a \varphi(s)\, ds > 0$$

をみたす $a > 0$ が取れると仮定する．このとき，(A.29) の両辺を s について 0 から a まで積分することで，任意の $t \geq 0$ に対して次の方程式が得られる．

$$C_a \varphi(t) = \int_0^a \varphi(s+t)\, ds = \int_t^{a+t} \varphi(s)\, ds = \int_0^{a+t} \varphi(s)\, ds - \int_0^t \varphi(s)\, ds. \quad (A.30)$$

ここで，$\int_0^{a+t} \varphi(s)\, ds$ や $\int_0^t \varphi(s)\, ds$ は t に関する連続関数である．このことと方程式 (A.30) より，$\varphi(t)$ も t に関する連続関数である．また，方程式 (A.30) と「微積分学の基本定理」より，$\varphi(t)$ は t に関して微分可能であり，次の方程式

$$C_a \varphi'(t) = \varphi(a+t) - \varphi(t) \qquad (t \geq 0) \quad (A.31)$$

が成り立つ．この方程式 (A.31) と，$\varphi(a+t)$ および $\varphi(t)$ の t に関する連続性より，$\varphi'(t)$ も t に関して連続である．ここで，(A.29) の両辺を t で微分することで，$\varphi'(s+t) = \varphi(s)\varphi'(t)$ が得られ，さらに，この式で $t \to 0$ とすることで，関係式

$$\varphi'(s) = -\lambda \varphi(s) \qquad \left(\lambda = -\varphi'(0) = \frac{1 - \varphi(a)}{C_a} > 0 \right) \quad (A.32)$$

が得られる．ここで，条件 $\varphi(0) = P(X > 0) = 1$ のもとで (A.32) をみたすのは $\varphi(s) = e^{-\lambda s} \ (s \geq 0)$ である．したがって，次式

$$P(X \leq s) = 1 - \varphi(s) = 1 - e^{-\lambda s} = \int_0^s \lambda e^{-\lambda u}\, du \quad (s \geq 0)$$

が成り立ち，X は指数分布 $\mathrm{Exp}(\lambda)$ に従う．

A.6　確率変数の同分布性と独立性

2 つの確率変数が同じ分布に従うことを数学的に表現すると次のとおりである．

> **定義 A.6.1**（**同分布性**）　(Ω, P) 上の確率変数 X と Y が同じ分布に従うとは，任意の区間 I に対して $P(X \in I) = P(Y \in I)$ が成り立つことをいう．ここで，区間 I は $(a, b]$，(a, b)，$[a, b]$ 等の有界区間，$(-\infty, a]$，(a, ∞)，$\mathbb{R}$ 等の無限区間の他，$\{a\}$ などの 1 点集合でもよいものとする．

次の補題 A.6.1 は，本書において様々な結果を導き出す重要な役割を持つ．

> **補題 A.6.1**　(Ω, P) 上の確率変数 X と Y が同じ分布に従うとき，1 変数関数 $\varphi(x)$ に対し，(Ω, P) 上の確率変数 $\varphi(X)$ と $\varphi(Y)$ も同じ分布に従う．

[証明] ここでは，証明を簡単にするために，X の取り得る値が $\{z_1, z_2, \ldots\}$ の場合を考える．X と Y は同じ分布に従うため，このとき Y の取り得る値も $\{z_1, z_2, \ldots\}$ である．まず，任意の区間 I に対して，$A = \{z_i \mid \varphi(z_i) \in I\}$ と定める．このとき，

$$\{\omega \in \Omega \mid \varphi(X(\omega)) \in I\} = \{\omega \in \Omega \mid X(\omega) \in A\},$$
$$\{\omega \in \Omega \mid \varphi(Y(\omega)) \in I\} = \{\omega \in \Omega \mid Y(\omega) \in A\}$$

が成り立つため，次の 2 つの関係式

$$P(\varphi(X) \in I) = P(X \in A) = \sum_{z_i \in A} P(X = z_i),$$
$$P(\varphi(Y) \in I) = P(Y \in A) = \sum_{z_i \in A} P(Y = z_i)$$

も得られる．ここで，X と Y の同分布性より，$P(X = z_i) = P(Y = z_i)$ が成り立つため，$P(\varphi(X) \in I) = P(\varphi(Y) \in I)$ が得られ，$\varphi(X)$ と $\varphi(Y)$ も同分布である．□

 X, Y, Z, U, W が独立な確率変数のとき，次の補題 A.6.2 より，たとえば XY と $Z^2 e^U + W$ も独立であることがわかる．

補題 A.6.2 (Ω, P) 上の $n + m$ 個の確率変数

$$X_1, X_2, \ldots, X_n, Y_1, Y_2, \ldots, Y_m$$

は独立であるとする．このとき，n 変数関数 $g(x_1, x_2, \ldots, x_n)$ と，m 変数関数 $h(y_1, y_2, \ldots, y_m)$ に対し，(Ω, P) 上の 2 つの確率変数

$$g(X_1, X_2, \ldots, X_n), \quad h(Y_1, Y_2, \ldots, Y_m)$$

は独立である．

[証明] ここでは，証明を簡単にするために，n 変量確率変数 $X = (X_1, X_2, \ldots, X_n)$ と，m 変量確率変数 $Y = (Y_1, Y_2, \ldots, Y_m)$ の取り得るベクトル値が，それぞれ

$$\{x^{(1)} = (x_1^{(1)}, \ldots, x_n^{(1)}), \ x^{(2)} = (x_1^{(2)}, \ldots, x_n^{(2)}), \ldots\},$$
$$\{y^{(1)} = (y_1^{(1)}, \ldots, y_m^{(1)}), \ y^{(2)} = (y_1^{(2)}, \ldots, y_m^{(2)}), \ldots\}$$

の場合を考える．任意の区間 I と J に対して，集合 A と B を

$$A = \{x^{(i)} = (x_1^{(i)}, \ldots, x_n^{(i)}) \mid g(x_1^{(i)}, \ldots, x_n^{(i)}) \in I\},$$
$$B = \{y^{(j)} = (y_1^{(j)}, \ldots, y_m^{(j)}) \mid h(y_1^{(j)}, \ldots, y_m^{(j)}) \in J\}$$

と定める. このとき, 次の関係式が成り立つ.

$$\{\omega \in \Omega \mid g(X(\omega)) \in I\} = \{\omega \in \Omega \mid X(\omega) \in A\},$$
$$\{\omega \in \Omega \mid h(Y(\omega)) \in J\} = \{\omega \in \Omega \mid Y(\omega) \in B\}.$$

ここで $n + m$ 個の確率変数 $X_1, X_2, \ldots, X_n, Y_1, Y_2, \ldots, Y_m$ が独立であることと, 注意 3.1.1 より, n 個の確率変数 $X_1, X_2, \ldots, X_n$ も独立である. 同様に, m 個の確率変数 $Y_1, Y_2, \ldots, Y_m$ も独立である. したがって, 任意の i, j に対して, 次式

$$
\begin{aligned}
&P(X = x^{(i)}, Y = y^{(j)}) \\
&= P(X_1 = x_1^{(i)}, \ldots, X_n = x_n^{(i)}, Y_1 = y_1^{(j)}, \ldots, Y_m = y_m^{(j)}) \\
&= P(X_1 = x_1^{(i)}) \times \cdots \times P(X_n = x_n^{(i)}) \times P(Y_1 = y_1^{(j)}) \times \cdots \times P(Y_m = y_m^{(j)}) \\
&= P(X_1 = x_1^{(i)}, \ldots, X_n = x_n^{(i)}) \times P(Y_1 = y_1^{(j)}, \ldots, Y_m = y_m^{(j)}) \\
&= P(X = x^{(i)})P(Y = y^{(j)})
\end{aligned} \tag{A.33}
$$

が成り立つ. (A.33) より, 次の式変形

$$
\begin{aligned}
&P(g(X) \in I, \ h(Y) \in J) = P(X \in A, \ Y \in B) \\
&= \sum_{x^{(i)} \in A} \sum_{y^{(j)} \in B} P(X = x^{(i)}, Y = y^{(j)}) = \sum_{x^{(i)} \in A} \sum_{y^{(j)} \in B} P(X = x^{(i)})P(Y = y^{(j)}) \\
&= \sum_{x^{(i)} \in A} P(X = x^{(i)}) \times \sum_{y^{(j)} \in B} P(Y = y^{(j)}) \\
&= P(X \in A)P(Y \in B) = P(g(X) \in I)P(h(Y) \in J)
\end{aligned}
$$

が成り立つ. したがって, $g(X)$ と $h(Y)$ は独立である. $\qquad\square$

例 A.6.1 (Ω, P) 上の確率変数 $X_1, X_2, \ldots, X_n$ は独立であるとする. まず, $n - 1$ 変数関数 $g(x_1, x_2, \ldots, x_{n-1})$ と 1 変数関数 $h(x_n)$ を

$$g(x_1, x_2, \ldots, x_{n-1}) = x_1 \times x_2 \times \cdots \times x_{n-1}, \quad h(x_n) = x_n$$

と定め, 補題 A.6.2 を適用すると, $X_1 X_2 \cdots X_{n-1}$ と X_n が独立であることがわかる. 次に, 自然数 m に対して, $g(x_1, x_2, \ldots, x_{n-1})$ と $h(x_n)$ を

$$g(x_1, x_2, \ldots, x_{n-1}) = (x_1)^m + (x_2)^m + \cdots + (x_{n-1})^m, \quad h(x_n) = (x_n)^m$$

と定め, 補題 A.6.2 を適用すると, 次の 2 つの確率変数

$$(X_1)^m + (X_2)^m + \cdots + (X_{n-1})^m, \quad (X_n)^m$$

は独立であることがわかる.

A.7 有限個の変量データと確率変数

有限個の変量データが与えられたとき, 対応する確率空間と確率変数を適切に定めると, 次の定理が得られる.

定理 A.7.1 n 個の 2 変量データ $(x_1, y_1), (x_2, y_2), \ldots, (x_n, y_n)$ と，n 個の根元事象からなる標本空間 $\Omega = \{\omega_1, \omega_2, \ldots, \omega_n\}$ $(i \neq j$ なら $\omega_i \neq \omega_j)$ を考え，P は Ω 上の任意の確率とし，(Ω, P) 上の確率変数 X, Y を

$$X(\omega_k) = x_k, \quad Y(\omega_k) = y_k \quad (k = 1, 2, \ldots, n)$$

と定めると，1 変数関数 $h(x), g(y)$ と 2 変数関数 $v(x, y)$ に対して

$$E(h(X)) = \sum_{k=1}^{n} h(x_k) P(\{\omega_k\}), \quad E(g(Y)) = \sum_{k=1}^{n} g(y_k) P(\{\omega_k\}), \quad (A.34)$$

$$E(v(X, Y)) = \sum_{k=1}^{n} v(x_k, y_k) P(\{\omega_k\}). \tag{A.35}$$

[証明] まず，$x_1, x_2, \ldots, x_n$ には同じ値が含まれている可能性がある．そのため，相異なる r 個の実数 $\widetilde{x}_1, \ldots, \widetilde{x}_r$ を選び，X の取り得る値が $\{\widetilde{x}_1, \ldots, \widetilde{x}_r\}$ となるようにする $(r \leq n)$．同様に，相異なる s 個の実数 $\widetilde{y}_1, \ldots, \widetilde{y}_s$ を選び，Y の取り得る値が $\{\widetilde{y}_1, \ldots, \widetilde{y}_s\}$ となるようにする $(s \leq n)$．このとき，$\widetilde{p}_l$ と $\widetilde{q}_m$ を

$$\widetilde{p}_l := P(X = \widetilde{x}_l) = \sum_{\substack{1 \leq j \leq n \\ x_j = \widetilde{x}_l}} P(\{\omega_j\}) \quad (1 \leq l \leq r),$$

$$\widetilde{q}_m := P(Y = \widetilde{y}_m) = \sum_{\substack{1 \leq j \leq n \\ y_j = \widetilde{y}_m}} P(\{\omega_j\}) \quad (1 \leq m \leq s)$$

とおくと，X と Y は次の離散分布に従う．

$$X \sim \begin{pmatrix} \widetilde{x}_1 & \widetilde{x}_2 & \cdots & \widetilde{x}_r \\ \widetilde{p}_1 & \widetilde{p}_2 & \cdots & \widetilde{p}_r \end{pmatrix}, \quad Y \sim \begin{pmatrix} \widetilde{y}_1 & \widetilde{y}_2 & \cdots & \widetilde{y}_s \\ \widetilde{q}_1 & \widetilde{q}_2 & \cdots & \widetilde{q}_s \end{pmatrix}.$$

したがって，期待値の定義 (2.23) より，$E(h(X))$ は

$$E(h(X)) = \sum_{l=1}^{r} h(\widetilde{x}_l) \widetilde{p}_l = \sum_{l=1}^{r} \sum_{\substack{1 \leq j \leq n \\ x_j = \widetilde{x}_l}} h(\widetilde{x}_l) P(\{\omega_j\}) = \sum_{l=1}^{r} \sum_{\substack{1 \leq j \leq n \\ x_j = \widetilde{x}_l}} h(x_j) P(\{\omega_j\})$$

$$\tag{A.36}$$

と計算できる．ここで，$\{\widetilde{x}_1, \ldots, \widetilde{x}_r\}$ の作り方より，次の関係式

$$\sum_{l=1}^{r} \sum_{\substack{1 \leq j \leq n \\ x_j = \widetilde{x}_l}} \{j\} = \{1, 2, \ldots, n\} \tag{A.37}$$

が成り立つ. よって, (A.36) と (A.37) より, $E(h(X))$ は次のように計算できる.

$$E(h(X)) = \sum_{l=1}^{r} \sum_{\substack{1 \le j \le n \\ x_j = \tilde{x}_l}} h(x_j) P(\{\omega_j\}) = \sum_{k=1}^{n} h(x_k) P(\{\omega_k\}).$$

したがって, (A.34) の前半の結果を証明することができた. なお, (A.34) の後半の結果も同様にして証明することができる. さらに, 次の関係式

$$P(X = \tilde{x}_l, Y = \tilde{y}_m) = \sum_{\substack{1 \le j \le n \\ (x_j, y_j) = (\tilde{x}_l, \tilde{y}_m)}} P(\{\omega_j\}) \qquad (1 \le l \le r,\ 1 \le m \le s)$$

が成り立つことと, (3.9) の定義より, $E(v(X, Y))$ は

$$E(v(X, Y)) = \sum_{l=1}^{r} \sum_{m=1}^{s} \sum_{\substack{1 \le j \le n \\ (x_j, y_j) = (\tilde{x}_l, \tilde{y}_m)}} v(\tilde{x}_l, \tilde{y}_m) P(\{\omega_j\})$$

$$= \sum_{l=1}^{r} \sum_{m=1}^{s} \sum_{\substack{1 \le j \le n \\ (x_j, y_j) = (\tilde{x}_l, \tilde{y}_m)}} v(x_j, y_j) P(\{\omega_j\}) \tag{A.38}$$

と計算できる. ここで, $\{\tilde{x}_1, \ldots, \tilde{x}_r\}$ と $\{\tilde{y}_1, \ldots, \tilde{y}_s\}$ の作り方より, 次の関係式

$$\sum_{l=1}^{r} \sum_{m=1}^{s} \sum_{\substack{1 \le j \le n \\ (x_j, y_j) = (\tilde{x}_l, \tilde{y}_m)}} \{j\} = \{1, 2, \ldots, n\} \tag{A.39}$$

が成り立つ. よって, (A.38) と (A.39) より, $E(v(X, Y))$ は次のように計算できる.

$$E(v(X, Y)) = \sum_{l=1}^{r} \sum_{m=1}^{s} \sum_{\substack{1 \le j \le n \\ (x_j, y_j) = (\tilde{x}_l, \tilde{y}_m)}} v(x_j, y_j) P(\{\omega_j\}) = \sum_{k=1}^{n} v(x_k, y_k) P(\{\omega_k\}).$$

したがって, (A.35) を証明することができた. □

A.8　級数の収束・発散

　この節では, 定理 5.1.3 (大数の強法則の特別な場合) の証明で必要となる, 級数の収束・発散に関する結果を紹介する.

　定理 A.8.1 を説明するにあたり, 定義 A.8.1 において, 関数 $\zeta(s)$ を定義する.

定義 A.8.1　$\zeta(s) = \displaystyle\sum_{n=1}^{\infty} \frac{1}{n^s} = \frac{1}{1^s} + \frac{1}{2^s} + \frac{1}{3^s} + \cdots\ (s > 0)$ と定義する.

次の定理 A.8.1 は，定理 5.1.3 を証明するときに利用する.

> **定理 A.8.1**　$s > 1$ のとき $\zeta(s) < \infty$ が成り立ち，$0 < s \leq 1$ のとき $\zeta(s) = \infty$ が成り立つ.

[証明]　関数 $f(x) = 1/x^s$ $(x > 0)$ を考える. このとき，任意の自然数 n に対して $1/(n+1)^s \leq f(x) \leq 1/n^s$ $(x \in [n, n+1])$ が成り立つ. よって，次の不等式

$$\frac{1}{(n+1)^s} \leq \int_n^{n+1} f(x)\,dx \leq \frac{1}{n^s} \quad (n \geq 1)$$

が成り立つ. したがって，任意の自然数 k に対して，次の不等式

$$\int_1^{k+1} f(x)\,dx \leq \sum_{n=1}^{k} \frac{1}{n^s} = 1 + \sum_{n=1}^{k-1} \frac{1}{(n+1)^s} \leq 1 + \int_1^{k} f(x)\,dx \quad \text{(A.40)}$$

が得られる. ここで，任意の $m > 1$ に対して，$\int_1^m f(x)\,dx$ は

$$\int_1^m f(x)\,dx = \int_1^m \frac{1}{x^s}\,dx = \begin{cases} \dfrac{m^{1-s}-1}{1-s} & (s \neq 1) \\ \log m & (s = 1) \end{cases}$$

と計算できる. このことと (A.40) より，次が成り立つ.

$$\zeta(s) = \lim_{k\to\infty} \sum_{n=1}^{k} \frac{1}{n^s} \geq \lim_{k\to\infty} \int_1^{k+1} f(x)\,dx = \infty \quad (0 < s \leq 1),$$

$$\zeta(s) = \lim_{k\to\infty} \sum_{n=1}^{k} \frac{1}{n^s} \leq 1 + \lim_{k\to\infty} \int_1^{k} f(x)\,dx = 1 + \frac{1}{s-1} \quad (s > 1). \quad \square$$

次の命題 A.8.1 も定理 5.1.3 を証明するために必要な結果であるが，基本的な結果であるため証明は省略する.

> **命題 A.8.1**　すべての自然数 n に対して $a_n \geq 0$ とする. このとき，$\sum_{n=1}^{\infty} a_n < \infty$ をみたせば，$\lim_{n\to\infty} a_n = 0$ が成り立つ.

注意 A.8.1　$0 < s \leq 1$ のとき，$a_n = 1/n^s$ $(n \geq 1)$ と定めると，$\lim_{n\to\infty} a_n = 0$ が成り立つ. 一方で，定理 A.8.1 より，$\sum_{n=1}^{\infty} a_n = \zeta(s) = \infty$ が成り立つため，命題 A.8.1 の主張の逆は成立しない.

A.9 スターリングの公式

この節では，中心極限定理を証明するために必要となるスターリングの公式を紹介する．スターリングの公式の証明のための準備として，ウォリスの公式を紹介する．

> **定理 A.9.1** （ウォリスの公式） 次式が成り立つ．
> $$\lim_{n\to\infty} \frac{2^{2n}(n!)^2}{\sqrt{n}\,(2n)!} = \sqrt{\pi}.$$

[証明] $I_n = \displaystyle\int_0^{\frac{\pi}{2}} \sin^n x\,dx \ (n = 0, 1, 2, \ldots)$ とおく．部分積分公式より，次式

$$I_n = \frac{n-1}{n} I_{n-2} \quad (n \geq 2) \tag{A.41}$$

が成り立つ．(A.41) と $I_0 = \pi/2$, $I_1 = 1$ より，I_{2n} と I_{2n+1} は

$$I_{2n} = \frac{2n-1}{2n} \cdot \frac{2n-3}{2n-2} \cdots \frac{1}{2} \cdot \frac{\pi}{2}, \quad I_{2n+1} = \frac{2n}{2n+1} \cdot \frac{2n-2}{2n-1} \cdots \frac{2}{3}$$

と計算できるため，次式

$$\frac{I_{2n}}{I_{2n+1}} = \left(\frac{2n-1}{2n} \cdot \frac{2n-3}{2n-2} \cdots \frac{3}{4} \cdot \frac{1}{2} \right)^2 \left(\frac{2n+1}{2} \right) \pi \tag{A.42}$$

が成り立つ．$0 < x < \pi/2$ のとき，$\sin^n x$ は n に関して単調減少であるため，I_n も n に関して単調減少である．したがって，$I_{2n} \leq I_{2n-1}$ であり，このことと (A.41) より

$$1 \leq \frac{I_{2n}}{I_{2n+1}} \leq \frac{I_{2n-1}}{I_{2n+1}} = \frac{2n+1}{2n} \tag{A.43}$$

が成り立つ．(A.43) の不等式の I_{2n}/I_{2n+1} に (A.42) を代入することで，次の不等式

$$\sqrt{\pi} \leq \frac{2^{2n}(n!)^2}{\sqrt{n}\,(2n)!} \leq \sqrt{\pi}\,\sqrt{\frac{2n+1}{2n}} \tag{A.44}$$

が得られる．不等式 (A.44) において $n \to \infty$ の極限を考えると，はさみうちの原理により，結論が得られる． $\square$

ウォリスの公式を用いると，スターリングの公式を証明することができる．

> **定理 A.9.2** （スターリングの公式 I） 次式が成り立つ．
> $$\lim_{n\to\infty} \frac{n!}{\sqrt{2\pi n}} \left(\frac{e}{n} \right)^n = 1. \tag{A.45}$$

[証明]　$x > 0$ に対して関数 $f(x)$ と $g(x)$ を

$$f(x) = \left(x + \frac{1}{2}\right) \log\left(1 + \frac{1}{x}\right) - 1, \quad g(x) = \frac{1}{4x(x+1)}$$

と定め，関数 $h(x)$ を $h(x) = g(x) - f(x)$ と定める．これらの関数の微分は

$$f'(x) = \log\left(1 + \frac{1}{x}\right) - \frac{2x+1}{2(x+x^2)}, \quad f''(x) = \frac{1}{2(x+x^2)^2},$$

$$g'(x) = \frac{-(1+2x)}{4(x+x^2)^2}, \quad g''(x) = \frac{3x^2+3x+1}{2(x+x^2)^3}, \quad h''(x) = \frac{2x^2+2x+1}{2(x+x^2)^3}$$

と計算できる．$f''(x), h''(x) > 0 \ (x > 0)$ より，$f'(x), h'(x) \ (x > 0)$ は単調増加である．この単調増加性と，$\lim_{x\to\infty} f'(x) = 0$ および次の関係式

$$\lim_{x\to\infty} h'(x) = \lim_{x\to\infty} g'(x) - \lim_{x\to\infty} f'(x) = 0$$

より，$f'(x), h'(x) < 0 \ (x > 0)$ がわかる．したがって，$f(x)$ と $h(x)$ は $x > 0$ で単調減少である．さらに，この単調減少性と，次の 2 つの関係式

$$\lim_{x\to\infty} f(x) = \lim_{x\to\infty} x \log\left(1 + \frac{1}{x}\right) - 1 = \lim_{t\to+0} \frac{\log(1+t)}{t} - 1 = 0,$$

$$\lim_{x\to\infty} h(x) = \lim_{x\to\infty} g(x) - \lim_{x\to\infty} f(x) = 0$$

より，$f(x), h(x) > 0 \ (x > 0)$ がわかる．まとめると，次の不等式が得られる．

$$0 < f(x) < g(x) \quad (x > 0). \tag{A.46}$$

ここで，$a_n = \dfrac{n!}{\sqrt{n}} (e/n)^n$ に対して，$b_n = \log a_n$ と定める．このとき，$b_n - b_{n+1} = f(n) > 0$ であるため，数列 $\{b_n\}$ と $\{a_n\}$ は n に関して単調減少である．したがって，極限 $A = \lim_{n\to\infty} a_n \geq 0$ と極限 $B = \lim_{n\to\infty} b_n \geq -\infty$ が存在する．一方で，次の不等式

$$b_m - b_{m+1} = f(m) < \frac{1}{4m(m+1)} = \frac{1}{4}\left\{\frac{1}{m} - \frac{1}{m+1}\right\},$$

$$1 - b_n = b_1 - b_n = \sum_{m=1}^{n-1} (b_m - b_{m+1}) < \frac{1}{4}\left\{1 - \frac{1}{n}\right\}$$

より，$B \geq 3/4$ であり，B は有限値である．したがって，次の不等式

$$A = \lim_{n\to\infty} a_n = \lim_{n\to\infty} e^{b_n} = e^B > 0$$

が成り立つため，$A > 0$ である．このことと，極限に関する次の 2 つの関係式

$$A^4 = \lim_{n\to\infty} (a_n)^4, \quad A^2 = \lim_{n\to\infty} (a_{2n})^2$$

が成り立つこと，およびウォリスの公式より，次の式変形

$$\frac{1}{4} \cdot \frac{A^4}{A^2} = \lim_{n\to\infty} \frac{n}{2(2n+1)} \times \frac{\lim_{n\to\infty}(a_n)^4}{\lim_{n\to\infty}(a_{2n})^2} = \lim_{n\to\infty} \frac{2^{4n}}{2n+1} \frac{(a_n)^4}{(a_{2n})^2} \frac{n}{2^{4n+1}}$$

$$= \lim_{n\to\infty} \frac{2^{4n}}{2n+1} \frac{(n!)^4}{((2n)!)^2} = \lim_{n\to\infty} \frac{n}{2n+1} \times \lim_{n\to\infty} \frac{2^{4n}(n!)^4}{((2n)!)^2 n}$$

$$= \frac{1}{2} \lim_{n\to\infty} \frac{2^{4n}(n!)^4}{((2n)!)^2 n} = \frac{1}{2} \left(\lim_{n\to\infty} \frac{2^{2n}(n!)^2}{(2n)!\sqrt{n}} \right)^2 = \frac{1}{2} \left(\sqrt{\pi} \right)^2$$

が成り立つ．したがって，$A = \sqrt{2\pi}$ がわかり，結論を得る． □

A.10 ベクトルと行列

この節では，ベクトルと行列に関する基本的な内容について解説する．

$\mathbb{R}^n$ の 2 つのベクトル $x = (x_1, x_2, \ldots, x_n)$, $y = (y_1, y_2, \ldots, y_n)$ と実数 α に対して，和 $x + y$ と定数倍 αx を

$$x + y := (x_1 + y_1, x_2 + y_2, \ldots, x_n + y_n),$$
$$\alpha x := (\alpha x_1, \alpha x_2, \ldots, \alpha x_n)$$

と定める．なお，$x + (-1)y = (x_1 - y_1, x_2 - y_2, \ldots, x_n - y_n)$ のことは記号 $x - y$ で表す．次に，$\mathbb{R}^n$ におけるユークリッド内積とユークリッドノルムを定義する．

定義 A.10.1 $x = (x_1, x_2, \ldots, x_n)$ と $y = (y_1, y_2, \ldots, y_n)$ は $\mathbb{R}^n$ のベクトルとする．このとき，x, y の**ユークリッド内積** $\langle x, y \rangle$ を

$$\langle x, y \rangle = x_1 y_1 + x_2 y_2 + \cdots + x_n y_n$$

によって定義する．また，x の**ユークリッドノルム** $\|x\|$ を

$$\|x\| = \sqrt{\langle x, x \rangle} = \sqrt{x_1^2 + x_2^2 + \cdots + x_n^2}$$

によって定義する．なお，$\langle x, y \rangle = 0$ が成り立つとき，ベクトル x と y は<u>直交す</u>るという．

一般に，$\mathbb{R}^n$ のベクトル $x = (x_1, x_2, \ldots, x_n)$, $y = (y_1, y_2, \ldots, y_n)$, $z = (z_1, z_2, \ldots, z_n)$, $w = (w_1, w_2, \ldots, w_n)$ と実数 α, β に対して，次式が成り立つ．

$$\langle x, \alpha y \rangle = \langle \alpha x, y \rangle = \alpha \langle x, y \rangle = \alpha \langle y, x \rangle, \tag{A.47}$$
$$\langle x, \alpha y + \beta z \rangle = \alpha \langle x, y \rangle + \beta \langle x, z \rangle, \tag{A.48}$$
$$\|\alpha x\| = |\alpha| \|x\|, \tag{A.49}$$
$$\langle x + y, z + w \rangle = \langle x, z \rangle + \langle x, w \rangle + \langle y, z \rangle + \langle y, w \rangle. \tag{A.50}$$

定義 A.10.2　n 個の実数 $x_1, x_2, \ldots, x_n$ に対して,

$$x = \begin{pmatrix} x_1 \\ x_2 \\ \vdots \\ x_n \end{pmatrix}$$

のように, n 個の実数を縦に並べた x を n 次元の**縦ベクトル**とよび,

$$x = (x_1, x_2, \ldots, x_n)$$

のように, n 個の実数を横に並べた x を n 次元の**横ベクトル**とよぶ.

注意 A.10.1　本書では, $\mathbb{R}^n$ のベクトルと n 次元の横ベクトルを同一視することにする.

定義 A.10.3　$n \times m$ 個の実数 a_{ij} $(1 \leq i \leq n, 1 \leq j \leq m)$ に対して,

$$A = \begin{pmatrix} a_{11} & a_{12} & \cdots & a_{1m} \\ a_{21} & a_{22} & \cdots & a_{2m} \\ \vdots & \vdots & \ddots & \vdots \\ a_{n1} & a_{n2} & \cdots & a_{nm} \end{pmatrix} \tag{A.51}$$

のように, $n \times m$ 個の実数を縦 n 行と横 m 列に並べた A を「$n \times m$ 行列」とよぶ.

注意 A.10.2　$n \times n$ 行列のことは, $n \times n$ の**正方行列**ともよぶ. また, $n \times 1$ 行列は n 次元の縦ベクトルであり, $1 \times n$ 行列は n 次元の横ベクトルである.

例 A.10.1（列ベクトル・行ベクトル）　(A.51) で与えられた $n \times m$ 行列 A に対し, A の各列を

$$a_1 = \begin{pmatrix} a_{11} \\ a_{21} \\ \vdots \\ a_{n1} \end{pmatrix}, \ a_2 = \begin{pmatrix} a_{12} \\ a_{22} \\ \vdots \\ a_{n2} \end{pmatrix}, \ldots, a_m = \begin{pmatrix} a_{1m} \\ a_{2m} \\ \vdots \\ a_{nm} \end{pmatrix}$$

とまとめた m 個の「n 次元の縦ベクトル」$a_1, a_2, \ldots, a_m$ を行列 A の**列ベクトル**という. また, A の各行を

$$a_1 = (a_{11}, a_{12}, \ldots, a_{1m}),$$

$$a_2 = (a_{21}, a_{22}, \ldots, a_{2m}),$$
$$\cdots$$
$$a_n = (a_{n1}, a_{n2}, \ldots, a_{nm})$$

とまとめた n 個の「m 次元の横ベクトル」$a_1, a_2, \ldots, a_n$ を行列 A の**行ベクトル**という.

「2 つの行列の掛け算」と転置行列を定義する. $n \times m$ 行列 A と $m \times p$ 行列 B を

$$A = \begin{pmatrix} a_{11} & a_{12} & \cdots & a_{1m} \\ a_{21} & a_{22} & \cdots & a_{2m} \\ \vdots & \vdots & \ddots & \vdots \\ a_{n1} & a_{n2} & \cdots & a_{nm} \end{pmatrix}, \quad B = \begin{pmatrix} b_{11} & b_{12} & \cdots & b_{1p} \\ b_{21} & b_{22} & \cdots & b_{2p} \\ \vdots & \vdots & \ddots & \vdots \\ b_{m1} & b_{m2} & \cdots & b_{mp} \end{pmatrix}$$

とするとき, これらの行列の積 AB は, 各 (i, j) 成分 c_{ij} が

$$c_{ij} = \sum_{k=1}^{m} a_{ik} b_{kj} \quad (1 \le i \le n, \ 1 \le j \le p)$$

で与えられる $n \times p$ 行列

$$AB = \begin{pmatrix} c_{11} & c_{12} & \cdots & c_{1p} \\ c_{21} & c_{22} & \cdots & c_{2p} \\ \vdots & \vdots & \ddots & \vdots \\ c_{n1} & c_{n2} & \cdots & c_{np} \end{pmatrix}$$

である. また, この $n \times m$ 行列 A に対して, A の転置行列 A^T は, $m \times n$ 行列

$$A^T = \begin{pmatrix} a_{11} & a_{21} & \cdots & a_{n1} \\ a_{12} & a_{22} & \cdots & a_{n2} \\ \vdots & \vdots & \ddots & \vdots \\ a_{1m} & a_{2m} & \cdots & a_{nm} \end{pmatrix}$$

である. このとき, 一般に次の関係式

$$(A^T)^T = A, \quad (AB)^T = B^T A^T \tag{A.52}$$

が成り立つことが知られている. たとえば, $n = 3, m = p = 2$ のとき,

$$AB = \begin{pmatrix} a_{11} & a_{12} \\ a_{21} & a_{22} \\ a_{31} & a_{32} \end{pmatrix} \begin{pmatrix} b_{11} & b_{12} \\ b_{21} & b_{22} \end{pmatrix} = \begin{pmatrix} a_{11}b_{11} + a_{12}b_{21} & a_{11}b_{12} + a_{12}b_{22} \\ a_{21}b_{11} + a_{22}b_{21} & a_{21}b_{12} + a_{22}b_{22} \\ a_{31}b_{11} + a_{32}b_{21} & a_{31}b_{12} + a_{32}b_{22} \end{pmatrix},$$

$$B^T A^T = \begin{pmatrix} b_{11} & b_{21} \\ b_{12} & b_{22} \end{pmatrix} \begin{pmatrix} a_{11} & a_{21} & a_{31} \\ a_{12} & a_{22} & a_{32} \end{pmatrix}$$

$$
= \begin{pmatrix} b_{11}a_{11} + b_{21}a_{12} & b_{11}a_{21} + b_{21}a_{22} & b_{11}a_{31} + b_{21}a_{32} \\ b_{12}a_{11} + b_{22}a_{12} & b_{12}a_{21} + b_{22}a_{22} & b_{12}a_{31} + b_{22}a_{32} \end{pmatrix}
$$

と計算できるため，この場合に $(AB)^T = B^T A^T$ が成り立つことを確認できる.

一般に，$n \times m$ 行列 A，$m \times p$ 行列 B と $p \times q$ 行列 C に対して，次の関係式

$$
\text{積の結合則：} \quad (AB)C = A(BC) \tag{A.53}
$$

が成り立つ. たとえば，A, B, C が

$$
A = \begin{pmatrix} a_{11} & a_{12} \\ a_{21} & a_{22} \end{pmatrix}, \quad B = \begin{pmatrix} b_{11} & b_{12} \\ b_{21} & b_{22} \end{pmatrix}, \quad C = \begin{pmatrix} c_1 \\ c_2 \end{pmatrix}
$$

で与えられるとき，$(AB)C$ は

$$
\begin{aligned}
(AB)C &= \begin{pmatrix} a_{11}b_{11} + a_{12}b_{21} & a_{11}b_{12} + a_{12}b_{22} \\ a_{21}b_{11} + a_{22}b_{21} & a_{21}b_{12} + a_{22}b_{22} \end{pmatrix} \begin{pmatrix} c_1 \\ c_2 \end{pmatrix} \\
&= \begin{pmatrix} (a_{11}b_{11} + a_{12}b_{21})c_1 + (a_{11}b_{12} + a_{12}b_{22})c_2 \\ (a_{21}b_{11} + a_{22}b_{21})c_1 + (a_{21}b_{12} + a_{22}b_{22})c_2 \end{pmatrix}
\end{aligned} \tag{A.54}
$$

と計算でき，$A(BC)$ は

$$
\begin{aligned}
A(BC) &= \begin{pmatrix} a_{11} & a_{12} \\ a_{21} & a_{22} \end{pmatrix} \begin{pmatrix} b_{11}c_1 + b_{12}c_2 \\ b_{21}c_1 + b_{22}c_2 \end{pmatrix} \\
&= \begin{pmatrix} a_{11}(b_{11}c_1 + b_{12}c_2) + a_{12}(b_{21}c_1 + b_{22}c_2) \\ a_{21}(b_{11}c_1 + b_{12}c_2) + a_{22}(b_{21}c_1 + b_{22}c_2) \end{pmatrix}
\end{aligned} \tag{A.55}
$$

と計算でき，(A.54) と (A.55) は確かに一致する. この例から，一般の場合も関係式 (A.53) が成り立つことを推測できる.

例 A.10.2　$\mathbb{R}^n$ のベクトル $x = (x_1, x_2, \ldots, x_n)$ と $y = (y_1, y_2, \ldots, y_n)$ に対し，x を $1 \times n$ 行列とみなし，y^T を $n \times 1$ 行列とみなせば，ユークリッド内積 $\langle x, y \rangle$ は

$$
\langle x, y \rangle = x_1 y_1 + x_2 y_2 + \cdots + x_n y_n = (x_1, x_2, \ldots, x_n) \begin{pmatrix} y_1 \\ y_2 \\ \vdots \\ y_n \end{pmatrix} = xy^T \tag{A.56}
$$

と「行列の積 xy^T」で表せる. さらに，$n \times n$ の正方行列 A に対し，Ax^T と $(Ax^T)^T$ は次式のように表せる.

$$Ax^T = \begin{pmatrix} a_{11} & a_{12} & \cdots & a_{1n} \\ a_{21} & a_{22} & \cdots & a_{2n} \\ \vdots & \vdots & \ddots & \vdots \\ a_{n1} & a_{n2} & \cdots & a_{nn} \end{pmatrix} \begin{pmatrix} x_1 \\ x_2 \\ \vdots \\ x_n \end{pmatrix} = \begin{pmatrix} \sum_{k=1}^{n} a_{1k} x_k \\ \sum_{k=1}^{n} a_{2k} x_k \\ \vdots \\ \sum_{k=1}^{n} a_{nk} x_k \end{pmatrix}, \quad (A.57)$$

$$(Ax^T)^T = \left(\sum_{k=1}^{n} a_{1k} x_k, \ \sum_{k=1}^{n} a_{2k} x_k, \ \ldots, \ \sum_{k=1}^{n} a_{nk} x_k \right). \quad (A.58)$$

定義 A.10.4（**単位行列**）　対角成分のみ 1 であり，他の成分はすべて 0 である $n \times n$ の正方行列は**単位行列**とよばれ，記号 I_n で表す.

$$I_n = \begin{pmatrix} 1 & 0 & \cdots & 0 \\ 0 & 1 & \cdots & 0 \\ \vdots & \vdots & \ddots & \vdots \\ 0 & 0 & \cdots & 1 \end{pmatrix}. \quad (A.59)$$

例 A.10.3　関係式 (A.57) と (A.58) より，任意の $x = (x_1, x_2, \ldots, x_n) \in \mathbb{R}^n$ に対して，次式が成り立つ.

$$I_n x^T = x^T, \quad (I_n x^T)^T = x. \quad (A.60)$$

定義 A.10.5（**逆行列**）　$n \times n$ の正方行列 A に対し，関係式 $AX = XA = I_n$ をみたす $n \times n$ の正方行列 X が存在するとき，X を A の**逆行列**といい，記号 A^{-1} で表す.

例 A.10.4　対角成分以外が 0 である $n \times n$ の正方行列の逆行列は次式で与えられる.

$$A = \begin{pmatrix} a_1 & 0 & \cdots & 0 \\ 0 & a_2 & \cdots & 0 \\ \vdots & \vdots & \ddots & \vdots \\ 0 & 0 & \cdots & a_n \end{pmatrix} \implies A^{-1} = \begin{pmatrix} \frac{1}{a_1} & 0 & \cdots & 0 \\ 0 & \frac{1}{a_2} & \cdots & 0 \\ \vdots & \vdots & \ddots & \vdots \\ 0 & 0 & \cdots & \frac{1}{a_n} \end{pmatrix}$$

（ただし $a_1 a_2 \cdots a_n \neq 0$ とする）.

例 A.10.5　2×2 の正方行列

$$A = \begin{pmatrix} a & b \\ c & d \end{pmatrix}$$

を考え，$\Delta := ad - bc$ とおく．$\Delta \neq 0$ をみたすとき，A の逆行列は

$$A^{-1} = \begin{pmatrix} d/\Delta & -b/\Delta \\ -c/\Delta & a/\Delta \end{pmatrix}$$

で与えられる．$\Delta = 0$ をみたすとき，A の逆行列は存在しないことが知られている．

次の定理を用いると，$n \times n$ の正方行列 A に対して関係式 $XA = I_n$ または関係式 $AX = I_n$ のいずれか一方をみたす $n \times n$ の正方行列 X が存在すれば，この X が A の逆行列であることがわかる．

定理 A.10.1　$n \times n$ の正方行列 A に対して次が成り立つ．

(1)　関係式 $XA = I_n$ をみたす $n \times n$ の正方行列 X が存在するとき，$AX = I_n$ が成り立つ．

(2)　関係式 $AX = I_n$ をみたす $n \times n$ の正方行列 X が存在するとき，$XA = I_n$ が成り立つ．

[証明]　一般の場合の証明は「行列の基本変形」の考え方が必要となり，本書で想定する水準を超える．そのため，ここでは $n = 3$ とし，3×3 の正方行列 A と X が

$$A = \begin{pmatrix} 0 & 1 & 0 \\ 1 & 0 & 0 \\ 0 & 0 & 1 \end{pmatrix}, \quad X = \begin{pmatrix} x_{11} & x_{12} & x_{13} \\ x_{21} & x_{22} & x_{23} \\ x_{31} & x_{32} & x_{33} \end{pmatrix}$$

で与えられ，かつ関係式 $XA = I_3$ をみたすときに，$AX = I_3$ が成り立つことを証明する．まず関係式 $XA = I_3$ より，次の関係式が成り立つ．

$$\begin{pmatrix} x_{11} & x_{12} & x_{13} \\ x_{21} & x_{22} & x_{23} \\ x_{31} & x_{32} & x_{33} \end{pmatrix}\begin{pmatrix} 0 & 1 & 0 \\ 1 & 0 & 0 \\ 0 & 0 & 1 \end{pmatrix} = \begin{pmatrix} x_{12} & x_{11} & x_{13} \\ x_{22} & x_{21} & x_{23} \\ x_{32} & x_{31} & x_{33} \end{pmatrix} = \begin{pmatrix} 1 & 0 & 0 \\ 0 & 1 & 0 \\ 0 & 0 & 1 \end{pmatrix}.$$

よって，x_{12}, x_{21}, x_{33} は 1 であり，それ以外の x_{ij} は 0 であるため，AX は次のように計算できる．

$$\begin{pmatrix} 0 & 1 & 0 \\ 1 & 0 & 0 \\ 0 & 0 & 1 \end{pmatrix}\begin{pmatrix} x_{11} & x_{12} & x_{13} \\ x_{21} & x_{22} & x_{23} \\ x_{31} & x_{32} & x_{33} \end{pmatrix} = \begin{pmatrix} x_{21} & x_{22} & x_{23} \\ x_{11} & x_{12} & x_{13} \\ x_{31} & x_{32} & x_{33} \end{pmatrix} = \begin{pmatrix} 1 & 0 & 0 \\ 0 & 1 & 0 \\ 0 & 0 & 1 \end{pmatrix}.$$

したがって，この場合に $AX = I_3$ が成り立つことを確認できた. □

A.11 行 列 式

この節では，行列式の定義と性質について解説する．行列式を定義するにあたり，定義 A.11.1 において n 次の順列を定義し，定義 A.11.2 において n 次の順列の転倒数と符号を定義する．

> **定義 A.11.1** n 次の順列とは，集合 $\{1, 2, \ldots, n\}$ から n 個の要素を取り出し，順序をつけて 1 列に並べる配列のことを指し，記号 $(p_1, p_2, \ldots, p_n)$ で表す.

たとえば，2 次の順列は $(1, 2)$, $(2, 1)$ の 2 個であり，3 次の順列は次の 6 個である.

$$(1, 2, 3), \ (1, 3, 2), \ (2, 1, 3), \ (2, 3, 1), \ (3, 1, 2), \ (3, 2, 1).$$

一般に，n 次の順列の総数は ${}_n\mathrm{P}_n = n!$ である.

> **定義 A.11.2** （転倒数と符号） n 次の順列 $(p_1, p_2, \ldots, p_n)$ に対し，この順列の転倒数 (inversion number) $\mathrm{inv}(p_1, p_2, \ldots, p_n)$ と符号 $\varepsilon(p_1, p_2, \ldots, p_n)$ を
> $$\mathrm{inv}(p_1, p_2, \ldots, p_n) := \sharp\{(p_i, p_j) \mid i < j \text{ かつ } p_i > p_j\}, \tag{A.61}$$
> $$\varepsilon(p_1, p_2, \ldots, p_n) := \begin{cases} 1 & (\mathrm{inv}(p_1, p_2, \ldots, p_n) \text{ が偶数}) \\ -1 & (\mathrm{inv}(p_1, p_2, \ldots, p_n) \text{ が奇数}) \end{cases} \tag{A.62}$$
> と定める．ここで，(A.61) の右辺は，「$i < j$ かつ $p_i > p_j$ をみたすペア (p_i, p_j) の個数」を表す.

例 A.11.1 （転倒数の計算方法） ここでは，n 次の順列 $(p_1, p_2, \ldots, p_n)$ に対し，定義 A.11.2 で定めた転倒数 $\mathrm{inv}(p_1, p_2, \ldots, p_n)$ の具体的な計算方法を説明する．そのためにまず，$k_1, k_2, \ldots, k_{n-1}$ を

$$k_i := \sharp\{j \in \{i+1, i+2, \ldots, n\} \mid p_i > p_j\} \quad (1 \leq i \leq n-1) \tag{A.63}$$

と定める．つまり，k_i は「p_i より右にある整数 $p_{i+1}, p_{i+2}, \ldots, p_n$ のうち，p_i より小さい整数の個数」を表す．このとき，(A.63) で定めた $k_1, k_2, \ldots, k_{n-1}$ を用いると，転倒数 $\mathrm{inv}(p_1, p_2, \ldots, p_n)$ は

$$\mathrm{inv}(p_1, p_2, \ldots, p_n) = k_1 + k_2 + \cdots + k_{n-1} \tag{A.64}$$

と計算できる．たとえば，5 次の順列の転倒数と符号は

$$\mathrm{inv}(5, 2, 4, 3, 1) = k_1 + k_2 + k_3 + k_4 = 4 + 1 + 2 + 1 = 8, \quad \varepsilon(5, 2, 4, 3, 1) = 1,$$
$$\mathrm{inv}(4, 3, 5, 1, 2) = k_1 + k_2 + k_3 + k_4 = 3 + 2 + 2 + 0 = 7, \quad \varepsilon(4, 3, 5, 1, 2) = -1$$

などと計算できる.

　$n \times n$ の正方行列の行列式は次のように定義される.

定義 A.11.3（行列式）　$n \times n$ の正方行列

$$A = \begin{pmatrix} a_{11} & a_{12} & \cdots & a_{1n} \\ a_{21} & a_{22} & \cdots & a_{2n} \\ \vdots & \vdots & \ddots & \vdots \\ a_{n1} & a_{n2} & \cdots & a_{nn} \end{pmatrix}$$

に対して, A の行列式 $\det A$ を

$$\det A := \sum_{(p_1, p_2, \ldots, p_n)} \varepsilon(p_1, p_2, \ldots, p_n) a_{1p_1} a_{2p_2} \cdots a_{np_n} \tag{A.65}$$

と定める. ここで, (A.65) の右辺は, すべての n 次の順列 $(p_1, p_2, \ldots, p_n)$ についての $\varepsilon(p_1, p_2, \ldots, p_n) a_{1p_1} a_{2p_2} \cdots a_{np_n}$ の和を表す.

例 A.11.2（行列式の計算例）　定義 A.11.3 の設定のもとで考察する. たとえば $n = 2$ の場合, (A.64) より, 2 次の順列の転倒数と符号は

$$\mathrm{inv}(1,2) = k_1 = 0, \quad \varepsilon(1,2) = 1,$$
$$\mathrm{inv}(2,1) = k_1 = 1, \quad \varepsilon(2,1) = -1$$

と計算できるため, (A.65) の行列式 $\det A$ は次式のとおりである.

$$\det \begin{pmatrix} a_{11} & a_{12} \\ a_{21} & a_{22} \end{pmatrix} = \varepsilon(1,2) a_{11} a_{22} + \varepsilon(2,1) a_{12} a_{21} = a_{11} a_{22} - a_{12} a_{21}. \tag{A.66}$$

他にも, たとえば $n = 3$ の場合, (A.64) より, 3 次の順列の転倒数と符号は

$$\mathrm{inv}(1,2,3) = k_1 + k_2 = 0 + 0 = 0, \quad \varepsilon(1,2,3) = 1,$$
$$\mathrm{inv}(1,3,2) = k_1 + k_2 = 0 + 1 = 1, \quad \varepsilon(1,3,2) = -1,$$
$$\mathrm{inv}(2,1,3) = k_1 + k_2 = 1 + 0 = 1, \quad \varepsilon(2,1,3) = -1,$$
$$\mathrm{inv}(2,3,1) = k_1 + k_2 = 1 + 1 = 2, \quad \varepsilon(2,3,1) = 1,$$
$$\mathrm{inv}(3,1,2) = k_1 + k_2 = 2 + 0 = 2, \quad \varepsilon(3,1,2) = 1,$$
$$\mathrm{inv}(3,2,1) = k_1 + k_2 = 2 + 1 = 3, \quad \varepsilon(3,2,1) = -1$$

と計算できるため, (A.65) の行列式 $\det A$ は次式のとおりである.

$$\det \begin{pmatrix} a_{11} & a_{12} & a_{13} \\ a_{21} & a_{22} & a_{23} \\ a_{31} & a_{32} & a_{33} \end{pmatrix} = \sum_{(p_1, p_2, p_3)} \varepsilon(p_1, p_2, p_3) a_{1p_1} a_{2p_2} a_{3p_3} \tag{A.67}$$

$$= \varepsilon(1,2,3)a_{11}a_{22}a_{33} + \varepsilon(1,3,2)a_{11}a_{23}a_{32} + \varepsilon(2,1,3)a_{12}a_{21}a_{33}$$
$$+ \varepsilon(2,3,1)a_{12}a_{23}a_{31} + \varepsilon(3,1,2)a_{13}a_{21}a_{32} + \varepsilon(3,2,1)a_{13}a_{22}a_{31}$$
$$= a_{11}a_{22}a_{33} + a_{12}a_{23}a_{31} + a_{13}a_{21}a_{32} - a_{11}a_{23}a_{32} - a_{12}a_{21}a_{33} - a_{13}a_{22}a_{31}.$$

例 **A.11.3** （単位行列の行列式） 対角成分以外が 0 である $n \times n$ の正方行列

$$A = \begin{pmatrix} a_{11} & a_{12} & \cdots & a_{1n} \\ a_{21} & a_{22} & \cdots & a_{2n} \\ \vdots & \vdots & \ddots & \vdots \\ a_{n1} & a_{n2} & \cdots & a_{nn} \end{pmatrix} = \begin{pmatrix} a_{11} & 0 & \cdots & 0 \\ 0 & a_{22} & \cdots & 0 \\ \vdots & \vdots & \ddots & \vdots \\ 0 & 0 & \cdots & a_{nn} \end{pmatrix}$$

を考える．この行列 A の行列式は次のように計算できる．

$$\det A = \sum_{(p_1, p_2, \ldots, p_n)} \varepsilon(p_1, p_2, \ldots, p_n) a_{1p_1} a_{2p_2} \cdots a_{np_n}$$

$$= \varepsilon(1,2,\ldots,n) a_{11}a_{22} \cdots a_{nn} + \sum_{\substack{(p_1, p_2, \ldots, p_n) \\ \neq (1,2,\ldots,n)}} \varepsilon(p_1, p_2, \ldots, p_n) a_{1p_1} a_{2p_2} \cdots a_{np_n}$$

$$= 1 \times a_{11}a_{22} \cdots a_{nn} + \sum_{\substack{(p_1, p_2, \ldots, p_n) \\ \neq (1,2,\ldots,n)}} \varepsilon(p_1, p_2, \ldots, p_n) \times 0 = a_{11}a_{22} \cdots a_{nn}.$$

したがって，特に単位行列 I_n の行列式は $\det I_n = 1$ である．

一般に，$n \times n$ の正方行列 A, B に対して次の関係式

$$\det(AB) = \det A \cdot \det B, \quad \det(A^T) = \det A \tag{A.68}$$

が成り立つことが知られている．たとえば，2×2 の正方行列 A, B が

$$A = \begin{pmatrix} a_{11} & a_{12} \\ a_{21} & a_{22} \end{pmatrix}, \quad B = \begin{pmatrix} b_{11} & b_{12} \\ b_{21} & b_{22} \end{pmatrix}$$

で与えられているとき，AB と A^T は

$$AB = \begin{pmatrix} a_{11}b_{11} + a_{12}b_{21} & a_{11}b_{12} + a_{12}b_{22} \\ a_{21}b_{11} + a_{22}b_{21} & a_{21}b_{12} + a_{22}b_{22} \end{pmatrix}, \quad A^T = \begin{pmatrix} a_{11} & a_{21} \\ a_{12} & a_{22} \end{pmatrix}$$

であるため，(A.66) より，AB と A^T の行列式は次のように計算できる．

$$\det(AB) = (a_{11}b_{11} + a_{12}b_{21})(a_{21}b_{12} + a_{22}b_{22})$$
$$- (a_{11}b_{12} + a_{12}b_{22})(a_{21}b_{11} + a_{22}b_{21})$$
$$= (a_{11}a_{22} - a_{12}a_{21})(b_{11}b_{22} - b_{12}b_{21}) = \det A \cdot \det B,$$
$$\det(A^T) = a_{11}a_{22} - a_{21}a_{12} = \det A.$$

この計算結果から，一般の場合も (A.68) が成り立つことを推測できる．

A.11.1 行列式と平行四辺形の面積

座標平面において平行四辺形 ABCD を考える．$A(a_1, a_2)$ を基点とし，次の 3 条件

$$\vec{\varepsilon} = (\varepsilon_1, \varepsilon_2) \neq (0,0), \quad \vec{\delta} = (\delta_1, \delta_2) \neq (0,0), \quad \varepsilon_1 \delta_2 - \varepsilon_2 \delta_1 \neq 0$$

をみたすベクトル $\vec{\varepsilon}, \vec{\delta}$ を用いて $\overrightarrow{AB} = \vec{\varepsilon}$ かつ $\overrightarrow{AD} = \vec{\delta}$ と表すことで，平行四辺形 ABCD の各頂点の座標は

$$A(a_1, a_2),\ B(a_1 + \varepsilon_1, a_2 + \varepsilon_2),\ C(a_1 + \varepsilon_1 + \delta_1, a_2 + \varepsilon_2 + \delta_2),\ D(a_1 + \delta_1, a_2 + \delta_2)$$

と表せる．このとき，$\angle BAD = \theta\ (0 < \theta < \pi)$ とおくと，内積 $\langle \vec{\varepsilon}, \vec{\delta} \rangle$ は

$$\langle \vec{\varepsilon}, \vec{\delta} \rangle = \|\vec{\varepsilon}\| \cdot \|\vec{\delta}\| \cos\theta \quad \left(\varepsilon_1 \delta_1 + \varepsilon_2 \delta_2 = \sqrt{\varepsilon_1^2 + \varepsilon_2^2} \sqrt{\delta_1^2 + \delta_2^2} \cos\theta \right)$$

と表せる．したがって，平行四辺形 ABCD の面積 S は次のように計算できる．

$$S = \|\overrightarrow{AB}\| \cdot \|\overrightarrow{AD}\| \sin\theta = \|\vec{\varepsilon}\| \cdot \|\vec{\delta}\| \sqrt{1 - \cos^2\theta}$$

$$= \sqrt{\|\vec{\varepsilon}\|^2 \|\vec{\delta}\|^2 - \langle \vec{\varepsilon}, \vec{\delta} \rangle^2} = \sqrt{(\varepsilon_1^2 + \varepsilon_2^2)(\delta_1^2 + \delta_2^2) - (\varepsilon_1 \delta_1 + \varepsilon_2 \delta_2)^2}$$

$$= |\varepsilon_1 \delta_2 - \varepsilon_2 \delta_1| = \left| \det \begin{pmatrix} \varepsilon_1 & \varepsilon_2 \\ \delta_1 & \delta_2 \end{pmatrix} \right| = \left| \det \begin{pmatrix} \varepsilon_1 & \delta_1 \\ \varepsilon_2 & \delta_2 \end{pmatrix} \right|. \tag{A.69}$$

A.11.2 行列式と平行六面体の体積

座標空間において平行六面体 ABCD–EFGH を考える．$A(a_1, a_2, a_3)$ を基点とし，

$$\vec{\varepsilon} = (\varepsilon_1, \varepsilon_2, \varepsilon_3) \neq (0,0,0), \quad \vec{\delta} = (\delta_1, \delta_2, \delta_3) \neq (0,0,0), \quad \vec{\gamma} = (\gamma_1, \gamma_2, \gamma_3) \neq (0,0,0)$$

で与えられるベクトル $\vec{\varepsilon}, \vec{\delta}, \vec{\gamma}$ を用いて

$$\overrightarrow{AB} = \vec{\varepsilon}, \quad \overrightarrow{AD} = \vec{\delta}, \quad \overrightarrow{AE} = \vec{\gamma}$$

と表すことで，平行六面体 ABCD–EFGH の各頂点の座標は

$A(a_1, a_2, a_3), \quad B(a_1 + \varepsilon_1, a_2 + \varepsilon_2, a_3 + \varepsilon_3),$

$C(a_1 + \varepsilon_1 + \delta_1, a_2 + \varepsilon_2 + \delta_2, a_3 + \varepsilon_3 + \delta_3), \quad D(a_1 + \delta_1, a_2 + \delta_2, a_3 + \delta_3),$

$E(a_1 + \gamma_1, a_2 + \gamma_2, a_3 + \gamma_3), \quad F(a_1 + \varepsilon_1 + \gamma_1, a_2 + \varepsilon_2 + \gamma_2, a_3 + \varepsilon_3 + \gamma_3),$

$G(a_1 + \varepsilon_1 + \delta_1 + \gamma_1, a_2 + \varepsilon_2 + \delta_2 + \gamma_2, a_3 + \varepsilon_3 + \delta_3 + \gamma_3),$

$H(a_1 + \delta_1 + \gamma_1, a_2 + \delta_2 + \gamma_2, a_3 + \delta_3 + \gamma_3)$

と表せる．以下では $\overrightarrow{AB} = \vec{\varepsilon}$ と $\overrightarrow{AD} = \vec{\delta}$ のなす角を $\angle BAD = \theta\ (0 < \theta < \pi)$ とし，$\vec{\varepsilon}$ と $\vec{\delta}$ の外積 $\vec{\varepsilon} \times \vec{\delta}$ を

$$\vec{\varepsilon} \times \vec{\delta} := (\varepsilon_2 \delta_3 - \varepsilon_3 \delta_2, \varepsilon_3 \delta_1 - \varepsilon_1 \delta_3, \varepsilon_1 \delta_2 - \varepsilon_2 \delta_1)$$

と定める．このとき，平行四辺形 ABCD の面積 S は次のように計算できる．

$$S = \|\overrightarrow{AB}\| \cdot \|\overrightarrow{AD}\| \sin\theta = \|\vec{\varepsilon}\| \cdot \|\vec{\delta}\| \sqrt{1 - \cos^2\theta} = \sqrt{\|\vec{\varepsilon}\|^2 \|\vec{\delta}\|^2 - \langle \vec{\varepsilon}, \vec{\delta} \rangle^2}$$

$$= \sqrt{(\varepsilon_1^2 + \varepsilon_2^2 + \varepsilon_3^2)(\delta_1^2 + \delta_2^2 + \delta_3^2) - (\varepsilon_1\delta_1 + \varepsilon_2\delta_2 + \varepsilon_3\delta_3)^2}$$

$$= \sqrt{(\varepsilon_2\delta_3 - \varepsilon_3\delta_2)^2 + (\varepsilon_3\delta_1 - \varepsilon_1\delta_3)^2 + (\varepsilon_1\delta_2 - \varepsilon_2\delta_1)^2} = \|\vec{\varepsilon} \times \vec{\delta}\|. \quad (A.70)$$

さらに，次の 2 つの関係式

$$\langle \vec{\varepsilon} \times \vec{\delta}, \vec{\varepsilon} \rangle = (\varepsilon_2\delta_3 - \varepsilon_3\delta_2)\varepsilon_1 + (\varepsilon_3\delta_1 - \varepsilon_1\delta_3)\varepsilon_2 + (\varepsilon_1\delta_2 - \varepsilon_2\delta_1)\varepsilon_3 = 0,$$

$$\langle \vec{\varepsilon} \times \vec{\delta}, \vec{\delta} \rangle = (\varepsilon_2\delta_3 - \varepsilon_3\delta_2)\delta_1 + (\varepsilon_3\delta_1 - \varepsilon_1\delta_3)\delta_2 + (\varepsilon_1\delta_2 - \varepsilon_2\delta_1)\delta_3 = 0$$

が成り立つため，外積 $\vec{\varepsilon} \times \vec{\delta}$ は 2 つのベクトル $\vec{\varepsilon}$ と $\vec{\delta}$ のいずれとも直交することがわかる．よって，外積 $\vec{\varepsilon} \times \vec{\delta}$ と $\overrightarrow{AE} = \vec{\gamma}$ のなす角を α $(0 < \alpha < \pi)$ とすると，「平行四辺形 ABCD を底面とする平行六面体 ABCD–EFGH の高さ」h は $h = \|\vec{\gamma}\| |\cos\alpha|$ と表せる．このことと (A.70) より，平行六面体 ABCD–EFGH の体積 V は

$$V = Sh = \|\vec{\varepsilon} \times \vec{\delta}\| \|\vec{\gamma}\| |\cos\alpha| = |\langle \vec{\varepsilon} \times \vec{\delta}, \vec{\gamma} \rangle| \quad (A.71)$$

と表せる．一方で (A.67) より，内積 $\langle \vec{\varepsilon} \times \vec{\delta}, \vec{\gamma} \rangle$ は次式のように表せる．

$$\langle \vec{\varepsilon} \times \vec{\delta}, \vec{\gamma} \rangle = (\varepsilon_2\delta_3 - \varepsilon_3\delta_2)\gamma_1 + (\varepsilon_3\delta_1 - \varepsilon_1\delta_3)\gamma_2 + (\varepsilon_1\delta_2 - \varepsilon_2\delta_1)\gamma_3$$

$$= \det\begin{pmatrix} \varepsilon_1 & \varepsilon_2 & \varepsilon_3 \\ \delta_1 & \delta_2 & \delta_3 \\ \gamma_1 & \gamma_2 & \gamma_3 \end{pmatrix} = \det\begin{pmatrix} \varepsilon_1 & \delta_1 & \gamma_1 \\ \varepsilon_2 & \delta_2 & \gamma_2 \\ \varepsilon_3 & \delta_3 & \gamma_3 \end{pmatrix}. \quad (A.72)$$

したがって，(A.71) と (A.72) より，平行六面体 ABCD–EFGH の体積 V は

$$V = |\langle \vec{\varepsilon} \times \vec{\delta}, \vec{\gamma} \rangle| = \left| \det\begin{pmatrix} \varepsilon_1 & \varepsilon_2 & \varepsilon_3 \\ \delta_1 & \delta_2 & \delta_3 \\ \gamma_1 & \gamma_2 & \gamma_3 \end{pmatrix} \right| = \left| \det\begin{pmatrix} \varepsilon_1 & \delta_1 & \gamma_1 \\ \varepsilon_2 & \delta_2 & \gamma_2 \\ \varepsilon_3 & \delta_3 & \gamma_3 \end{pmatrix} \right| \quad (A.73)$$

と表すことができる．

A.12 偏微分の計算方法

この節では，偏微分の計算方法について解説する．

2 変数関数 $f(x, y)$ に対して，y を定数とみなし，x について微分したものを「x についての偏微分（偏導関数）」とよび，

$$\frac{\partial}{\partial x} f(x, y), \quad \frac{\partial f}{\partial x}(x, y), \quad \frac{\partial f}{\partial x}$$

などの記号で表す．同様に，$f(x, y)$ に対して，x を定数とみなし，y について微分したものを「y についての偏微分（偏導関数）」とよび，

$$\frac{\partial}{\partial y} f(x, y), \quad \frac{\partial f}{\partial y}(x, y), \quad \frac{\partial f}{\partial y}$$

などの記号で表す．たとえば $f(x, y) = x^2 + y^4 - 5x + \cos y$ の偏微分は，

$$\frac{\partial}{\partial x} f(x, y) = 2x - 5, \quad \frac{\partial}{\partial y} f(x, y) = 4y^3 - \sin y$$

である．他にも，$f(x, y) = \sin(x^2 - 5y) + e^{x^3 y}$ の偏微分は次のように計算できる．

$$\frac{\partial}{\partial x} f(x, y) = 2x \cos(x^2 - 5y) + 3x^2 y e^{x^3 y},$$

$$\frac{\partial}{\partial y} f(x, y) = -5 \cos(x^2 - 5y) + x^3 e^{x^3 y}.$$

また，$n \times n$ の正方行列 A に対して，この行列で決まる変換 $T: (x_1, x_2, \ldots, x_n) \to (y_1, y_2, \ldots, y_n)$ を，

$$\begin{pmatrix} y_1 \\ y_2 \\ \vdots \\ y_n \end{pmatrix} = \begin{pmatrix} a_{11} & a_{12} & \cdots & a_{1n} \\ a_{21} & a_{22} & \cdots & a_{2n} \\ \vdots & \vdots & \ddots & \vdots \\ a_{n1} & a_{n2} & \cdots & a_{nn} \end{pmatrix} \begin{pmatrix} x_1 \\ x_2 \\ \vdots \\ x_n \end{pmatrix} = \begin{pmatrix} \sum_{k=1}^{n} a_{1k} x_k \\ \sum_{k=1}^{n} a_{2k} x_k \\ \vdots \\ \sum_{k=1}^{n} a_{nk} x_k \end{pmatrix}$$

と定めるとき，次の関係式が成り立つ．

$$\begin{pmatrix} \frac{\partial y_1}{\partial x_1} & \frac{\partial y_1}{\partial x_2} & \cdots & \frac{\partial y_1}{\partial x_n} \\ \frac{\partial y_2}{\partial x_1} & \frac{\partial y_2}{\partial x_2} & \cdots & \frac{\partial y_2}{\partial x_n} \\ \vdots & \vdots & \ddots & \vdots \\ \frac{\partial y_n}{\partial x_1} & \frac{\partial y_n}{\partial x_2} & \cdots & \frac{\partial y_n}{\partial x_n} \end{pmatrix} = \begin{pmatrix} a_{11} & a_{12} & \cdots & a_{1n} \\ a_{21} & a_{22} & \cdots & a_{2n} \\ \vdots & \vdots & \ddots & \vdots \\ a_{n1} & a_{n2} & \cdots & a_{nn} \end{pmatrix} = A. \tag{A.74}$$

A.13　重積分の計算方法

　この節では，具体例を通じて重積分の計算方法を解説する．まず，次の重積分

$$I = \iint_D xy^2 \, dxdy,$$
（ただし $D = \{(x, y) \mid 0 \le x \le 1, \ 0 \le y \le 2\} = [0, 1] \times [0, 2]$）

の計算方法を解説する．この場合，積分領域 D が長方形領域であり，被積分関数 xy^2 が 1 変数関数 x と 1 変数関数 y^2 の積に分解できるため，重積分 I は次のように 1 変数の積分の積に分解して計算できる．

$$I = \left(\int_0^1 x \, dx \right) \left(\int_0^2 y^2 \, dy \right) = \left[\frac{x^2}{2} \right]_{x=0}^{x=1} \times \left[\frac{y^3}{3} \right]_{y=0}^{y=2} = \frac{4}{3}.$$

次に，以下の重積分 J の計算方法を解説する．

$$J = \iint_D xy^2 \, dxdy, \quad (\text{ただし } D = \{(x, y) \in [0, 1] \times [0, 1] \mid x + y \ge 1\}).$$

この場合，積分領域 D は次の 2 通りの方法で表せる．

$$D = \left\{ (x,y) \mid 1 - y \le x \le 1,\ 0 \le y \le 1 \right\} \tag{A.75}$$
$$= \left\{ (x,y) \mid 1 - x \le y \le 1,\ 0 \le x \le 1 \right\}. \tag{A.76}$$

(A.75) より，まず y を定数とみなして x について積分を計算し，次にその値を y について積分することで，重積分 J は次のように計算できる．

$$J = \int_0^1 \left(\int_{1-y}^1 xy^2\,dx \right) dy = \int_0^1 \left[\frac{x^2 y^2}{2} \right]_{x=1-y}^{x=1} dy = \int_0^1 \left(y^3 - \frac{y^4}{2} \right) dy = \frac{3}{20}.$$

一方で，(A.76) より，まず x を定数とみなして y について積分を計算し，次にその値を x について積分することで，重積分 J は次のようにも計算できる．

$$J = \int_0^1 \left(\int_{1-x}^1 xy^2\,dy \right) dx = \int_0^1 \left[\frac{xy^3}{3} \right]_{y=1-x}^{y=1} dx$$
$$= \int_0^1 \left(x^2 - x^3 + \frac{x^4}{3} \right) dx = \frac{3}{20}.$$

この重積分 J の計算方法のように，2 変数の被積分関数に対して，片方の変数を定数とみなして「残りの変数」について積分を計算し，次にその積分値を「定数とみなした変数」について積分することで重積分を計算する方法は，**逐次積分**とよばれる．

A.14　重積分の変数変換公式

　本節では，本書の様々な場面で活用する「重積分の変数変換公式」について解説する．

　連続な偏導関数を持つ関数 $u = \varphi(x,y)$, $v = \psi(x,y)$ があり，この式で決まる変換 $T: (x,y) \to (u,v)$ は xy 平面上の領域 D から uv 平面上の領域 E への 1 対 1 写像であるとする．T の逆変換 $T^{-1}: (u,v) \to (x,y)$ を $x = x(u,v)$, $y = y(u,v)$ で表し，そのヤコビアン $J(u,v)$（なお $\frac{\partial(x,y)}{\partial(u,v)}$ と表すこともある）を

$$J(u,v) = \frac{\partial(x,y)}{\partial(u,v)} := \det \begin{pmatrix} \frac{\partial x}{\partial u} & \frac{\partial x}{\partial v} \\ \frac{\partial y}{\partial u} & \frac{\partial y}{\partial v} \end{pmatrix} = \frac{\partial x}{\partial u}\frac{\partial y}{\partial v} - \frac{\partial x}{\partial v}\frac{\partial y}{\partial u} \quad (\ne 0) \tag{A.77}$$

と定める．このとき，E 内の面積確定の集合 B, B の逆像 $A = T^{-1}(B)$, および 2 変数関数 $f(x,y)$ に対して，次の「重積分の変数変換公式」

$$\iint_A f(x,y)\,dxdy = \iint_B f\bigl(x(u,v), y(u,v)\bigr) |J(u,v)|\,dudv \tag{A.78}$$

が成り立つ．以下では，この公式 (A.78) が成り立つことを直観的に説明し，次に具体的な応用例を 2 つ紹介し，最後に公式 (A.78) を n 変数の場合に拡張する．

　まず，(u,v) 座標系での長方形 PQRS の頂点を

$$\mathrm{P}(u,v),\ \mathrm{Q}(u+du, v),\ \mathrm{R}(u+du, v+dv),\ \mathrm{S}(u, v+dv)$$

とすると，この長方形の面積は $dudv$ である．この長方形 PQRS の 4 頂点は，逆変

換 $T^{-1}\colon (u,v) \to (x,y)$ により，次の (x,y) 座標系の 4 頂点

$\quad$ P$'(x(u,v), y(u,v))$,　Q$'(x(u+du,v), y(u+du,v))$,

$\quad$ R$'(x(u+du,v+dv), y(u+du,v+dv))$,　S$'(x(u,v+dv), y(u,v+dv))$

に変換される．さらに，(x,y) 座標系の四角形 P$'$Q$'$R$'$S$'$ の各頂点の x 座標を，次のように 1 次近似する．

$$x(u+du,v) \approx x(u,v) + \frac{\partial x}{\partial u}\,(u,v)\,du = x + \frac{\partial x}{\partial u}\,du,$$

$$x(u,v+dv) \approx x(u,v) + \frac{\partial x}{\partial v}\,(u,v)\,dv = x + \frac{\partial x}{\partial v}\,dv,$$

$$x(u+du,v+dv) \approx x(u,v) + \frac{\partial x}{\partial u}\,(u,v)\,du + \frac{\partial x}{\partial v}\,(u,v)\,dv = x + \frac{\partial x}{\partial u}\,du + \frac{\partial x}{\partial v}\,dv.$$

各頂点の y 座標についても同様に近似すると，(x,y) 座標系の四角形 P$'$Q$'$R$'$S$'$ は

$\quad$ P$''(x,y)$,　Q$''\!\left(x + \dfrac{\partial x}{\partial u}\,du,\, y + \dfrac{\partial y}{\partial u}\,du\right)$,

$\quad$ R$''\!\left(x + \dfrac{\partial x}{\partial u}\,du + \dfrac{\partial x}{\partial v}\,dv,\, y + \dfrac{\partial y}{\partial u}\,du + \dfrac{\partial y}{\partial v}\,dv\right)$,　S$''\!\left(x + \dfrac{\partial x}{\partial v}\,dv,\, y + \dfrac{\partial y}{\partial v}\,dv\right)$

を頂点とする (x,y) 座標系の平行四辺形 P$''$Q$''$R$''$S$''$ で近似できる．(A.69) より，平行四辺形 P$''$Q$''$R$''$S$''$ の面積は次のように計算できる．

$$\left|\frac{\partial x}{\partial u}\,du\,\frac{\partial y}{\partial v}\,dv - \frac{\partial x}{\partial v}\,dv\,\frac{\partial y}{\partial u}\,du\right| = \left|\frac{\partial x}{\partial u}\,\frac{\partial y}{\partial v} - \frac{\partial x}{\partial v}\,\frac{\partial y}{\partial u}\right| dudv = \big|J(u,v)\big|\,dudv.$$

この P$''$Q$''$R$''$S$''$ の面積 $\big|J(u,v)\big|\,dudv$ が，(x,y) 座標系での面積 $dxdy$ に対応すると考えれば，形式的に $dxdy = \big|J(u,v)\big|\,dudv$ や，次式

$$f(x,y)\,dxdy = f(x(u,v), y(u,v))\,\big|J(u,v)\big|\,dudv$$

が成り立つことがわかり，このことから (A.78) が成り立つことを直観的に説明できる．なお，関係式 $dxdy = \big|J(u,v)\big|\,dudv$ より，$\big|J(u,v)\big|$ は，この逆変換 $T^{-1}\colon (u,v) \to (x,y)$ にともなう面積の拡大率を表す．

$\quad$ 以下では，(A.78) の応用例を 2 つ紹介する．まず，1 つめの応用例として，$ad - bc \neq 0$ をみたす定数 a, b, c, d に対して

$$x = au + bv, \quad y = cu + dv$$

で与えられる (x,y) から (u,v) への変換を考える．このとき，

$$\frac{\partial x}{\partial u} = a, \quad \frac{\partial x}{\partial v} = b, \quad \frac{\partial y}{\partial u} = c, \quad \frac{\partial y}{\partial v} = d$$

であるため，ヤコビアンは $J(u,v) = ad - bc$ と計算できる．したがって，(A.78) より，次の「重積分の変数変換公式」が成り立つ．

$$\int_{-\infty}^{\infty}\int_{-\infty}^{\infty} f(x,y)\,dxdy = |ad - bc| \int_{-\infty}^{\infty}\int_{-\infty}^{\infty} f(au+bv, cu+dv)\,dudv. \quad \text{(A.79)}$$

次に，2つめの応用例として，2次元直交座標 (x, y) から極座標 (r, θ) への変数変換

$$x = r\cos\theta, \quad y = r\sin\theta$$

を考える．このとき，ヤコビアン $J(r, \theta)$ は

$$J(r, \theta) = \frac{\partial x}{\partial r}\frac{\partial y}{\partial \theta} - \frac{\partial x}{\partial \theta}\frac{\partial y}{\partial r} = (\cos\theta)(r\cos\theta) - (-r\sin\theta)(\sin\theta) = r$$

と計算できる．したがって，(A.78) より，（積分領域の違いに注意して）たとえば次の2つの「重積分の変数変換公式」が成り立つ．

$$\int_{-\infty}^{\infty}\int_{-\infty}^{\infty} f(x, y)\,dxdy = \int_{0}^{2\pi}\left(\int_{0}^{\infty} f(r\cos\theta, r\sin\theta)r\,dr\right)d\theta, \quad (A.80)$$

$$\int_{0}^{\infty}\int_{0}^{\infty} f(x, y)\,dxdy = \int_{0}^{\pi/2}\left(\int_{0}^{\infty} f(r\cos\theta, r\sin\theta)r\,dr\right)d\theta. \quad (A.81)$$

重積分の変数変換公式 (A.78) は n 変数の場合に拡張できるため，以下ではその結果を紹介する．連続な偏導関数を持つ n 個の n 変数関数 $u_i = \varphi(x_1, x_2, \ldots, x_n)$ $(1 \le i \le n)$ があり，この関数で決まる変換 $T\colon (x_1, x_2, \ldots, x_n) \to (u_1, u_2, \ldots, u_n)$ が，$\mathbb{R}^n$ の領域 D から $\mathbb{R}^n$ の領域 E への1対1写像であるとする．このとき，T の逆変換 $T^{-1}\colon (u_1, u_2, \ldots, u_n) \to (x_1, x_2, \ldots, x_n)$ を $x_i = x(u_1, u_2, \ldots, u_n)$ $(1 \le i \le n)$ で表し，そのヤコビアン $J(u_1, \ldots, u_n)$ を

$$J(u_1, \ldots, u_n) = \frac{\partial(x_1, \ldots, x_n)}{\partial(u_1, \ldots, u_n)} := \det\begin{pmatrix} \frac{\partial x_1}{\partial u_1} & \frac{\partial x_1}{\partial u_2} & \cdots & \frac{\partial x_1}{\partial u_n} \\ \frac{\partial x_2}{\partial u_1} & \frac{\partial x_2}{\partial u_2} & \cdots & \frac{\partial x_2}{\partial u_n} \\ \vdots & \vdots & \ddots & \vdots \\ \frac{\partial x_n}{\partial u_1} & \frac{\partial x_n}{\partial u_2} & \cdots & \frac{\partial x_n}{\partial u_n} \end{pmatrix} \ne 0$$

と定める．このとき，E 内の体積確定の集合 B，B の逆像 $A = T^{-1}(B)$，および n 変数関数 $f(x_1, x_2, \ldots, x_n)$ に対して，次の「多重積分の変数変換公式」

$$\int\cdots\int_A f(x_1, \ldots, x_n)\,dx_1\cdots dx_n \quad (A.82)$$

$$= \int\cdots\int_B f\big(T^{-1}(u_1, \ldots, u_n)\big)\big|J(u_1, \ldots, u_n)\big|\,du_1\cdots du_n$$

が成り立つ．なお，標本分布に関する定理 6.1.2 の証明で (A.82) を利用する．

A.15 ガウス積分

定理 A.15.1 （ガウス積分） 次式が成り立つ．

$$I := \int_{-\infty}^{\infty} e^{-\frac{x^2}{2}}\,dx = \sqrt{2\pi}. \quad (A.83)$$

[証明] I^2 を重積分で表すと，次式が得られる．

$$I^2 = \left(\int_{-\infty}^{\infty} e^{-\frac{x^2}{2}}\,dx\right) \cdot \left(\int_{-\infty}^{\infty} e^{-\frac{y^2}{2}}\,dy\right) = \int_{-\infty}^{\infty}\int_{-\infty}^{\infty} e^{-\frac{x^2+y^2}{2}}\,dxdy.$$

ここで，2次元直交座標 (x, y) から極座標 (r, θ) への変数変換 $x = r\cos\theta,\ y = r\sin\theta$ を考えると，重積分の変数変換公式 (A.80) より，次式

$$I^2 = \int_0^{2\pi}\left(\int_0^{\infty} e^{-\frac{r^2}{2}}r\,dr\right)d\theta = \left(\int_0^{2\pi} d\theta\right)\left(\int_0^{\infty} re^{-\frac{r^2}{2}}\,dr\right)$$

$$= 2\pi\int_0^{\infty}\frac{d}{dr}\left(-e^{-\frac{r^2}{2}}\right)dr = 2\pi$$

が成り立つ．よって，$I = \sqrt{2\pi}$ がわかる． □

A.16 ガンマ関数とベータ関数

定義 A.16.1 $\Gamma(\alpha) = \displaystyle\int_0^{\infty} x^{\alpha-1}e^{-x}\,dx \ (\alpha > 0)$ をガンマ関数という．

まず，変数変換 $u = \sqrt{x}$ を用いると，次式

$$\Gamma(\alpha) = \int_0^{\infty} x^{\alpha-1}e^{-x}\,dx = 2\int_0^{\infty} u^{2\alpha-1}e^{-u^2}\,du \tag{A.84}$$

が成り立つ．同様に，変数変換 $u = \sqrt{2x}$ を用いると，次式

$$\Gamma(\alpha) = \int_0^{\infty} x^{\alpha-1}e^{-x}\,dx = 2^{1-\alpha}\int_0^{\infty} u^{2\alpha-1}e^{-\frac{u^2}{2}}\,du \tag{A.85}$$

も成り立つ．次に，$\Gamma(1) = \int_0^{\infty} e^{-x}\,dx = 1$ が成り立つことや，(A.83) と (A.85) より

$$\Gamma\left(\frac{1}{2}\right) = \sqrt{2}\int_0^{\infty} e^{-\frac{v^2}{2}}\,dv = \frac{1}{\sqrt{2}}\int_{-\infty}^{\infty} e^{-\frac{v^2}{2}}\,dv = \sqrt{\pi}$$

が成り立つ．$\alpha > 0$ に対して，$k - 1 < \alpha \leq k$ をみたす自然数 k を取り，ロピタルの定理を k 回適用することで，関係式

$$\lim_{x\to\infty}\frac{x^{\alpha}}{e^x} = \lim_{x\to\infty}\frac{\alpha x^{\alpha-1}}{e^x} = \cdots = \lim_{x\to\infty}\frac{\alpha(\alpha-1)\cdots(\alpha-k+1)x^{\alpha-k}}{e^x} = 0$$

がわかる．このことと，部分積分公式より，次式

$$\Gamma(\alpha+1) = -\int_0^{\infty} x^{\alpha}(e^{-x})'\,dx = \alpha\int_0^{\infty} x^{\alpha-1}e^{-x}\,dx = \alpha\Gamma(\alpha) \tag{A.86}$$

が得られる．(A.86) を繰り返し用いることで，次式が成り立つ．

$$\Gamma(n+1) = n!\,\Gamma(1) = n!, \tag{A.87}$$

$$\Gamma\left(n+\frac{1}{2}\right) = \left(n-\frac{1}{2}\right)\left(n-\frac{3}{2}\right)\cdots\frac{1}{2}\,\Gamma\left(\frac{1}{2}\right) = \frac{(2n-1)!!}{2^n}\,\sqrt{\pi}. \tag{A.88}$$

なお，(A.88) の二重階乗 $(2n-1)!!$ の定義は，(A.7) を参照されたい．

ここで，(Ω, P) 上の確率変数 X が標準正規分布 $N(0,1)$ に従うとき，(A.85) と (A.88) より，任意の自然数 n に対して次式が成り立つ．

$$\begin{aligned}
E(X^{2n}) &= \int_{-\infty}^{\infty} u^{2n}\,\frac{1}{\sqrt{2\pi}}\,e^{-\frac{u^2}{2}}\,du = \frac{2}{\sqrt{2\pi}}\int_0^{\infty} u^{2n}e^{-\frac{u^2}{2}}\,du \\
&= \frac{2}{\sqrt{2\pi}}\,2^{n-\frac{1}{2}}\,\Gamma(n+1/2) = (2n-1)!!.
\end{aligned} \tag{A.89}$$

なお，スターリングの公式 (A.45) は，(A.87) を用いると，

$$\lim_{n\to\infty}\frac{\Gamma(n+1)}{\sqrt{2\pi n}}\left(\frac{e}{n}\right)^n = 1 \tag{A.90}$$

と書き直すことができる．さらに，(A.90) は，次の (A.91) に一般化できることが知られている．なお (A.91) は，系 3.2.7 において，t-分布の密度関数の漸近的な性質 (3.35) を証明するために利用する．

定理 A.16.1（スターリングの公式 II）　次式が成り立つ．

$$\lim_{x\to\infty}\frac{\Gamma(x+1)}{\sqrt{2\pi x}}\left(\frac{e}{x}\right)^x = 1. \tag{A.91}$$

定理 A.16.2 を説明するにあたり，定義 A.16.2 において，ベータ関数を定義する．

定義 A.16.2　$B(a,b) = \displaystyle\int_0^1 x^{a-1}(1-x)^{b-1}\,dx\ (a,b>0)$ をベータ関数という．

$x = \cos^2\theta$ とおくと，$dx = -2\cos\theta\sin\theta\,d\theta$ であるため，次式が成り立つ．

$$\begin{aligned}
B(a,b) &= \int_{\frac{\pi}{2}}^0 \cos^{2a-2}\theta\,\sin^{2b-2}\theta(-2\cos\theta\sin\theta)\,d\theta \\
&= 2\int_0^{\frac{\pi}{2}} \cos^{2a-1}\theta\,\sin^{2b-1}\theta\,d\theta.
\end{aligned} \tag{A.92}$$

次の定理は，系 3.2.6 においてカイ二乗分布の密度関数を求めるために利用する．

定理 A.16.2 $B(a,b) = \dfrac{\Gamma(a)\Gamma(b)}{\Gamma(a+b)}$ $(a,b > 0)$ が成り立つ.

[証明] $\Gamma(a)$ と $\Gamma(b)$ を, (A.84) の表示を用いて表すことで, $\Gamma(a)\Gamma(b)$ は

$$\Gamma(a)\Gamma(b) = 4\left(\int_0^\infty u^{2a-1}e^{-u^2}\,du\right)\cdot\left(\int_0^\infty v^{2b-1}e^{-v^2}\,dv\right)$$

$$= 4\int_0^\infty\int_0^\infty u^{2a-1}v^{2b-1}e^{-(u^2+v^2)}\,du\,dv \tag{A.93}$$

と計算できる. ここで, 2 次元直交座標 (u,v) から極座標 (r,θ) への変数変換 $u = r\cos\theta$, $v = r\sin\theta$ を考えると, (A.81), (A.84), (A.92), (A.93) より, 次式

$$\Gamma(a)\Gamma(b) = 4\int_0^{\frac{\pi}{2}}\left(\int_0^\infty r^{2(a+b)-2}\cos^{2a-1}\theta\sin^{2b-1}\theta e^{-r^2}r\,dr\right)d\theta$$

$$= \left(2\int_0^\infty r^{2(a+b)-1}e^{-r^2}\,dr\right)\left(2\int_0^{\frac{\pi}{2}}\cos^{2a-1}\theta\sin^{2b-1}\theta\,d\theta\right)$$

$$= \Gamma(a+b)B(a,b)$$

が成り立つため, 結論が得られる. □

A.17 直交行列の基本性質・正規直交化法

この節では, A.10 節と A.11 節で解説した「ベクトル・行列・行列式の基本的な知識」は仮定して, 定理 6.1.2 (基本的な統計量の標本分布に関する結果) で証明で必要となる, 「直交行列の基本性質」(命題 A.17.1) と「グラム–シュミットの正規直交化法 (定理 A.17.1) について解説する. まず, 命題 A.17.1 を説明するにあたり, 定義 A.17.1 において, 正規直交基底の概念を定義する.

定義 A.17.1 $\mathbb{R}^n$ の (n 個の) ベクトルからなる集合 $V = \{v_1, v_2, \ldots, v_n\}$ が $\mathbb{R}^n$ の正規直交基底であるとは, 次の条件 (A.94) をみたすことをいう.

$$\langle v_i, v_j\rangle = v_i v_j^T = \begin{cases} 1 & (i = j) \\ 0 & (i \neq j). \end{cases} \tag{A.94}$$

$n \times n$ の正方行列 Q が, 次の命題の同値な 4 条件のうちいずれか 1 つをみたすとき, Q を直交行列とよぶ.

命題 A.17.1 (直交行列の基本性質) $n \times n$ の正方行列 Q に対して, 次の 4 条

件は同値である.

(1) Q の行ベクトルの集合 $\{q_1, q_2, \ldots, q_n\}$ が $\mathbb{R}^n$ の正規直交基底である.

(2) Q の列ベクトルの集合 $\{q_1, q_2, \ldots, q_n\}$ に対し, 集合 $\{q_1^T, q_2^T, \ldots, q_n^T\}$ が $\mathbb{R}^n$ の正規直交基底である.

(3) Q の逆行列 Q^{-1} が存在し, Q^{-1} は「Q の転置行列」Q^T と一致する.

(4) 任意の $x = (x_1, x_2, \ldots, x_n) \in \mathbb{R}^n$ に対し $\|(Qx^T)^T\| = \|x\|$ が成り立つ.

[**証明**] まず (1) と (3) の同値性を証明する. ここでは, Q の行ベクトルの集合を $\{q_1, q_2, \ldots, q_n\}$ とする. 正規直交基底の性質 (A.94) より, (1) が成り立つことと, 次の関係式 (A.95) が成り立つことは同値である.

$$QQ^T = \begin{pmatrix} q_1 q_1^T & q_1 q_2^T & \cdots & q_1 q_n^T \\ q_2 q_1^T & q_2 q_2^T & \cdots & q_2 q_n^T \\ \vdots & \vdots & \ddots & \vdots \\ q_n q_1^T & q_n q_2^T & \cdots & q_n q_n^T \end{pmatrix} = \begin{pmatrix} 1 & 0 & \cdots & 0 \\ 0 & 1 & \cdots & 0 \\ \vdots & \vdots & \ddots & \vdots \\ 0 & 0 & \cdots & 1 \end{pmatrix} = I_n. \quad \text{(A.95)}$$

(1) が成り立つとする. このとき, 関係式 $QQ^T = I_n$ が成り立つため, 定理 A.10.1 より, $Q^T Q = I_n$ も成立する. したがって, 関係式 $QQ^T = Q^T Q = I_n$ が得られるため, Q の逆行列 Q^{-1} が存在し, Q^{-1} は Q^T と一致する. 逆に (3) が成り立つとき は, 関係式 $QQ^T = I_n$ が得られるため, (1) が成り立つことがわかる.

次に (2) と (3) の同値性を証明する. ここでは, Q の列ベクトルの集合を $\{q_1, q_2, \ldots, q_n\}$ とする. 正規直交基底の性質 (A.94) より, (2) が成り立つことと, 次の関係式 (A.96) が成り立つことは同値である.

$$Q^T Q = \begin{pmatrix} q_1^T q_1 & q_1^T q_2 & \cdots & q_1^T q_n \\ q_2^T q_1 & q_2^T q_2 & \cdots & q_2^T q_n \\ \vdots & \vdots & \ddots & \vdots \\ q_n^T q_1 & q_n^T q_2 & \cdots & q_n^T q_n \end{pmatrix} = \begin{pmatrix} 1 & 0 & \cdots & 0 \\ 0 & 1 & \cdots & 0 \\ \vdots & \vdots & \ddots & \vdots \\ 0 & 0 & \cdots & 1 \end{pmatrix} = I_n. \quad \text{(A.96)}$$

(2) が成り立つとする. このとき, 関係式 $Q^T Q = I_n$ が成り立つため, 定理 A.10.1 より, $QQ^T = I_n$ も成立する. したがって, 関係式 $QQ^T = Q^T Q = I_n$ が得られる ため, Q の逆行列 Q^{-1} が存在し, Q^{-1} は Q^T と一致する. 逆に (3) が成り立つとき は, 関係式 $Q^T Q = I_n$ が得られるため, (2) が成り立つことがわかる.

(3) が成り立つと仮定し, (4) が成り立つことを証明する. このとき, (A.52), (A.53),

(A.56), (A.60) より，任意の $x = (x_1, x_2, \ldots, x_n) \in \mathbb{R}^n$ に対して，次式

$$\|(Qx^T)^T\|^2 = (Qx^T)^T(Qx^T) = (xQ^T)(Qx^T) = x(Q^T(Qx^T)) = x((Q^TQ)x^T)$$
$$= x(I_n x^T) = xx^T = \|x\|^2$$

が成り立つ．よって，このとき (4) が成り立つことを示せた．

　(4) が成り立つと仮定し，(2) が成り立つことを証明する．ここでは，Q の列ベクトルの集合を $\{q_1, q_2, \ldots, q_n\}$ とする．$\mathbb{R}^n$ のベクトル $e_1, e_2, \ldots, e_n$ を

$$e_1 = (1, 0, 0, \ldots, 0, 0), \quad e_2 = (0, 1, 0, \ldots, 0, 0), \quad \cdots, \quad e_n = (0, 0, 0, \ldots, 0, 1)$$

と定める．各 i に対して $Qe_i^T = q_i$ が成り立つため，仮定より，次式が成り立つ．

$$1 = \|e_i\| = \|(Qe_i^T)^T\| = \|q_i^T\| \quad (1 \leq i \leq n). \tag{A.97}$$

各 i, j $(1 \leq i < j \leq n)$ に対して $Q(e_i + e_j)^T = (q_i^T + q_j^T)^T$ が成り立つため，仮定より，次式が成り立つ．

$$\sqrt{2} = \|e_i + e_j\| = \|(Q(e_i + e_j)^T)^T\| = \|q_i^T + q_j^T\| \quad (1 \leq i < j \leq n). \tag{A.98}$$

(A.47), (A.50), (A.97), (A.98) より，各 i, j $(1 \leq i < j \leq n)$ に対して，次式

$$2 = \|q_i^T + q_j^T\|^2 = \langle q_i^T + q_j^T, q_i^T + q_j^T \rangle = \langle q_i^T, q_i^T \rangle + 2\langle q_i^T, q_j^T \rangle + \langle q_j^T, q_j^T \rangle$$
$$= \|q_i^T\|^2 + 2\langle q_i^T, q_j^T \rangle + \|q_j^T\|^2 = 2 + 2\langle q_i^T, q_j^T \rangle$$

が得られるため，$\langle q_i^T, q_j^T \rangle = 0$ $(1 \leq i < j \leq n)$ が成り立つことがわかる．このことと (A.97) より，(2) が成り立つことを示せた． □

注意 A.17.1　$n \times n$ の正方行列 Q は直交行列とする．このとき，命題 A.17.1 の (1), (2) の同値性より，転置行列 Q^T も直交行列である．次に，命題 A.17.1 (3) より，Q の転置行列 Q^T が Q の逆行列である．これらのことから，Q^{-1} $(= Q^T)$ も直交行列であり，$Q^TQ = I_n$ が成り立つ．よって，関係式 $\det(Q^TQ) = \det I_n$ が得られるため，この関係式と (A.68) より，次式が成り立つ．

$$|\det Q|^2 = \det(Q^T)\det Q = \det(Q^TQ) = \det I_n = 1. \tag{A.99}$$

　定理 A.17.1 を説明するにあたり，定義 A.17.2 において，基底の概念を定義する．

定義 A.17.2　$\mathbb{R}^n$ の（n 個の）ベクトルからなる集合 $W = \{w_1, w_2, \ldots, w_n\}$ が $\mathbb{R}^n$ の**基底**であるとは，次の 2 条件をみたすことをいう．

　(1) 「W の**一次独立性**」：ある実数 $\alpha_1, \alpha_2, \ldots, \alpha_n$ に対して

$$\alpha_1 w_1 + \alpha_2 w_2 + \cdots + \alpha_n w_n = (0, 0, \ldots, 0)$$

が成り立つならば，$\alpha_1 = \alpha_2 = \cdots = \alpha_n = 0$ でなければならない．

(2) 「W の**全域性**」：$\mathbb{R}^n$ の任意のベクトル $x = (x_1, x_2, \ldots, x_n)$ に対し，適当な実数 $\alpha_1, \alpha_2, \ldots, \alpha_n$ を選んで $x = \alpha_1 w_1 + \alpha_2 w_2 + \cdots + \alpha_n w_n$ が成り立つようにできる．

次の定理は，任意に与えられた $\mathbb{R}^n$ の基底 W を利用して，$\mathbb{R}^n$ の正規直交基底 V を構成する具体的な手続きを提示する．この定理で述べる手続きは**グラム–シュミットの正規直交化法**とよばれる．

定理 A.17.1 （グラム–シュミットの正規直交化法） 集合 $W = \{w_1, w_2, \ldots, w_n\}$ は $\mathbb{R}^n$ の任意の基底とする $(n \geq 2)$．このとき，次の手続き

$$v'_1 := w_1, \qquad\qquad v_1 := \frac{1}{\|v'_1\|} v'_1,$$

$$v'_2 := w_2 - \langle v_1, w_2 \rangle v_1, \qquad\qquad v_2 := \frac{1}{\|v'_2\|} v'_2,$$

$$v'_3 := w_3 - \langle v_1, w_3 \rangle v_1 - \langle v_2, w_3 \rangle v_2, \qquad\qquad v_3 := \frac{1}{\|v'_3\|} v'_3,$$

$$\cdots\cdots$$

$$v'_n := w_n - \sum_{k=1}^{n-1} \langle v_k, w_n \rangle v_k, \qquad\qquad v_n := \frac{1}{\|v'_n\|} v'_n$$

で $\mathbb{R}^n$ の元 $v_1, v_2, \ldots, v_n$ を順に定めると，集合 $V = \{v_1, v_2, \ldots, v_n\}$ は $\mathbb{R}^n$ の正規直交基底である．

[証明] (A.49) より，次の関係式が成り立つ．

$$\sqrt{\langle v_k, v_k \rangle} = \|v_k\| = \left\| \frac{1}{\|v'_k\|} v'_k \right\| = \frac{1}{\|v'_k\|} \|v'_k\| = 1 \quad (1 \leq k \leq n).$$

以下では，任意の $r = 2, 3, \ldots, n$ に対して，$v_1, v_2, \ldots, v_r$ が次の条件 (A.100) をみたすことを，r に関する数学的帰納法で証明する．

$$\langle v_i, v_j \rangle = 0 \quad (i \neq j,\ 1 \leq i, j \leq r). \tag{A.100}$$

まず $r = 2$ のとき，(A.47) と (A.48) より，次式

$$\langle v_1, v_2 \rangle = \frac{1}{\|v'_2\|} \langle v_1, w_2 - \langle v_1, w_2 \rangle v_1 \rangle = \frac{1}{\|v'_2\|} \left\{ \langle v_1, w_2 \rangle - \langle v_1, w_2 \rangle \langle v_1, v_1 \rangle \right\} = 0$$

が成り立つため，(A.100) がみたされる．次に，$2 \leq r \leq n-1$ をみたすある自然数

r に対して (A.100) が成り立つと仮定する. このとき, 帰納法の仮定と (A.48) より, $1 \leq j \leq r$ をみたす任意の自然数 j に対して, 次の関係式

$$\langle v_j, v_{r+1} \rangle = \left\langle v_j, w_{r+1} - \sum_{k=1}^{r} \langle v_k, w_{r+1} \rangle v_k \right\rangle$$

$$= \langle v_j, w_{r+1} \rangle - \sum_{k=1}^{r} \langle v_k, w_{r+1} \rangle \langle v_j, v_k \rangle = \langle v_j, w_{r+1} \rangle - \langle v_j, w_{r+1} \rangle \langle v_j, v_j \rangle = 0$$

が成り立つ. したがって, 自然数 $r+1$ のときも (A.100) が成り立つ. なお, 上記の議論を厳密に行うためには, 各 $k = 1, 2, \ldots, n$ に対して $\|v_k'\| > 0$ が成り立つことを証明する必要がある. このことは, 基底 $W = \{w_1, w_2, \ldots, w_n\}$ の一次独立性を用いて証明できるが, 本書ではこの証明は割愛する. 興味を持たれた読者は線形代数の文献を参照されたい. □

例 A.17.1　$\mathbb{R}^n$ の基底 $W = \{w_1, w_2, \ldots, w_n\}$ として, たとえば

$$\begin{aligned}
w_1 &= (1, 1, 1, \ldots, 1, 1), \\
w_2 &= (0, 1, 1, \ldots, 1, 1), \\
w_3 &= (0, 0, 1, \ldots, 1, 1), \\
&\cdots \\
w_n &= (0, 0, 0, \ldots, 0, 1)
\end{aligned}$$

を考える. この基底 $W = \{w_1, w_2, \ldots, w_n\}$ に対し, 定理 A.17.1 の方法で $\mathbb{R}^n$ の正規直交基底 $V = \{v_1, v_2, \ldots, v_n\}$ を構成し, 各 v_k を

$$v_k = (v_{k1}, v_{k2}, \ldots, v_{kn}) \in \mathbb{R}^n \qquad (k = 1, 2, \ldots, n)$$

と表す. このとき, v_1 は

$$v_1 = \left(\frac{1}{\sqrt{n}}, \frac{1}{\sqrt{n}}, \ldots, \frac{1}{\sqrt{n}} \right)$$

であり, $n \times n$ の正方行列 Q を

$$Q = \begin{pmatrix} v_{11} & v_{12} & \cdots & v_{1n} \\ v_{21} & v_{22} & \cdots & v_{2n} \\ \vdots & \vdots & \ddots & \vdots \\ v_{n1} & v_{n2} & \cdots & v_{nn} \end{pmatrix} = \begin{pmatrix} \frac{1}{\sqrt{n}} & \frac{1}{\sqrt{n}} & \cdots & \frac{1}{\sqrt{n}} \\ * & * & \cdots & * \\ \vdots & \vdots & \ddots & \vdots \\ * & * & \cdots & * \end{pmatrix} \tag{A.101}$$

と定めると, 命題 A.17.1 (1) より, この行列 Q は直交行列である. このようにして, 「1 行目の要素がすべて $1/\sqrt{n}$ である直交行列」が存在することがわかる. たとえば, $n = 3$ のとき, 定理 A.17.1 における $\{v_1', v_2', v_3'\}$ と $\{v_1, v_2, v_3\}$ は

$$v_1' = (1, 1, 1), \qquad v_1 = \left(\frac{1}{\sqrt{3}}, \frac{1}{\sqrt{3}}, \frac{1}{\sqrt{3}} \right),$$

$$v_2' = \left(-\frac{2}{3}, \frac{1}{3}, \frac{1}{3}\right), \qquad v_2 = \left(-\frac{2}{\sqrt{6}}, \frac{1}{\sqrt{6}}, \frac{1}{\sqrt{6}}\right),$$

$$v_3' = \left(0, -\frac{1}{2}, \frac{1}{2}\right), \qquad v_3 = \left(0, -\frac{1}{\sqrt{2}}, \frac{1}{\sqrt{2}}\right)$$

と計算できるため，(A.101) の Q は次式で与えられる．

$$Q = \begin{pmatrix} 1/\sqrt{3} & 1/\sqrt{3} & 1/\sqrt{3} \\ -2/\sqrt{6} & 1/\sqrt{6} & 1/\sqrt{6} \\ 0 & -1/\sqrt{2} & 1/\sqrt{2} \end{pmatrix}.$$

付録 B

問と演習問題の解答

● **第1章**

問 1.1.1 Ω の k 個の根元事象からなる事象の数は，「n 個の根元事象から k 個を選ぶ組合せの個数」と同じため，$_n\mathrm{C}_k$ である．したがって，二項定理より，Ω の事象の個数は $\sum_{k=0}^{n} {}_n\mathrm{C}_k = \sum_{k=0}^{n} {}_n\mathrm{C}_k \, 1^{n-k} 1^k = (1+1)^n = 2^n$ である．

問 1.1.2 $A \cap B^c \cap C^c + A^c \cap B \cap C^c + A^c \cap B^c \cap C$.

問 1.1.3 (1) A. (2) $A \cap B$. (3) 与えられた条件は「15で割り切れるが，12では割り切れない」と同値であるため，答えは $A^c \cap B$.

問 1.2.1 A と $B \cup C$ に対して (P6) を適用すると，次の関係式が得られる．

$$P(A \cup B \cup C) = P(A) + P(B \cup C) - P(A \cap (B \cup C))$$
$$= P(A) + P(B \cup C) - P((A \cap B) \cup (A \cap C)). \tag{B.1}$$

B と C に対して (P6) を適用すると，次の関係式が得られる．

$$P(B \cup C) = P(B) + P(C) - P(B \cap C). \tag{B.2}$$

$A \cap B$ と $A \cap C$ に対して (P6) を適用すると，次の関係式が得られる．

$$P((A \cap B) \cup (A \cap C)) = P(A \cap B) + P(A \cap C) - P((A \cap B) \cap (A \cap C))$$
$$= P(A \cap B) + P(A \cap C) - P(A \cap B \cap C). \tag{B.3}$$

(B.1) の右辺に (B.2) と (B.3) を代入することで，結論が得られる．

問 1.3.1 $P(A \cap B) = P(A)P(B)$ と (P6) より，次のように計算できる．

$$P(A \cup B) = P(A) + P(B) - P(A \cap B) = P(A) + P(B) - P(A)P(B) = \frac{11}{12}.$$

問 1.3.2 $A \cap (B \cup C) = (A \cap B) \cup (A \cap C)$ と $(A \cap B) \cap (A \cap C) = A \cap B \cap C$ が成り立つため，(P6) より，次式が成り立つ．

$$P(A \cap (B \cup C)) = P(A \cap B) + P(A \cap C) - P(A \cap B \cap C). \tag{B.4}$$

(B.4) の右辺は，A, B, C の独立性より，次のように計算できる．

$$P(A)\{P(B) + P(C) - P(B)P(C)\} = P(A)\{P(B) + P(C) - P(B \cap C)\}$$
$$= P(A)P(B \cup C).$$

したがって，$P(A \cap (B \cup C)) = P(A)P(B \cup C)$ が成り立つ．

問 1.3.3 男の子を b と表し，女の子を g と表す．たとえば (g, g, b) と書くとき，左の g は「一番年上の子供」が女で，真ん中の g は「真ん中の子供」が女で，右の b は「一番年下の子供」が男を表すものとする．このとき，標本空間 Ω と事象 A, B を次で定義する．

$$B = \{(b, b, g), \ (b, g, b), \ (g, b, b), \ (b, g, g), \ (g, b, g), \ (g, g, b)\},$$
$$A = \{(b, b, b)\} \cup B, \quad \Omega = A \cup \{(g, g, g)\}.$$

兄弟姉妹間での性別の独立性より，Ω の各根元事象 ω に対して $P(\{\omega\}) = (1/2)^3 = 1/8$ と定めればよい．このとき，求める確率 $P_A(B)$ は次のように計算できる．

$$P_A(B) = \frac{P(A \cap B)}{P(A)} = \frac{P(B)}{P(A)} = \frac{(6/8)}{(7/8)} = \frac{6}{7}.$$

演習 1.1　$3/8$.

演習 1.2　3 個のさいころを同時に投げて出る目の集合を $\{a, b, c\}$ $(a \le b \le c)$ と表す．目の合計が 9 の場合は，$\{1, 2, 6\}$ が 6 通り，$\{1, 3, 5\}$ が 6 通り，$\{1, 4, 4\}$ が 3 通り，$\{2, 2, 5\}$ が 3 通り，$\{2, 3, 4\}$ が 6 通り，$\{3, 3, 3\}$ が 1 通りであるため，求める確率は $25/6^3 = 25/216$ である．目の合計が 10 の場合は，$\{1, 3, 6\}$ が 6 通り，$\{1, 4, 5\}$ が 6 通り，$\{2, 2, 6\}$ が 3 通り，$\{2, 3, 5\}$ が 6 通り，$\{2, 4, 4\}$ が 3 通り，$\{3, 3, 4\}$ が 3 通りであるため，求める確率は $27/6^3 = 1/8$ である．

演習 1.3　$1 - (1 - 1/36)^n = 1 - (35/36)^n$.

演習 1.4　(1) $1 - (5/6)^n$. 　(2) $1 - (5/6)^n - (n/6)(5/6)^{n-1}$.

演習 1.5　(1)　3 人であいこになるのは，全員が同じ手である（グ, グ, グ），（パ, パ, パ），（チ, チ, チ）の 3 通りと，グチパの全種類が出る 6 通りであるため，求める確率は $(3 + 6)/3^3 = 1/3$ である．

(2)　特定の r 人が他の $k - r$ 人に勝つ場合の数は 3 通りであり，k 人から r 人を選ぶ場合の数は $_k\mathrm{C}_r$ 通りであるため，求める確率は $3 \times {}_k\mathrm{C}_r/3^k = {}_k\mathrm{C}_r/3^{k-1}$ である．

(3)　2 人で行う 1 回のじゃんけんで，1 人が勝つ確率は $2/3$ であり，あいこの確率は $1/3$ である．よって，m 回で勝敗が決まる確率は $u_m = (1/3)^{m-1}(2/3)$ であり，$q_n = \sum_{m=1}^n u_m = 1 - (1/3)^n$ である．$q_n > 0.9$ となる最小の n は $n = 3$ である．

演習 1.6　1 回目から $k - 1$ 回目までは「2 の目または 4 の目」が出続け，k 回目ではじめて 6 の目が出る確率は $(1/3)^{k-1} \cdot (1/6)$ である．したがって，求める確率は次のように計算できる．

$$\sum_{k=1}^{\infty} \left(\frac{1}{3}\right)^{k-1} \left(\frac{1}{6}\right) = \frac{1}{6} \cdot \frac{1}{1 - (1/3)} = \frac{1}{4}.$$

演習 1.7　k 回目に表が出る事象を H_k と表し，k 回目に裏が出る事象を T_k と表す．また，k 回のうち表が偶数回出る事象を E_k と表し，k 回のうち表が奇数回出る事象を O_k と表す．このとき，$E_n = (E_{n-1} \cap T_n) \cup (O_{n-1} \cap H_n)$ と分解できる．なお，E_{n-1} と T_n は独立であり，O_{n-1} と H_n も独立である．このことと「確率の加法性」より，次の漸化式

$$p_n = P(E_n) = P(E_{n-1} \cap T_n) + P(O_{n-1} \cap H_n)$$
$$= P(E_{n-1})P(T_n) + P(O_{n-1})P(H_n) = p_{n-1} \cdot \frac{1}{3} + (1 - p_{n-1}) \cdot \frac{2}{3}$$

が成り立つ．$p_1 = 1/3$ に注意して漸化式を解くと $p_n = (1/2) \cdot (1 + (-1)^n/3^n)$ である．

演習 1.8　A, B の到着時刻を 18 時 x 分，y 分とし，点 $\mathrm{P}(x, y)$ は座標平面上の正方形 $\Omega = [0, 60] \times [0, 60]$ に値を取るものとし，Ω 上の幾何的確率 $P(\cdot)$ を用いて考察する．$0 \le x, y < 10$ のときは 18 時 10 分発に，$10 \le x, y < 20$ のときは 18 時 20 分発に，…，$50 \le x, y < 60$ のときは 19 時発に乗れる．よって，$A_m = [10(m-1), 10m] \times [10(m-1), 10m]$ $(1 \le m \le 6)$ とおき，事象 $A = \bigcup_{m=1}^6 A_m$ の幾何的確率を計算すればよい．したがって，求める確率は

$$P(A) = \frac{|A|}{|\Omega|} = \frac{1}{|\Omega|} \sum_{m=1}^{6} |A_m| = \frac{6 \cdot (10)^2}{(60)^2} = \frac{1}{6}.$$

演習 1.9 $P(A_{ij}) = 1/6$, $P(A_{12} \cap A_{13}) = P(A_{12} \cap A_{23}) = P(A_{13} \cap A_{23}) = 1/36$, $P(A_{12} \cap A_{13} \cap A_{23}) = 1/36$.

演習 1.10 A, B, C が勝つ確率を, それぞれ p_a, p_b, p_c とする. A が勝てるのは, 1 回目か 4 回目か 7 回目か $\cdots$ と考えて, その回までは誰も 6 の目を出さないため,

$$p_a = \frac{1}{6} + \left(\frac{5}{6}\right)^3 \frac{1}{6} + \left(\frac{5}{6}\right)^6 \frac{1}{6} + \cdots = \frac{36}{91}$$

と計算できる. 同様に, p_b, p_c についても次のように計算できる.

$$p_b = \left(\frac{5}{6}\right) \frac{1}{6} + \left(\frac{5}{6}\right)^4 \frac{1}{6} + \left(\frac{5}{6}\right)^7 \frac{1}{6} + \cdots = \frac{5}{6} p_a = \frac{30}{91},$$

$$p_c = \left(\frac{5}{6}\right)^2 \frac{1}{6} + \left(\frac{5}{6}\right)^5 \frac{1}{6} + \left(\frac{5}{6}\right)^8 \frac{1}{6} + \cdots = \frac{5}{6} p_b = \frac{25}{91}.$$

別解としては, 題意から, 次の 3 つの方程式

$$p_b = \frac{5}{6} p_a, \quad p_c = \frac{5}{6} p_b = \left(\frac{5}{6}\right)^2 p_a, \quad p_a + p_b + p_c = 1$$

を導き, この 3 つの方程式を連立して解くことで p_a, p_b, p_c を求めることができる.

演習 1.11 例 1.3.2 より, A, B の独立性から A^c, B^c の独立性もわかる. よって, $P(A^c \cap B^c) = P(A^c)P(B^c) = (1-p)(1-q)$.

演習 1.12 A と $B \cap C$ に対して (P6) を適用すると次式が得られる.

$$P(A \cap (B \cap C)) = p + P(B \cap C) - P(A \cup (B \cap C)). \tag{B.5}$$

B と C に対して (P6) を適用すると次式が得られる.

$$P(B \cap C) = P(B) + P(C) - P(B \cup C) = q + r - u. \tag{B.6}$$

次に, $A \cup B$ と $A \cup C$ に対して (P6) を適用すると次式が得られる.

$$
\begin{aligned}
P(A \cup (B \cap C)) &= P((A \cup B) \cap (A \cup C)) \\
&= P(A \cup B) + P(A \cup C) - P((A \cup B) \cup (A \cup C)) \\
&= P(A \cup B) + P(A \cup C) - P(A \cup B \cup C) = s + t - v.
\end{aligned} \tag{B.7}
$$

よって, (B.5) の右辺に (B.6) と (B.7) を代入することで, 次式が成り立つ.

$$P(A \cap B \cap C) = p + (q + r - u) - (s + t - v) = p + q + r - s - t - u + v.$$

演習 1.13 $\overline{\mathrm{AP}} = x$, $\overline{\mathrm{AQ}} = y$ とおく.

(1) 座標平面上の正方形 $\Omega = [0,a] \times [0,a]$ を標本空間とし, $P(\cdot)$ は Ω 上の 2 次元の幾何的確率とする. 線分 PQ の長さが b 以下である事象は六角形 $H = \{(x,y) \in \Omega \mid |x-y| \le b\}$ であり, 面積は $|H| = a^2 - (a-b)^2$ であるため, 求める確率は $P(H) = |H|/|\Omega| = 1 - (a-b)^2/a^2$ である.

(2) 座標平面上の正方形 $\Omega = [0,a] \times [0,a]$ を標本空間とし, $P(\cdot)$ は Ω 上の 2 次元の幾何的確率とする. $x < y$ のとき, 小線分が三角形の 3 辺になる条件は

$$\overline{\mathrm{AP}} + \overline{\mathrm{PQ}} > \overline{\mathrm{QB}} \iff x + (y-x) > a - y \iff y > a/2,$$

$$\overline{\mathrm{PQ}} + \overline{\mathrm{QB}} > \overline{\mathrm{AP}} \iff (y-x) + (a-y) > x \iff x < a/2,$$

$$\overline{\mathrm{QB}} + \overline{\mathrm{AP}} > \overline{\mathrm{PQ}} \iff (a-y) + x > y - x \iff y < x + a/2$$

の 3 つである. そのため, この 3 条件をみたす事象は

$$E^+ = \{(x,y) \in \Omega \mid y > a/2,\ x < a/2,\ y < x + a/2\}$$

である. 同様に $x > y$ のとき, 小線分が三角形の 3 辺となる事象は

$$E^- = \{(x,y) \in \Omega \mid y < a/2,\ x > a/2,\ y > x - a/2\}$$

である. よって, 求める確率は $P(E^+ + E^-) = |E^+ + E^-|/a^2 = 1/4$ である.

(3)　$X = $「線分 AP の長さ」, $Y = $「線分 PR の長さ」と定めると, (X, Y) の同時密度関数 $f(x, y)$ は, $0 \le x < a$ かつ $0 < y \le a - x$ のとき $f(x, y) = 1/(a(a - x))$ であり, それ以外のとき $f(x, y) = 0$ である. したがって, 求める確率は

$$P(X > b, a - (X + Y) > b) = E\big(1_{(b,\infty)}(X)1_{(-\infty,a-b)}(X + Y)\big)$$
$$= \int_{-\infty}^{\infty}\int_{-\infty}^{\infty} 1_{(b,\infty)}(x)1_{(-\infty,a-b)}(x + y)f(x, y)\,dxdy = \int_{b}^{a}\frac{(a - x - b)\vee 0}{a(a - x)}\,dx$$
$$= (a - 2b)/a + (b/a)\log(b/(a - b)).$$

演習 1.14　いずれも背理法を用いて証明する.

(1)　A と B が排反 (つまり, $A \cap B = \emptyset$) と仮定する. この仮定と, A と B が独立であることより, $P(A)P(B) = P(A \cap B) = P(\emptyset) = 0$ が成り立つ. これは $P(A) > 0$, $P(B) > 0$ に矛盾する.

(2)　A と B が独立 (つまり, $P(A)P(B) = P(A \cap B)$) と仮定する. この仮定と, $A \cap B = \emptyset$ より, $P(A)P(B) = P(A \cap B) = P(\emptyset) = 0$ が成り立つ. これは $P(A) > 0$, $P(B) > 0$ に矛盾する.

演習 1.15　$A = (A \cap B^c) + (A \cap B)$ と分解すると, P の加法性より, 関係式 $P(A) = P(A \cap B^c) + P(A \cap B)$ が成り立つ. この関係式より, 次式が得られる.

$$P(A|B^c) = \frac{P(A) - P(A \cap B)}{1 - P(B)}. \tag{B.8}$$

(1)　$P(A \cap B) = P(A)P(B)$ が成り立つとする. このとき, $P(A|B) = P(A)$ が成り立つ. 一方で, (B.8) より, $P(A|B^c) = P(A)$ も成り立つ. したがって, $P(A|B) = P(A) = P(A|B^c)$ が成り立つ.

(2)　$P(A|B) = P(A|B^c)$ が成り立つとき, (B.8) より, $P(A \cap B)/P(B)$ と $(P(A) - P(A \cap B))/(1 - P(B))$ が一致する. したがって, $P(A \cap B)(1 - P(B))$ と $(P(A) - P(A \cap B))P(B)$ も一致し, このことから $P(A \cap B) = P(A)P(B)$ が得られる.

演習 1.16　取り出した個体が感染しているという事象を A, 検査結果が陽性であるという事象を E とする. このとき, 条件より, 次式が成り立つ.

$$P(E^c|A) = \frac{1}{100}, \quad P(E|A^c) = \frac{2}{100}, \quad P(A) = \frac{1}{100}. \tag{B.9}$$

この関係式 (B.9) より, 次式も得られる.

$$P(E|A) = \frac{99}{100}, \quad P(A^c) = \frac{99}{100}. \tag{B.10}$$

したがって, (B.9), (B.10) とベイズの定理より, 求める確率は次のとおり.

$$P(A^c|E) = \frac{P(A^c)P(E|A^c)}{P(A)P(E|A) + P(A^c)P(E|A^c)} = \frac{198}{297} = \frac{2}{3}.$$

演習 1.17 針の中心 A から最も近い平行線までの距離を y $(0 \leq y \leq d/2)$ とおき，針と平行線のなす角を θ $(0 \leq \theta \leq \pi/2)$ とおく．座標平面上の長方形 $\Omega = [0, \pi/2] \times [0, d/2]$ を標本空間とし，$P(\cdot)$ は Ω 上の 2 次元の幾何的確率（面積）とする．このとき，針が平行線と交わる事象 D は

$$D = \left\{ (\theta, y) \in \Omega \ \middle| \ y \leq \frac{l}{2} \sin \theta \right\}$$

で与えられる．$l \leq d$ より，D の面積 $|D|$ は

$$|D| = \int_0^{\frac{\pi}{2}} \frac{l}{2} \sin \theta \, d\theta = \frac{l}{2}$$

と計算できる．したがって，求める確率は $P(D) = \frac{|D|}{|\Omega|} = \frac{2l}{\pi d}$ である．

● 第2章

問 2.1.1 $A \cap B = \emptyset$ より，$1_{A \cap B} = 0$ であり，$1_{A \cup B} = 1_A + 1_B - 1_{A \cap B} = 1_A + 1_B$.

問 2.1.2 略.

問 2.1.3 $P(X \geq k + l \mid X \geq k) = P(X \geq k + l)/P(X \geq k)$ と (2.11) より，

$$P(X \geq k + l \mid X \geq k) = \frac{(1-p)^{k+l}}{(1-p)^k} = (1-p)^l = P(X \geq l).$$

問 2.1.4 $\{2X \geq 5\} = \{X \geq 3\}$ より，求める確率は次のように計算できる．

$$P(2X \geq 5) = P(X \geq 3) = 1 - P(X \leq 2) = 1 - e^{-\lambda}(1 + \lambda + \lambda^2/2).$$

問 2.1.5 $P(X \leq c) = 1 - e^{-\lambda c} = 1/2$ を解くと $c = (\log 2)/\lambda$ である．

問 2.1.6 (1) 任意の x に対して $f(\mu + x) = f(\mu - x)$ を確認すればよい．

(2) 合成関数の微分法より，$f(x)$ の微分は次のように計算できる．

$$f'(x) = \frac{\mu - x}{\sqrt{2\pi} \, \sigma^3} \exp\left\{ -\frac{(x - \mu)^2}{2\sigma^2} \right\}.$$

$\exp\left\{ -\frac{(x-\mu)^2}{2\sigma^2} \right\}$ は常に正の値を取るため，$\mu - x$ の正負に注目すれば $x = \mu$ で極大値を持つことを確認できる．

(3) 関係式 $f'(x) = \frac{\mu - x}{\sigma^2} f(x)$ と，積の微分公式より，次式が成り立つ．

$$f''(x) = \left(\frac{\mu - x}{\sigma^2} \right)' f(x) + \frac{\mu - x}{\sigma^2} f'(x) = \frac{(\mu - x)^2 - \sigma^2}{\sqrt{2\pi} \, \sigma^5} e^{-\frac{(x-\mu)^2}{2\sigma^2}}.$$

よって，$x = \mu \pm \sigma$ のとき，$f''(x) = 0$ をみたす．$\exp\left\{ -\frac{(x-\mu)^2}{2\sigma^2} \right\}$ は常に正の値を取るため，$(\mu - x)^2 - \sigma^2$ の正負に注目すればよい．

(4) $y = (x - \mu)/\sigma$ と変数変換して，$dy/dx = 1/\sigma$ であるため

$$\int_{-\infty}^{\infty} \frac{1}{\sqrt{2\pi} \, \sigma} \exp\left\{ -\frac{(x - \mu)^2}{2\sigma^2} \right\} dx = \int_{-\infty}^{\infty} \frac{1}{\sqrt{2\pi}} e^{-\frac{y^2}{2}} \, dy = 1.$$

問 2.2.1 $x < 0$ のとき，$\{X \leq x\} = \emptyset$ より，$F(x) = 0$ である．$0 \leq x < 1$ のとき，$\{X \leq x\} = \{X = 0\}$ より，$F(x) = 1 - p$ である．$x \geq 1$ のとき，$\{X \leq x\} = \{X = 0\} \cup \{X = 1\}$ より，$F(x) = 1$ である．

問 2.3.1 白玉が出る回数は $B(100, 3/5)$ に従うため，平均は $100 \times 3/5 = 60$ であり，標準偏差は $\sqrt{100 \cdot (3/5) \cdot (2/5)} = 2\sqrt{6}$ である．

問 2.3.2　$E(Z) = 2E(X) + 3 = 51/7$, $V(Z) = 2^2 V(X) = 120/49$, $E(W) = -2E(X) + 3 = -9/7$, $V(W) = (-2)^2 V(X) = 120/49$.

問 2.3.3　$q = 1 - p$ とおく. $(k-1)^3 = k^3 - 3k^2 + 3k - 1$ と表せるため, 次式

$$E(X^3) = \sum_{k=0}^{\infty} k^3 p q^k = \sum_{k=0}^{\infty} \left((k-1)^3 + 3k^2 - 3k + 1 \right) p q^k$$
$$= (-1)^3 p + q E(X^3) + 3E(X^2) - 3E(X) + 1 \tag{B.11}$$

が成り立つ. (B.11) に $E(X) = (1-p)/p$ と $E(X^2) = (p-1)(p-2)/p^2$ を代入し, $E(X^3)$ について解くことで, $E(X^3) = (1-p)(p^2 - 6p + 6)/p^3$ が得られる. また, 等比数列の和の公式より, 次式も得られる.

$$E\left(\left(\frac{1}{2} \right)^X \right) = \sum_{k=0}^{\infty} p \left(\frac{q}{2} \right)^k = \frac{p}{1 - q/2} = \frac{2p}{1+p}.$$

問 2.3.4　(1)　$E(X(X-1)(X-2)) = \lambda^3 e^{-\lambda} \sum_{k=3}^{\infty} \frac{\lambda^{k-3}}{(k-3)!} = \lambda^3$.

(2)　$x^3 = ax(x-1)(x-2) + bx(x-1) + cx$ をみたす定数 a, b, c は, 両辺の x の係数比較により, $a = c = 1$, $b = 3$ である. したがって, 次式が成り立つ.

$$E(X^3) = E(X(X-1)(X-2)) + 3E(X(X-1)) + E(X) = \lambda^3 + 3\lambda^2 + \lambda.$$

(3)　(A.21) より, $E(5^X) = e^{-\lambda} \sum_{k=0}^{\infty} \frac{(5\lambda)^k}{k!} = e^{-\lambda} e^{5\lambda} = e^{4\lambda}$.

(4)　条件付き確率の定義より,

$$P(X \geq 2 \mid X \geq 1) = \frac{P(X \geq 2, X \geq 1)}{P(X \geq 1)} = \frac{P(X \geq 2)}{P(X \geq 1)} = \frac{1 - e^{-\lambda} - \lambda e^{-\lambda}}{1 - e^{-\lambda}}.$$

問 2.3.5　$E(e^{-\alpha X}) = \lambda \int_0^{\infty} e^{-(\lambda + \alpha)x} \, dx = \lambda/(\lambda + \alpha)$.

問 2.3.6　$Z = (X - \mu)/\sigma$ は $N(0,1)$ に従うため, $E(Z) = E(Z^3) = 0$ と $E(Z^2) = V(Z) = 1$ が成り立つ. したがって, 次式が成り立つ.

$$E(X^3) = \mu^3 + 3\mu^2 \sigma E(Z) + 3\mu \sigma^2 E(Z^2) + \sigma^3 E(Z^3) = \mu^3 + 3\mu \sigma^2.$$

x の二次式 $\alpha x - (x - \mu)^2/(2\sigma^2)$ を平方完成することで, 次式が得られる.

$$E(e^{\alpha X}) = e^{\alpha \mu + \frac{\alpha^2 \sigma^2}{2}} \int_{-\infty}^{\infty} \frac{1}{\sqrt{2\pi\sigma^2}} e^{-\frac{1}{2\sigma^2}(x - \mu - \alpha\sigma^2)^2} \, dx = e^{\alpha \mu + \frac{\alpha^2 \sigma^2}{2}}.$$

問 2.3.7　$\int_{-\infty}^{\infty} f(x) \, dx = 8a$ より, $a = 1/8$ である. したがって, 次が成り立つ.

$$P(1 \leq X \leq 3) = \int_1^3 f(x) \, dx = \frac{7}{16},$$
$$E(X) = \int_{-\infty}^{\infty} x f(x) \, dx = \frac{1}{8} \int_0^2 x^2 \, dx + \frac{2}{8} \int_2^5 x \, dx = \frac{71}{24}.$$

演習 2.1　$\omega \in (A \cup B)^c$ のとき, $1_{A \setminus B}(\omega) = 1_{B \setminus A}(\omega) = 1_A(\omega) = 0 = 1_B(\omega) = 0$ である. $\omega \in A \setminus B$ のとき, $1_A(\omega) = 1_{A \setminus B}(\omega) = 1$ かつ $1_B(\omega) = 1_{B \setminus A}(\omega) = 0$ である. $\omega \in B \setminus A$ のとき, $1_B(\omega) = 1_{B \setminus A}(\omega) = 1$ かつ $1_A(\omega) = 1_{A \setminus B}(\omega) = 0$ である. $\omega \in A \cap B$ のとき, $1_{A \setminus B}(\omega) = 1_{B \setminus A}(\omega) = 0$ かつ $1_A(\omega) = 1_B(\omega) = 1$ である.

演習 2.2　身長を表す確率変数を X (cm) とおくと $Z = (X - 172)/(6.5)$ は標準正規分布に従う. まず, 168.5 cm 以下の身長の学生の割合は

$$P\left(Z = \frac{X - 172}{6.5} \leq \frac{168.5 - 172}{6.5}\right) = P\left(Z \leq -\frac{3.5}{6.5}\right)$$
$$\approx P(Z \leq -0.54) = P(Z \geq 0.54) = 0.5 - P(0 \leq Z \leq 0.54) = 0.2946$$

と計算できるため，対応する人数は $1000 \times 0.2946 \approx 295$ 人である．よって，168.5 cm の学生は高い方から $1000 - 295 = 705$ 番目である．次に，身長が高い方から 305 番目までの割合は，$305/1000 = 0.305$ である．ここで，$P(Z \geq u) = 0.5 - P(0 \leq Z \leq u) = 0.305$ をみたす u を表 C.1 から求めると $u = 0.51$ である．よって，$(x - 172)/(6.5) = 0.51$ より，$x = 175.315$ (cm) 以上あればよい．

演習 2.3 X の平均と分散は，$E(X) = p(a+1) - 1$ と $V(X) = (a+1)^2 p(1-p)$ である．よって，$E(Y) = 2E(X) + 1 = 2p(a+1) - 1$ と $V(Y) = 2^2 V(X) = 4(a+1)^2 p(1-p)$ を得る．また，$E(Y) = 1$ かつ $V(Y) = 12$ のとき，2 変数 a, p に関する連立方程式を解くと，$a = 3$ と $p = 1/4$ が得られる．

演習 2.4 $E(\sqrt{X}) = \sqrt{2}\{P(X = 2) + 2P(X = 8)\} + 2P(X = 4)$ である．ここで，6 枚のカードを $A = 2, B = 4, C = 4, D = 8, E = 8, F = 8$ と区別して

$$P(X = 2) = \frac{1 \times 5}{{}_6 C_2} = \frac{1}{3}, \; P(X = 4) = \frac{1 + 2 \times 3}{{}_6 C_2} = \frac{7}{15}, \; P(X = 8) = \frac{{}_3 C_2}{{}_6 C_2} = \frac{1}{5}$$

と計算できるため，$E(\sqrt{X}) = 11\sqrt{2}/15 + 14/15$ である．

演習 2.5 $E(1/(X - 2)) = P(X = 3) + P(X = 4)/2 + P(X = 5)/3$ と

$$P(X = 3) = \left(\frac{1}{4}\right)^3 + \left(\frac{3}{4}\right)^3 = \frac{28}{4^3},$$
$$P(X = 4) = {}_3 C_2 \left(\frac{1}{4}\right)^2 \left(\frac{3}{4}\right)^1 \times \left(\frac{1}{4}\right) + {}_3 C_1 \left(\frac{1}{4}\right)^1 \left(\frac{3}{4}\right)^2 \times \left(\frac{3}{4}\right) = \frac{3^2 \times 10}{4^4},$$
$$P(X = 5) = {}_4 C_2 \left(\frac{1}{4}\right)^2 \left(\frac{3}{4}\right)^2 \times \left(\frac{1}{4}\right) + {}_4 C_2 \left(\frac{1}{4}\right)^2 \left(\frac{3}{4}\right)^2 \times \left(\frac{3}{4}\right) = \frac{2 \times 3^3}{4^4}$$

より，$E(1/(X - 2)) = 175/256$ である．

演習 2.6 次のように計算量を減らす工夫を行う．まず，$E(X \vee 2)$ を

$$E(X \vee 2) = \sum_{k=0}^{4} (k \vee 2) P(X = k)$$
$$= 2\{P(X = 0) + P(X = 1) + P(X = 2)\} + 3P(X = 3) + 4P(X = 4)$$
$$= 2\{1 - P(X = 3) - P(X = 4)\} + 3P(X = 3) + 4P(X = 4)$$
$$= 2 + P(X = 3) + 2P(X = 4)$$

と計算する．$P(X = 3) = 3 \times 2^5/5^4$ かつ $P(X = 4) = 2^4/5^4$ であるため，$E(X \vee 2) = 1378/625$ である．

演習 2.7 Y の取り得る値は 1 と 4 である．$x < 1$ のときは $F_Y(x) = 0$ であり，$1 \leq x < 4$ のときは $F_Y(x) = 2/5$ であり，$x \geq 4$ のときは $F_Y(x) = 1$ である．

演習 2.8 まず，ロピタルの定理より，次式が成り立つ．

$$\lim_{x \to \infty} \frac{x}{e^{\frac{x^2}{2}}} = \lim_{x \to \infty} \frac{1}{xe^{\frac{x^2}{2}}} = 0, \quad \lim_{x \to \infty} \frac{x^2}{e^{\frac{x^2}{2}}} = \lim_{x \to \infty} \frac{2x}{xe^{\frac{x^2}{2}}} = 0. \tag{B.12}$$

この関係式 (B.12) や関係式 $(e^{-x^2/2})' = -xe^{-x^2/2}$ が成り立つこと，および部分積分公式より，次式が得られる．

$$E(X) = \int_0^\infty x^2 e^{-\frac{x^2}{2}} \, dx = \int_0^\infty e^{-\frac{x^2}{2}} \, dx - \left[xe^{-\frac{x^2}{2}} \right]_{x=0}^{x=\infty} = \frac{\sqrt{2\pi}}{2} - 0 = \sqrt{\frac{\pi}{2}},$$

$$E(X^2) = \int_0^\infty x^3 e^{-\frac{x^2}{2}} \, dx = 2 \int_0^\infty x e^{-\frac{x^2}{2}} \, dx - \left[x^2 e^{-\frac{x^2}{2}} \right]_{x=0}^{x=\infty} = 2 - 0 = 2,$$

$$V(X) = E(X^2) - (E(X))^2 = 2 - \frac{\pi}{2}.$$

次に，分布関数 $F(x) = P(X \le x)$ を計算する．$x < 0$ のとき，$F(x) = \int_{-\infty}^x f(t)\,dt = \int_{-\infty}^x 0\,dt = 0$ である．$x \ge 0$ のとき，$F(x)$ は次のように計算できる．

$$F(x) = \int_{-\infty}^x f(t)\,dt = \int_0^x t e^{-\frac{t^2}{2}}\,dt = (-1) \times \left[e^{-\frac{t^2}{2}} \right]_{t=0}^{t=x} = 1 - e^{-\frac{x^2}{2}}.$$

演習 2.9 $F_Y(x) = P(Y \le x) = P(-X^2 + 3 \le x) = P(X^2 \ge 3 - x)$ が成り立つ．$x \ge 3$ の場合は $\{X^2 \ge 3 - x\} = \Omega$ であるため，$F_Y(x) = P(\Omega) = 1$，かつ $g(x) = \frac{d}{dx} F_Y(x) = 0$ が成り立つ．次に $x < 3$ の場合は

$$F_Y(x) = P(X \ge \sqrt{3-x}) + P(X \le -\sqrt{3-x})$$
$$= 1 - F_X(\sqrt{3-x}) + F_X(-\sqrt{3-x})$$

であるため，$\frac{d}{dx} F_X(x) = f(x)$ と合成関数の微分法より，次式が成り立つ．

$$g(x) = \frac{d}{dx} F_Y(x) = \frac{1}{2\sqrt{3-x}} \{ f(\sqrt{3-x}) + f(-\sqrt{3-x}) \}.$$

演習 2.10 標本空間は $\Omega = [0, 2\pi]$ とし，$P(\cdot)$ は Ω 上の 1 次元の幾何的確率（長さ）とし，3 点 O, A, B は座標平面上に O$(0,0)$, A$(1,0)$, B$(\cos\omega, \sin\omega)$ $(0 \le \omega \le 2\pi)$ と対応させる．確率変数 X を $X(\omega) = \omega$ $(\omega \in \Omega)$ と定めると，例 2.3.10 より，X の密度関数は $f(x) = \frac{1}{2\pi} 1_{[0,2\pi]}(x)$ である．関数 h を $h(x) = \frac{1}{2} |\sin x|$ と定めると，求める期待値は次のように計算できる．

$$E(h(X)) = \int_{-\infty}^\infty h(x) f(x) \, dx = \frac{1}{4\pi} \int_0^{2\pi} |\sin x| \, dx = \frac{1}{\pi}.$$

● 第 3 章

問 3.1.1 X と Y は独立であるため，系 3.1.3 より，$X + Y$ は $Po(\lambda + \mu)$ に従う．したがって，次の式変形

$$p_k = \frac{P(X = k, Y = n - k)}{P(X + Y = n)} = \frac{P(X = k)P(Y = n - k)}{P(X + Y = n)}$$

$$= e^{-\lambda} \frac{\lambda^k}{k!} e^{-\mu} \frac{\mu^{n-k}}{(n-k)!} e^{\lambda+\mu} \frac{n!}{(\lambda+\mu)^n} = {}_n C_k \left(\frac{\lambda}{\lambda+\mu} \right)^k \left(\frac{\mu}{\lambda+\mu} \right)^{n-k}$$

が成り立つ．よって，求める離散分布は二項分布 $B(n, \lambda/(\lambda+\mu))$ である．

問 3.2.1 $P(Y \ge 1) = \int_1^\infty h(y)\,dy = -\frac{1}{2} \int_1^2 \log(y/2)\,dy = \frac{1}{2}(1 - \log 2).$

問 3.2.2 平均は 200 であり，標準偏差は $25\sqrt{14}$ である．

問 3.2.3 例題 3.2.5 の解答と同様に X_i を定義し，Z_1, Z_2, Z_3 を

$$Z_1 = X_1(1 - X_2), \quad Z_2 = X_1 X_2 (1 - X_3), \quad Z_3 = X_1 X_2 X_3$$

とおくと，$X = Z_1 + 2Z_2 + 3Z_3$ と表せる．X_1, X_2, X_3 の独立性より，

$$E(Z_1) = p(1-p), \quad E(Z_2) = p^2(1-p), \quad E(Z_3) = p^3,$$
$$E(X) = E(Z_1) + 2E(Z_2) + 3E(Z_3) = p(1 + p + p^2).$$

ここで $Z_1 Z_2 = Z_1 Z_3 = Z_2 Z_3 = 0$ や $Z_i^2 = Z_i$ $(1 \le i \le 3)$ であるため，

$$E(X^2) = E((Z_1 + 2Z_2 + 3Z_3)^2) = E(Z_1^2) + 4E(Z_2^2) + 9E(Z_3^2)$$
$$= E(Z_1) + 4E(Z_2) + 9E(Z_3) = p(1 + 3p + 5p^2),$$
$$V(X) = E(X^2) - (E(X))^2 = p + 2p^2 + 3p^3 - 3p^4 - 2p^5 - p^6.$$

問 3.2.4　略．

問 3.2.5　(1) 0.6826. (2) 0.8414. (3) 0.9750.

問 3.3.1　Y は二項分布 $B(10, 2/6)$ に従うため，$E(Y) = 10/3$ および $V(Y) = 20/9$ である．また，確率変数 X_i を「i の目が出る回数」とおくと，各 X_i は二項分布 $B(10, 1/6)$ に従い，$(X_1, X_2, \ldots, X_6)$ は多項分布 $M(10; 1/6, \ldots, 1/6)$ に従い，$X = X_6$, $Y = X_5 + X_6$, $Z = X_1 + X_3 + X_5$ と表せる．したがって，

$$\mathrm{Cov}(X, Z) = \mathrm{Cov}(X_6, X_1) + \mathrm{Cov}(X_6, X_3) + \mathrm{Cov}(X_6, X_5) = -\frac{5}{6},$$
$$\mathrm{Cov}(X, Y) = \mathrm{Cov}(X_6, X_5) + V(X_6) = \frac{10}{9}.$$

問 3.4.1　$\widetilde{X} = X - \mu_x$, $\widetilde{Y} = Y - \mu_y$ とおくと，次のように計算できる．

$$E((X+Y)Y) = E((\widetilde{X} + \widetilde{Y} + \mu_x + \mu_y)(\widetilde{Y} + \mu_y))$$
$$= E((\widetilde{X} + \widetilde{Y})\widetilde{Y}) + (\mu_x + \mu_y)E(\widetilde{Y}) + \mu_y E(\widetilde{X} + \widetilde{Y}) + (\mu_x + \mu_y)\mu_y$$
$$= \mathrm{Cov}(X, Y) + V(Y) + (\mu_x + \mu_y)\mu_y = \rho \sigma_x \sigma_y + \sigma_y^2 + (\mu_x + \mu_y)\mu_y.$$

演習 3.1　例題 A.2.1 の累乗の和の公式より，次が成り立つ．

$$E(X_i) = \sum_{k=1}^{N} \frac{k}{N} = \frac{N+1}{2}, \quad E(X_i^2) = \sum_{k=1}^{N} \frac{k^2}{N} = \frac{(N+1)(2N+1)}{6},$$
$$V(X_i) = E(X_i^2) - (E(X_i))^2 = \frac{N^2 - 1}{12}.$$

(1)　X_1, X_2, X_3 は独立であるため，注意 3.2.3 より，

$$V(X_1 + X_2 - 2X_3) = V(X_1) + V(X_2) + (-2)^2 V(X_3) = \frac{N^2 - 1}{2}.$$

(2)　$\{X_1 \vee X_2 \le k\} = \{X_1 \le k\} \cap \{X_2 \le k\}$ と，X_1, X_2 の独立性より，

$$P(X_1 \vee X_2 \le k) = P(X_1 \le k)P(X_2 \le k) = \frac{k^2}{N^2},$$
$$P(X_1 \vee X_2 = k) = P(X_1 \vee X_2 \le k) - P(X_1 \vee X_2 \le k-1) = \frac{2k-1}{N^2}.$$

(3)　$E(X_1 \vee X_2) = \sum_{k=1}^{N} k(2k-1)/N^2 = (N+1)(4N-1)/6N$.

(4)　$E(|X_1 - X_2|) = \sum_{k=1}^{N} \sum_{l=1}^{N} |k - l| P(X_1 = k, X_2 = l)$ であるため

$$E(|X_1 - X_2|) = \frac{1}{N^2} \sum_{k=1}^{N} \left(\sum_{l=1}^{N} |k - l| \right)$$

$$= \frac{1}{N^2} \sum_{k=1}^{N} \left(\sum_{l=1}^{k} (k-l) + \sum_{l=k+1}^{N} (l-k) \right) = \frac{1}{N^2} \sum_{k=1}^{N} \left(\sum_{l'=0}^{k-1} l' + \sum_{l''=1}^{N-k} l'' \right)$$

$$= \frac{1}{N^2} \sum_{k=1}^{N} \left(k^2 - (N+1)k + \frac{N(N+1)}{2} \right) = \frac{N^2 - 1}{3N}.$$

演習 3.2 (1) $\{XY = 0\} = \{X = 0\} \cup \{Y = 0\}$ と，X, Y の独立性より，

$$P(XY = 0) = P(X = 0) + P(Y = 0) - P(\{X = 0\} \cap \{Y = 0\})$$
$$= P(X = 0) + P(Y = 0) - P(X = 0)P(Y = 0) = e^{-\lambda} + e^{-\mu} - e^{-(\lambda+\mu)}.$$

(2) $E(X!) = e^{-\lambda} \sum_{k=0}^{\infty} \lambda^k = e^{-\lambda}/(1-\lambda).$

(3) $\{Z \geq X\} = \bigcup_{k=0}^{\infty} \{Z \geq k, X = k\}$ と表す．P の完全加法性と X, Z の独立性より，求める確率は次のように計算できる．

$$P(Z \geq X) = \sum_{k=0}^{\infty} P(Z \geq k, X = k) = \sum_{k=0}^{\infty} P(Z \geq k)P(X = k)$$

$$= \sum_{k=0}^{\infty} (1-p)^k e^{-\lambda} \frac{\lambda^k}{k!} = e^{-\lambda} \sum_{k=0}^{\infty} \frac{((1-p)\lambda)^k}{k!} = e^{-\lambda} e^{(1-p)\lambda} = e^{-\lambda p}.$$

演習 3.3 $p_k = P(X - Y = k)$ とおく．

(1) $X - Y$ が取り得る値は $0, \pm 1, \dots, \pm 5$ であり，たとえば

$$P(X - Y = 0) = \frac{6}{36}, \quad P(X - Y = 1) = P(X - Y = -1) = \frac{5}{36}$$

が成り立つため，求める離散分布を略記すると次のとおりである．

$$\begin{pmatrix} 0 & \pm 1 & \pm 2 & \pm 3 & \pm 4 & \pm 5 \\ 6/36 & 5/36 & 4/36 & 3/36 & 2/36 & 1/36 \end{pmatrix}.$$

(2) $q = 1 - p$ とおく．P の完全加法性と X, Y の独立性より，

$$p_n = P(X - Y = n) = \sum_{k=0}^{\infty} P(Y = k, X = n + k)$$

$$= \sum_{k=0}^{\infty} P(Y = k)P(X = n + k) = \sum_{k=0}^{\infty} pq^k P(X = n + k)$$

が成り立つ．$n \geq 0$ と $n < 0$ で場合分けして p_n を計算すると

$$p_n = \sum_{k=0}^{\infty} pq^k pq^{n+k} = p^2 q^n \sum_{k=0}^{\infty} q^{2k} = \frac{p^2 q^n}{1 - q^2} = \frac{pq^n}{1 + q} \quad (n \geq 0),$$

$$p_n = \sum_{k=-n}^{\infty} pq^k pq^{n+k} = p^2 q^n \sum_{k=-n}^{\infty} q^{2k} = \frac{p^2 q^n q^{-2n}}{1 - q^2} = \frac{pq^{-n}}{1 + q} \quad (n < 0)$$

である．よって，$p_n = pq^{|n|}/(1+q) \ (n = 0, \pm 1, \pm 2, \dots)$ である．

演習 3.4 X, Y の周辺密度関数をそれぞれ $g(x), h(y)$ とおくと，次式

$$g(x) = \begin{cases} 0 & (x < 0) \\ 3x^2 & (0 \leq x \leq 1) \\ 0 & (x > 1) \end{cases} \qquad h(y) = \begin{cases} 0 & (y < 0) \\ 3(y-1)^2 & (0 \leq y \leq 1) \\ 0 & (y > 1) \end{cases}$$

が成り立つ. よって, X, Y の平均, 分散は次のように計算できる.

$$E(X) = \int_0^1 3x^3\, dx = \frac{3}{4}, \quad E(Y) = \int_0^1 3y(y-1)^2\, dy = \frac{1}{4},$$

$$E(X^2) = \int_0^1 3x^4\, dx = \frac{3}{5}, \quad E(Y^2) = \int_0^1 3y^2(y-1)^2\, dy = \frac{1}{10},$$

$$V(X) = E(X^2) - (E(X))^2 = \frac{3}{80}, \quad V(Y) = E(Y^2) - (E(Y))^2 = \frac{3}{80}.$$

次に, 期待値 $E(XY)$ は次のように計算できる.

$$E(XY) = \int_0^1 \left(\int_0^x xyf(x,y)\, dy \right) dx = \int_0^1 6x \left(\int_0^x y(x-y)\, dy \right) dx$$

$$= \int_0^1 6x \left[\frac{x}{2}y^2 - \frac{1}{3}y^3 \right]_{y=0}^{y=x} dx = \int_0^1 x^4\, dx = \frac{1}{5}.$$

これまでの計算結果より, 共分散 $\mathrm{Cov}(X,Y)$ と相関係数 $\rho(X,Y)$ は

$$\mathrm{Cov}(X,Y) = E(XY) - E(X)E(Y) = \frac{1}{80}, \quad \rho(X,Y) = \frac{1}{3}.$$

演習 3.5 X, Y の周辺密度関数をそれぞれ $g(x), h(y)$ とおくと, 次式

$$g(x) = \begin{cases} 0 & (x < 0) \\ xe^{-x} & (x \geq 0) \end{cases} \quad h(y) = \begin{cases} 0 & (y < 0) \\ e^{-y} & (y \geq 0) \end{cases}$$

が成り立つ. 一方で, 求める確率は次のように計算できる.

$$P(X \leq 2,\ Y \geq 1) = \int_{-\infty}^2 \left\{ \int_1^\infty f(x,y)\, dy \right\} dx = \int_1^2 \left\{ \int_1^x e^{-x}\, dy \right\} dx$$

$$= \int_1^2 (x-1)e^{-x}\, dx = -2e^{-2} + e^{-1}.$$

演習 3.6 $U(0,1)$ の密度関数は $f(x) = 1_{[0,1]}(x)$ であるから, 定理 3.2.4 より, $X + Y$ の密度関数は $g(x) = \int_0^1 f(x-y)f(y)\, dy = \int_{x-1}^x f(t)\, dt$ である. $0 < x \leq 1$ の場合は $g(x) = \int_0^x f(t)\, dt = x$ であり, $1 < x \leq 2$ の場合は $g(x) = \int_{x-1}^1 f(t)\, dt = 2 - x$ であり, それ以外の x の場合は $g(x) = 0$ である. 再び定理 3.2.4 を用いて場合分けして計算することで, $(X + Y) + Z$ の密度関数 $h(x)$ は次式で与えられる.

$$h(x) = \int_{-\infty}^\infty g(x-y)f(y)\, dy = \int_0^1 g(x-y)\, dy = \int_{x-1}^x g(z)\, dz \quad (z = x - y)$$

$$= \begin{cases} x^2/2 & (0 < x \leq 1) \\ 3/4 - (x - 3/2)^2 & (1 \leq x \leq 2) \\ (x-3)^2/2 & (2 \leq x < 3) \\ 0 & (x \leq 0\,\text{または}\,x \geq 3). \end{cases}$$

次に, X と Y の独立性より, $X \vee Y$ の分布関数は

$$P(X \vee Y \leq x) = P(\{X \leq x\} \cap \{Y \leq x\}) = P(X \leq x)P(Y \leq x) = P(X \leq x)^2$$

と計算できる. よって, $X \vee Y$ の密度関数 $p(x) = \frac{d}{dx} P(X \leq x)^2$ は, $0 < x \leq 1$ の場合は $p(x) = 2x$ であり, それ以外の x では $p(x) = 0$ である. また, X と Y の独立性より, 次式も成り立つ.

$$P(X \wedge Y > x) = P(\{X > x\} \cap \{Y > x\}) = P(X > x)^2 = (1 - P(X \leq x))^2.$$

よって，$X \wedge Y$ の分布関数は $P(X \wedge Y \leq x) = 1 - (1 - P(X \leq x))^2$ であり，$X \wedge Y$ の密度関数は $q(x) = -\frac{d}{dx}(1 - P(X \leq x))^2$ で与えられる．この値を計算すると，$0 < x \leq 1$ の場合は $q(x) = 2(1 - x)$ であり，それ以外の x では $q(x) = 0$ である．

演習 3.7 まず，Z, ε_1, ε_2 の独立性より，$\mathrm{Cov}(Z, \varepsilon_i)$ $(i = 1, 2)$ と $\mathrm{Cov}(\varepsilon_1, \varepsilon_2)$ はいずれも 0 である．一方で，$\alpha_i^2 + (\sqrt{1 - \alpha_i^2})^2 = 1$ と系 3.2.5 より，各 X_i は $N(0, 1)$ に従う．よって，$V(X_i) = V(Z) = 1$ もわかる．以上の結果と定理 3.2.3 より，

$$\begin{aligned}
\rho(X_1, Z) &= \mathrm{Cov}(X_1, Z) = \mathrm{Cov}(\alpha_1 Z + \sqrt{1 - \alpha_1^2}\,\varepsilon_1, Z) \\
&= \alpha_1 \mathrm{Cov}(Z, Z) + \sqrt{1 - \alpha_1^2}\,\mathrm{Cov}(\varepsilon_1, Z) = \alpha_1, \\
\rho(X_1, X_2) &= \mathrm{Cov}(X_1, X_2) = \mathrm{Cov}(\alpha_1 Z + \sqrt{1 - \alpha_1^2}\,\varepsilon_1, \alpha_2 Z + \sqrt{1 - \alpha_2^2}\,\varepsilon_2) \\
&= \alpha_1 \alpha_2 \mathrm{Cov}(Z, Z) + \alpha_1 \sqrt{1 - \alpha_2^2}\,\mathrm{Cov}(Z, \varepsilon_2) + \alpha_2 \sqrt{1 - \alpha_1^2}\,\mathrm{Cov}(\varepsilon_1, Z) \\
&\quad + \sqrt{1 - \alpha_1^2} \cdot \sqrt{1 - \alpha_2^2}\,\mathrm{Cov}(\varepsilon_1, \varepsilon_2) = \alpha_1 \alpha_2.
\end{aligned}$$

演習 3.8 k 種類目の景品が集まるまでの購入回数を Y_k とおき，$X_1, X_2, \ldots, X_n$ を

$$X_1 := Y_1 - 1 = 0, \qquad X_k := Y_k - Y_{k-1} - 1 \quad (2 \leq k \leq n)$$

と定める．なお $Y_k - Y_{k-1}$ は，「$k - 1$ 種類目の景品を集めた後にはじめて k 種類目の景品を集めるまでの購入回数」である．このとき，Y_n は

$$Y_n = (X_1 + 1) + (X_2 + 1) + \cdots + (X_n + 1)$$

と表せて，$X_1 + 1, X_2 + 1, \ldots, X_n + 1$ は独立であり，各 X_k $(2 \leq k \leq n)$ の分布は

$$X_k \sim Ge(p_k) \qquad \left(p_k = \frac{n - k + 1}{n}\right)$$

である．したがって，系 3.2.1 と公式 (2.36) より，$E(Y_n)$ は

$$\begin{aligned}
E(Y_n) &= E(X_1 + 1) + E(X_2 + 1) + \cdots + E(X_n + 1) = 1 + \frac{1}{p_2} + \cdots + \frac{1}{p_n} \\
&= 1 + \frac{n}{n - 1} + \frac{n}{n - 2} + \cdots + \frac{n}{1} = n \cdot \left(\frac{1}{1} + \frac{1}{2} + \cdots + \frac{1}{n}\right)
\end{aligned}$$

と計算できる．一方で，系 3.2.3，定理 2.3.3 と公式 (2.36) より，$V(Y_n)$ は

$$\begin{aligned}
V(Y_n) &= V(X_1 + 1) + V(X_2 + 1) + \cdots + V(X_n + 1) \\
&= V(X_1) + V(X_2) + \cdots + V(X_n) = 0 + \frac{1 - p_2}{p_2^2} + \cdots + \frac{1 - p_n}{p_n^2} \\
&= n \cdot \left(\frac{1}{(n - 1)^2} + \frac{2}{(n - 2)^2} + \cdots + \frac{n - 1}{1^2}\right)
\end{aligned}$$

と計算できる．

演習 3.9 $X + Y$ が二項分布 $B(N, p)$ に従うとする．まず，X, Y の独立性と定理 3.1.1 より，関係式

$$P(X + Y = l) = \sum_{k = -\infty}^{\infty} P(X = k)P(Y = l - k) \quad (l = 0, \pm 1, \pm 2, \ldots) \tag{B.13}$$

が成り立つ. 次に, $0 < p_1, p_2 < 1$ より, 整数 k に対して, 関係式

$$P(X = k) > 0 \quad (0 \le k \le n), \quad P(X = k) = 0 \quad (k \le -1 \text{ or } k \ge n + 1), \tag{B.14}$$
$$P(Y = k) > 0 \quad (0 \le k \le m), \quad P(Y = k) = 0 \quad (k \le -1 \text{ or } k \ge m + 1) \tag{B.15}$$

が成り立つ. したがって, (B.13), (B.14) と (B.15) より, 整数 l に対して次の関係式

$$P(X + Y = l) > 0 \quad (l = 0, 1, \ldots, n + m),$$
$$P(X + Y = l) = 0 \quad (l \le -1 \text{ または } l \ge n + m + 1)$$

が成り立つ. よって, $X + Y$ が取り得る値は $0, 1, \ldots, n + m$ であり, $N = n + m$ である. 次に, $E(X + Y) = E(X) + E(Y)$ より, 関係式 $Np = np_1 + mp_2$ が成り立つ. 一方で, X, Y の独立性より, $V(X + Y) = V(X) + V(Y)$ であるため, 関係式 $Np(1 - p) = np_1(1 - p_1) + mp_2(1 - p_2)$ が成り立つ. この 2 つの関係式より, $Np^2 = np_1^2 + mp_2^2$ もわかる. N^2p^2 を 2 通りの方法で表すことで, $(np_1 + mp_2)^2 = n^2p_1^2 + nm(p_1^2 + p_2^2) + m^2p_2^2$ が成り立つ. したがって, $2p_1p_2 = p_1^2 + p_2^2$ が成り立つため, $(p_1 - p_2)^2 = 0$ であり, $p_1 = p_2$ が得られる.

演習 3.10　$r = 1$ のとき, (3.51) の右辺は幾何分布 $Ge(p)$ の確率関数と一致するため, $Y_1 = X_1$ は関係式 (3.51) をみたす. ある自然数 $r \ge 1$ に対し, Y_r が関係式 (3.51) をみたすと仮定する. ここで, 補題 A.6.2 より, $Y_r = X_1 + X_2 + \cdots + X_r$ と X_{r+1} は独立である. よって, 定理 3.1.1 より, $Y_{r+1} = Y_r + X_{r+1}$ の分布は

$$P(Y_{r+1} = k) = P(Y_r + X_{r+1} = k) = \sum_{j=0}^{k} P(Y_r = j) P(X_{r+1} = k - j)$$

$$= \left(\sum_{j=0}^{k} {}_{r+j-1}\mathrm{C}_j \right) p^{r+1}(1 - p)^k = {}_{r+k}\mathrm{C}_k \, p^{r+1}(1 - p)^k \quad (k = 0, 1, 2, \ldots)$$

で与えられ, Y_{r+1} も関係式 (3.51) をみたすことがわかる. なお, 上記の式変形では関係式 $\sum_{j=0}^{k} {}_{r+j-1}\mathrm{C}_j = {}_{r+k}\mathrm{C}_k$ が成り立つことを用いたが, この関係式は r を固定して k に関する数学的帰納法を用いることで証明できる (その際に公式 (A.10) を用いる). 系 3.2.1 と (2.36) より, Y_r の期待値は次のとおりである.

$$E(Y_r) = E(X_1) + E(X_2) + \cdots + E(X_r) = \frac{r(1 - p)}{p}.$$

また, 系 3.2.3 と (2.36) より, Y_r の分散は次のとおりである.

$$V(Y_r) = V(X_1) + V(X_2) + \cdots + V(X_r) = \frac{r(1 - p)}{p^2}.$$

● 第 4 章

演習 4.1　(1) 中央値 63 cm, 平均値 62.8 cm.　(2) 誤 63 cm, 正 64 cm.

演習 4.2　(1) 7.　(2) 10 個の値の 2 乗の平均値を a とすると, $a - 4^2 = 14$ である. 残りの 15 個の値の 2 乗の平均値を b とすると, $b - 9^2 = 19$ である. 25 個の値の 2 乗の和は $a \times 10 + b \times 15$ であるため, 25 個の値の分散は 23 である.

演習 4.3　回帰直線 (4.10) と x 軸のなす角を α とし, 回帰直線 (4.11) と x 軸のなす角を β とする $(0 \le \alpha, \beta < \pi)$. このとき, $\tan \alpha = r_{xy} s_y / s_x$ かつ $\tan \beta = s_y / (r_{xy} s_x)$ が成り立つ. よって, α と β は同時に鋭角になるか, 同時に鈍角になる. したがって, $\theta = |\alpha - \beta|$

が成り立つ. このことと, tan に対する加法定理より,

$$\tan\theta = \frac{|\tan\alpha - \tan\beta|}{1 + \tan\alpha\tan\beta} = \frac{|r_{xy}s_y/s_x - s_y/(r_{xy}s_x)|}{1 + (s_x^2/s_y^2)} = \left| r_{xy} - \frac{1}{r_{xy}} \right| \frac{s_x s_y}{s_x^2 + s_y^2}.$$

● 第 5 章

問 5.2.1 0.3993.

演習 5.1 「1 枚の硬貨を n 回続けて投げるときの表の出る回数」を S_n とし, $n = 10000$ とおく. S_n は二項分布 $B(n, 1/2)$ に従うため, $E(S_n) = 5000$, $V(S_n) = 2500$ である. したがって, 中心極限定理より, 求める確率は次のように近似計算できる.

$$P(4900 \le S_n \le 5100) = P\left(-2 \le \frac{S_n - E(S_n)}{\sqrt{V(S_n)}} \le 2 \right)$$
$$\approx \int_{-2}^{2} \frac{1}{\sqrt{2\pi}} e^{-\frac{t^2}{2}} dt = 2 \int_{0}^{2} \frac{1}{\sqrt{2\pi}} e^{-\frac{t^2}{2}} dt \approx 0.9544.$$

演習 5.2 $q = 1 - p$ とおく. n は十分大きいとし, 中心極限定理を用いると

$$P(|S_n/n - p| \le \varepsilon) = P\left(\left| \frac{S_n - np}{\sqrt{npq}} \right| \le \varepsilon\sqrt{\frac{n}{pq}} \right)$$
$$\approx \int_{-\varepsilon\sqrt{n/(pq)}}^{\varepsilon\sqrt{n/(pq)}} \frac{1}{\sqrt{2\pi}} e^{-\frac{t^2}{2}} dt = 2 \int_{0}^{\varepsilon\sqrt{n/(pq)}} \frac{1}{\sqrt{2\pi}} e^{-\frac{t^2}{2}} dt \tag{B.16}$$

と近似計算できる. (B.16) の右辺が 0.95 以上であることと, $\varepsilon\sqrt{n/(pq)} \ge 1.96$ をみたすことは同値である. よって, $n \approx (1.96)^2 pq/\varepsilon^2$ 程度の大きさ以上であればよい.

演習 5.3 k 回目に 1 の目が出れば $X_k = 1$ とおき, k 回目に 1 以外の目が出れば $X_k = 0$ とおく. このとき, $X_1, X_2, \ldots, X_n$ は独立で, 各 X_k は $Be(1/6)$ に従い, $S_n = X_1 + X_2 + \cdots + X_n$ と表せる. ここで, 中心極限定理より, S_n の標準化 Z_n の分布は $N(0,1)$ で近似できる.

$$Z_n := \frac{S_n - \frac{n}{6}}{\sqrt{n \cdot \frac{1}{6} \cdot \frac{5}{6}}} = \frac{S_n - \frac{n}{6}}{\frac{\sqrt{5n}}{6}} \sim N(0,1).$$

(1) $n = 2000$ の場合, $|S_n/n - 1/6| \le 1/60$ と $|Z_n| \le 2.0$ は同値である. よって, 求める確率は $P(|Z_n| \le 2.0) = 0.9544$. (2) $|S_n/n - 1/6| \le 0.03$ と $|Z_n| \le \frac{9n}{50\sqrt{5n}}$ は同値である. このことと, $P(|Z_n| \le 1.96) = 0.95$ より, $\frac{9n}{50\sqrt{5n}} \ge 1.96$ を解くことで, $n \ge 593$ がわかる.

演習 5.4 $\overline{X}_n = (X_1 + X_2 + \cdots + X_n)/n$ とおくと, 例 3.2.7 より, $\overline{X}_n \sim N(0, 1/n)$ である. したがって, 次式が成り立つ.

$$\alpha_n = P\left(a \le \overline{X}_n \le b \right) = \sqrt{\frac{n}{2\pi}} \int_a^b e^{-nx^2/2} dx = \frac{1}{\sqrt{2\pi}} \int_{a\sqrt{n}}^{b\sqrt{n}} e^{-t^2/2} dt.$$

$0 < a < b$ の場合, $\lim_{n\to\infty} a\sqrt{n} = \lim_{n\to\infty} b\sqrt{n} = \infty$ より, $\lim_{n\to\infty} \alpha_n = 0$ である. $a < 0 < b$ の場合, $\lim_{n\to\infty} a\sqrt{n} = -\infty$ かつ $\lim_{n\to\infty} b\sqrt{n} = \infty$ より, $\lim_{n\to\infty} \alpha_n = 1$ である. $a = 0 < b$ の場合, $\lim_{n\to\infty} a\sqrt{n} = 0$ かつ $\lim_{n\to\infty} b\sqrt{n} = \infty$ より, $\lim_{n\to\infty} \alpha_n$

$= 1/2$ である．その他に $a < b < 0$ の場合，$\lim_{n \to \infty} a\sqrt{n} = \lim_{n \to \infty} b\sqrt{n} = -\infty$ より，$\lim_{n \to \infty} \alpha_n = 0$ である．$a < b = 0$ の場合，$\lim_{n \to \infty} a\sqrt{n} = -\infty$ かつ $\lim_{n \to \infty} b\sqrt{n} = 0$ より，$\lim_{n \to \infty} \alpha_n = 1/2$ である．

演習 5.5　まず，$E(X_k^2) = \sigma^2 + \mu^2$ が成り立つ．次に，問 2.3.6 より，$E(e^{X_k}) = e^{\mu + \frac{\sigma^2}{2}}$ と次式が成り立つ．

$$V(e^{X_k}) = E(e^{2X_k}) - (E(e^{X_k}))^2 = e^{2\mu + 2\sigma^2} - e^{2\mu + \sigma^2} = e^{2\mu + \sigma^2}(e^{\sigma^2} - 1).$$

(1)　補題 3.1.1 と大数の強法則より，次式が成り立つ．

$$P\left(\lim_{n \to \infty} \frac{1}{n} \sum_{k=1}^{n} X_k^2 = \sigma^2 + \mu^2\right) = 1, \quad P\left(\lim_{n \to \infty} \frac{1}{n} \sum_{k=1}^{n} e^{X_k} = e^{\mu + \frac{\sigma^2}{2}}\right) = 1.$$

例題 5.1.2 と同様に議論することで，関係式

$$P\left(\lim_{n \to \infty} \frac{X_1^2 + \cdots + X_n^2}{e^{X_1} + \cdots + e^{X_n}} = \frac{\sigma^2 + \mu^2}{e^{\mu + \frac{\sigma^2}{2}}}\right) = 1$$

が成り立つため，$m = (\sigma^2 + \mu^2)e^{-\mu - \frac{\sigma^2}{2}}$ である．

(2)　補題 3.1.1 と系 3.2.3 と補題 A.6.1 より，$V(e^{X_1} + \cdots + e^{X_n}) = nV(e^{X_1})$ が成り立つ．したがって，中心極限定理より，次式

$$\lim_{n \to \infty} P\left(a \le \frac{e^{X_1} + \cdots + e^{X_n} - nE(e^{X_1})}{\sqrt{nV(e^{X_1})}} \le b\right) = \int_a^b \frac{1}{\sqrt{2\pi}} e^{-\frac{t^2}{2}} dt$$

が成り立つ．よって，c_n, d_n は次のように定めればよい．

$$c_n = nE(e^{X_1}) = ne^{\mu + \frac{\sigma^2}{2}}, \quad d_n = \sqrt{nV(e^{X_1})} = e^{\mu + \frac{\sigma^2}{2}} \sqrt{n(e^{\sigma^2} - 1)}.$$

演習 5.6　確率変数 X_k を次のように定義する．

$$X_k = \begin{cases} 1 & (k \text{ 回目に表}) \\ 0 & (k \text{ 回目に裏}). \end{cases}$$

このとき，$X_1, X_2, \ldots, X_n$ は独立であり，各 X_k はベルヌーイ分布 $Be(p)$ に従い，

$$H_n = \sum_{k=1}^{n} X_k, \quad T_n = \sum_{k=1}^{n} (1 - X_k) = n - \sum_{k=1}^{n} X_k = n - H_n$$

が成り立つ．よって，$E(X_k) = p$ と大数の強法則より，次式が成り立つ．

$$1 = P\left(\lim_{n \to \infty} H_n/n = p\right), \quad 1 = P\left(\lim_{n \to \infty} T_n/n = q\right). \tag{B.17}$$

(1)　$p > 0$ より $\{\lim_{n \to \infty} H_n/n = p\} \subset \{\lim_{n \to \infty} H_n = \infty\}$ がわかるため，

$$1 = P\left(\lim_{n \to \infty} H_n/n = p\right) \le P\left(\lim_{n \to \infty} H_n = \infty\right) (\le 1).$$

また $q > 0$ より $\{\lim_{n \to \infty} T_n/n = q\} \subset \{\lim_{n \to \infty} T_n = \infty\}$ がわかるため，

$$1 = P\left(\lim_{n \to \infty} T_n/n = q\right) \le P\left(\lim_{n \to \infty} T_n = \infty\right) (\le 1).$$

(2)　$\lim_{n \to \infty} H_n/n = p$ かつ $\lim_{n \to \infty} T_n/n = q$ であれば $\lim_{n \to \infty} H_n/T_n = p/q$ であるため，次の事象の包含関係

$$\left\{ \lim_{n \to \infty} H_n/n = p \right\} \cap \left\{ \lim_{n \to \infty} T_n/n = q \right\} \subset \left\{ \lim_{n \to \infty} H_n/T_n = p/q \right\}$$

が成り立つ. このことと (B.17) および系 1.2.1 より, 次の不等式

$$1 = P\left(\left\{ \lim_{n \to \infty} H_n/n = p \right\} \cap \left\{ \lim_{n \to \infty} T_n/n = q \right\} \right) \leq P\left(\lim_{n \to \infty} H_n/T_n = p/q \right)$$

を得るため, $\mu = p/q$ である.

(3)　$H_n - T_n = 2H_n - n$ かつ $p - q = 2p - 1$ であるため, 次の関係式

$$\left\{ p - q - \varepsilon \leq \frac{H_n - T_n}{n} \leq p - q + \varepsilon \right\} = \left\{ \left| \frac{H_n}{n} - p \right| \leq \frac{\varepsilon}{2} \right\}$$

が成り立つ. したがって, 大数の弱法則より, 次が成り立つ.

$$P\left(p - q - \varepsilon \leq \frac{H_n - T_n}{n} \leq p - q + \varepsilon \right) = P\left(\left| \frac{H_n}{n} - p \right| \leq \frac{\varepsilon}{2} \right) \to 1 \quad (n \to \infty).$$

● 第 6 章

問 6.2.1　系 3.2.5 より, $X_1 + 2X_2 \sim N(3\mu, 5\sigma^2)$ がわかる. したがって, $E((X_1 + 2X_2 - 3\mu)^2) = 5\sigma^2$ がわかり, $c_1 = 1/5$ である. 次に, 系 3.2.5 より, $X_1 + X_2 - 2X_3 \sim N(0, 6\sigma^2)$ がわかり, $c_2 = 1/6$ である.

問 6.2.2　$x_1, x_2, \ldots, x_n$ を $X_1, X_2, \ldots, X_n$ の実現値とすると, これらの値は 0 以上の整数であり, 尤度関数 $L(p)$ と対数尤度関数 $l(p) = \log L(p)$ および $l(p)$ の微分は,

$$L(p) = \prod_{k=1}^{n} P(X_k = x_k) = \prod_{k=1}^{n} p(1-p)^{x_k} = p^n (1-p)^{\sum_{k=1}^{n} x_k},$$

$$l(p) = n \log p + \left(\sum_{k=1}^{n} x_k \right) \log(1-p),$$

$$\frac{d}{dp} l(p) = \frac{n}{p} - \frac{1}{1-p} \sum_{k=1}^{n} x_k = \frac{n}{p(1-p)} \left\{ 1 - \left(1 + \frac{1}{n} \sum_{k=1}^{n} x_k \right) p \right\}$$

と計算できる. よって, 最尤推定値 $\widehat{p}_n$ と最尤推定量 $\overline{p}_n$ は次式で与えられる.

$$\widehat{p}_n = \frac{1}{1 + \frac{1}{n} \sum_{k=1}^{n} x_k}, \quad \overline{p}_n = \frac{1}{1 + \overline{X}_n}.$$

問 6.2.3　$x_1, x_2, \ldots, x_n$ を $X_1, X_2, \ldots, X_n$ の実現値とすると, これらの値は 0 以上かつ m 以下の整数であり, $P(X_k = x_k) = {}_m\mathrm{C}_{x_k} p^{x_k} (1-p)^{m-x_k}$ である. このとき, 尤度関数 $L(p)$ と対数尤度関数 $l(p) = \log L(p)$ は次のように計算できる.

$$L(p) = \prod_{k=1}^{n} P(X_k = x_k) = \prod_{k=1}^{n} {}_m\mathrm{C}_{x_k} p^{x_k} (1-p)^{m-x_k},$$

$$l(p) = \sum_{k=1}^{n} \left\{ \log {}_m\mathrm{C}_{x_k} + x_k \log p + (m - x_k) \log(1-p) \right\}.$$

次に, $l(p)$ の微分について, 次式が成り立つ.

$$\frac{d}{dp} l(p) = \frac{1}{p(1-p)} \left\{ \sum_{k=1}^{n} x_k - nmp \right\}.$$

よって，最尤推定値 $\widehat{p}_n$ と最尤推定量 $\overline{p}_n$ は次式で与えられる．

$$\widehat{p}_n = \frac{1}{mn}\sum_{k=1}^{n} x_k, \quad \overline{p}_n = \frac{1}{mn}\sum_{k=1}^{n} X_k = \frac{1}{m}\overline{X}_n.$$

問 6.2.4　例題 6.2.3 と同様に考え，対数尤度関数 $l(\sigma^2)$ と σ^2 の最尤推定量 $\overline{(\sigma^2)}_n$ は次のように計算できる．

$$l(\sigma^2) = -\frac{n}{2}\log(2\pi\sigma^2) - \frac{1}{2\sigma^2}\sum_{k=1}^{n}(x_k - 3)^2, \quad \overline{(\sigma^2)}_n = \frac{1}{n}\sum_{k=1}^{n}(X_k - 3)^2.$$

問 6.2.5　$x_1, x_2, \ldots, x_n$ を $X_1, X_2, \ldots, X_n$ の実現値とすると，これらの値は 0 以上かつ θ 以下の実数であり，尤度関数は $L(\theta) = 1/\theta^n$ と計算できる．ここで，任意の x_k に対して $x_k \leq \theta$ をみたすため，θ の取り得る範囲は $[\max\{x_1, x_2, \ldots, x_n\}, \infty)$ である．したがって，$L(\theta)$ を最大にする θ は $\widehat{\theta}_n = \max\{x_1, x_2, \ldots, x_n\}$ であり，最尤推定量は $\overline{\theta}_n = \max\{X_1, X_2, \ldots, X_n\}$ である．

問 6.3.1　母分散 σ^2 が未知なので，系 6.3.1 の（(6.36) ではなく）(6.37) を利用して母平均 μ の 95% 信頼区間を求めると，$t_{0.025}^{(19)} = 2.093$ より

$$\left[100 - \frac{10}{\sqrt{20}}\,t_{0.025}^{(19)}, \; 100 + \frac{10}{\sqrt{20}}\,t_{0.025}^{(19)}\right] = [95.32, \; 104.68].$$

問 6.3.2　$2 \times 1.96\sqrt{(0.6 \times 0.4)/n} \leq 0.04$ を解くと，2305 人以上抽出すればよいことがわかる．

演習 6.1　一般に，確率変数 Y が $N(\mu, \sigma^2)$ に従うとき，期待値 $E(|Y - \mu|)$ を積分で表示したときに現れる被積分関数が「$x = \mu$ に関して左右対称」であるため，次の公式

$$\begin{aligned}
E(|Y - \mu|) &= \frac{2}{\sqrt{2\pi\sigma^2}}\int_{\mu}^{\infty}(x - \mu)e^{-\frac{(x-\mu)^2}{2\sigma^2}}\,dx \\
&= \frac{2}{\sqrt{2\pi\sigma^2}}\int_{\mu}^{\infty}(-\sigma^2)\frac{d}{dx}\left\{e^{-\frac{(x-\mu)^2}{2\sigma^2}}\right\}dx = \frac{2\sigma}{\sqrt{2\pi}}
\end{aligned} \tag{B.18}$$

が成り立つ．公式 (B.18) と系 3.2.1，および補題 A.6.1 より，次式

$$E(S_1) = \sqrt{\frac{\pi}{2}} \cdot \frac{1}{n}\sum_{k=1}^{n} E(|X_k - \mu|) = \sqrt{\frac{\pi}{2}} \cdot E(|X_1 - \mu|) = \sqrt{\frac{\pi}{2}} \cdot \frac{2\sigma}{\sqrt{2\pi}} = \sigma$$

が成り立つ．次に，各 k に対して次の確率変数

$$X_k - \overline{X}_n = \left(-\frac{1}{n}\right)X_1 + \cdots + \left(\frac{n-1}{n}\right)X_k + \cdots + \left(-\frac{1}{n}\right)X_n$$

を考える．このとき，系 3.2.5 より，$X_k - \overline{X}_n$ は正規分布 $N\left(0, \frac{n-1}{n}\sigma^2\right)$ に従う．よって，公式 (B.18) より，$E(|X_k - \overline{X}_n|) = \frac{2}{\sqrt{2\pi}}\sqrt{\frac{n-1}{n}}\,\sigma$ が成り立つ．このことと系 3.2.1 と補題 A.6.1 より，次式が成り立つ．

$$E(S_2) = \sqrt{\frac{\pi}{2n(n-1)}}\,nE(|X_1 - \overline{X}_n|) = \sigma.$$

演習 6.2　$E((X_i - \overline{X}_n)(X_j - \overline{X}_n)) = E(X_iX_j) - E(X_i\overline{X}_n) - E(X_j\overline{X}_n) + E(\overline{X}_n^2)$ と展開し，$i \neq j$ として右辺の各項を計算すると次が成り立つ．

$$E(X_i X_j) = E(X_i) E(X_j) = \mu^2, \quad E(\overline{X}_n^2) = V(\overline{X}_n) + (E(\overline{X}_n))^2 = \frac{\sigma^2}{n} + \mu^2,$$

$$E(X_i \overline{X}_n) = \frac{1}{n} \left(E(X_i^2) + \sum_{k \neq i} E(X_i) E(X_k) \right) = \frac{\sigma^2}{n} + \mu^2.$$

よって，$E((X_i - \overline{X}_n)(X_j - \overline{X}_n)) = -\sigma^2/n$ であり，$E(T_n) = \sigma^2$ が成り立つ.

演習 6.3　母平均 μ の信頼度 95% の信頼区間は

$$\left[2000 - t_{0.025}^{(19)} \frac{122}{\sqrt{20}}, \ 2000 + t_{0.025}^{(19)} \frac{122}{\sqrt{20}} \right] = [1942.903, \ 2057.097].$$

母標準偏差 σ の信頼度 95% の信頼区間は

$$\left[122 \sqrt{\frac{19}{c_{0.025}^{(19)}}}, \ 122 \sqrt{\frac{19}{c_{0.975}^{(19)}}} \right] = [92.783, \ 178.185].$$

演習 6.4　$x_1, x_2, \ldots, x_n$ を $X_1, X_2, \ldots, X_n$ の実現値とすると，これらの値は 0 以上かつ 1 以下の実数であり，対数尤度関数 $l(\theta)$ の微分は次のように計算できる.

$$\frac{d}{d\theta} l(\theta) = \frac{d}{d\theta} \left(n \log \theta + (\theta - 1) \sum_{k=1}^{n} \log x_k \right) = \frac{n}{\theta} + \sum_{k=1}^{n} \log x_k.$$

よって，最尤推定値 $\widehat{\theta}_n$ と最尤推定量 $\overline{\theta}_n$ は次式で与えられる.

$$\widehat{\theta}_n = -\frac{n}{\sum_{k=1}^{n} \log x_k}, \quad \overline{\theta}_n = -\frac{n}{\sum_{k=1}^{n} \log X_k}.$$

演習 6.5　例 2.3.7 より，$E(X_k) = \theta/2$ と $V(X_k) = \theta^2/12$ が成り立つ. $X_1, X_2, \ldots, X_n$ の独立性より，$0 \leq x \leq \theta$ に対して，次式

$$P(M_n \leq x) = P(X_1 \leq x, X_2 \leq x, \ldots, X_n \leq x)$$
$$= P(X_1 \leq x) P(X_2 \leq x) \cdots P(X_n \leq x) = \left(\frac{x}{\theta} \right)^n = \frac{x^n}{\theta^n}$$

が成り立つ. また，$x < 0$ に対して $P(M_n \leq x) = 0$ が成り立ち，$x > \theta$ に対して $P(M_n \leq x) = 1$ が成り立つ. したがって，M_n の密度関数は $f_n(x)$ であり，次式

$$E(M_n) = \int_{-\infty}^{\infty} x f_n(x) \, dx = \int_0^{\theta} n \frac{x^n}{\theta^n} \, dx = \frac{n}{n+1} \theta$$

が成り立つ. このことと，$S_n = c_1 M_n$ が θ の不偏推定量であることから，$c_1 = (n+1)/n$ が得られる. 一方で，$E(X_k) = \theta/2$ より，$E(\overline{X}_n) = \theta/2$ である. このことと，$T_n = c_2 \overline{X}_n$ が θ の不偏推定量であることから，$c_2 = 2$ が得られる. 次に，$E(M_n^2), V(M_n)$ および $V(S_n)$ は以下のように計算できる.

$$E(M_n^2) = \int_{-\infty}^{\infty} x^2 f_n(x) \, dx = \int_0^{\theta} n \frac{x^{n+1}}{\theta^n} \, dx = \frac{n}{n+2} \theta^2,$$

$$V(M_n) = E(M_n^2) - (E(M_n))^2 = \frac{n}{(n+2)(n+1)^2} \theta^2,$$

$$V(S_n) = V\left(\frac{n+1}{n} M_n \right) = \left(\frac{n+1}{n} \right)^2 V(M_n) = \frac{1}{n(n+2)} \theta^2.$$

一方で，$X_1, X_2, \ldots, X_n$ は独立であるため，注意 3.2.3 と $V(X_k) = \theta^2/12$ より，

$$V(T_n) = V(2\overline{X}_n) = V\left(\frac{2}{n}(X_1 + X_2 + \cdots + X_n)\right)$$

$$= \left(\frac{2}{n}\right)^2 V(X_1) + \left(\frac{2}{n}\right)^2 V(X_2) + \cdots + \left(\frac{2}{n}\right)^2 V(X_n) = \frac{1}{3n}\theta^2$$

が成り立つ. よって, $V(T_n) \geq V(S_n)$ であるため, S_n は T_n より有効である.

演習 6.6　例 2.3.8 より, $E(X_k) = 1/\lambda$ と $V(X_k) = 1/\lambda^2$ が成り立つ. したがって, $E(X_k) = 1/\lambda$ より, $E(\overline{X}_n) = 1/\lambda$ が成り立つ. このことと, $E(T_n) = 1/\lambda$ より, $c_2 = 1$ である. 次に, $m_n = \min\{X_1, X_2, \ldots, X_n\}$ とおくと, $X_1, X_2, \ldots, X_n$ の独立性より, $x > 0$ に対して $P(m_n > x)$ は

$$P(m_n > x) = P(X_1 > x, X_2 > x, \ldots, X_n > x)$$
$$= P(X_1 > x)P(X_2 > x)\cdots P(X_n > x) = (e^{-\lambda x})^n = e^{-n\lambda x}$$

と計算できる. よって, $x > 0$ に対して $P(m_n \leq x)$ の微分は

$$\frac{d}{dx}P(m_n \leq x) = \frac{d}{dx}\{1 - P(m_n > x)\} = -\frac{d}{dx}P(m_n > x) = n\lambda e^{-n\lambda x}$$

と計算できる. したがって, m_n の密度関数は

$$f_n(x) = \begin{cases} n\lambda e^{-n\lambda x} & (x > 0) \\ 0 & (x \leq 0) \end{cases}$$

である. よって, $m_n = \min\{X_1, X_2, \ldots, X_n\}$ は指数分布 $\mathrm{Exp}(n\lambda)$ に従い, $E(m_n) = 1/(n\lambda)$ が成り立つ. このことと, $E(S_n) = 1/\lambda$ より, $c_1 = n$ である. 次に, S_n の分散は次のように計算できる.

$$V(S_n) = V(nm_n) = n^2 V(m_n) = n^2 \frac{1}{(n\lambda)^2} = \frac{1}{\lambda^2}.$$

一方で, $X_1, X_2, \ldots, X_n$ は独立であるため, 注意 3.2.3 と $V(X_k) = 1/\lambda^2$ より, 次式

$$V(T_n) = V(\overline{X}_n) = V\left(\frac{1}{n}(X_1 + X_2 + \cdots + X_n)\right)$$

$$= \left(\frac{1}{n}\right)^2 V(X_1) + \left(\frac{1}{n}\right)^2 V(X_2) + \cdots + \left(\frac{1}{n}\right)^2 V(X_n) = \frac{1}{n\lambda^2}$$

が成り立つ. よって, $V(T_n) \leq V(S_n)$ であるため, T_n は S_n より有効である.

● 第 7 章

演習 7.1　真の「男児の出生比率」を p とおき, 定説に基づく「男児の出生比率」を $p_0 = 0.51$ とおく. 帰無仮説 H_0 と対立仮説 H_1 は次で与える.

$$H_0: p = p_0, \quad H_1: p \neq p_0.$$

$X_1, X_2, \ldots, X_{10508}$ は $Be(p)$ 母集団からの大きさ 10508 の無作為標本とし, 標本比率 $\overline{p}_{10508} = \overline{X}_{10508}$ を考える. また, 以下では検定統計量

$$T_{10508} = \frac{\sqrt{10508}\,(\overline{p}_{10508} - p_0)}{\sqrt{p_0(1 - p_0)}}$$

を考える. このとき, (7.60) と表 C.2 より, 棄却域 W は

$$W = (-\infty, -z_{0.025}] \cup [z_{0.025}, \infty) = (-\infty, -1.96] \cup [1.96, \infty)$$

である．ここで，調査結果に基づき，検定統計量 T_{10508} の実現値を計算すると，

$$t_{10508} = \frac{\sqrt{10508}\,(5383/10508 - 0.51)}{\sqrt{0.51(1 - 0.51)}} = 0.467$$

がわかる．この実現値 t_{10508} は棄却域 W に含まれないため，有意水準 5% で帰無仮説 H_0 を受容する．つまり，調査結果に基づきこの定説が誤りであるとは判断できない．

演習 7.2　検定統計量 $T_n = \sqrt{n}\,\overline{X}_n/2$ の棄却域 W は，(7.19) より，$W = [z_{0.05}, \infty) = [1.645, \infty)$ である．よって，検出力関数 $1 - \beta(\mu)$ ($\mu > 0$) は

$$1 - \beta(\mu) = P(T_n \in W | \mu) = P\left(\frac{\sqrt{n}\,(\overline{X}_n - \mu)}{2} + \frac{\sqrt{n}\,\mu}{2} \in W \,\middle|\, \mu\right)$$

$$= P\left(\frac{\sqrt{n}\,(\overline{X}_n - \mu)}{2} \geq 1.645 - \frac{\sqrt{n}\,\mu}{2} \,\middle|\, \mu\right) = \int_{1.645 - \frac{\sqrt{n}\,\mu}{2}}^{\infty} \frac{1}{\sqrt{2\pi}}\, e^{-\frac{z^2}{2}}\, dz \quad \text{(B.19)}$$

と計算できる．ここで，表 C.2 と $N(0,1)$ の密度関数の「原点に関する左右対称性」より，

$$\int_{1.282}^{\infty} \frac{1}{\sqrt{2\pi}}\, e^{-\frac{z^2}{2}}\, dz \approx 0.100 \implies \int_{-1.282}^{\infty} \frac{1}{\sqrt{2\pi}}\, e^{-\frac{z^2}{2}}\, dz \approx 0.900 \quad \text{(B.20)}$$

が成り立つ．したがって，(B.19) と (B.20) より，$1 - \beta(1) \geq 0.9$ をみたすためには次式をみたせばよい．

$$1.645 - \frac{\sqrt{n}}{2} \leq -1.282 \implies n \geq 35.$$

演習 7.3　$p_0 = 1/6$, $p_1 = 5/6$ とおく．X_1, X_2 は $Ge(p)$ 母集団からの大きさ 2 の無作為標本である．なお，例 2.3.5 より，$E(X_k) = (1 - p)/p$ である．よって，母数 p_0 のもとでは $E(X_k) = 5$ が成り立ち，母数 p_1 のもとでは $E(X_k) = 1/5$ が成り立つ．題意より，検定統計量 $T_2 = \min\{X_1, X_2\}$ に対し，棄却域は $W = \{0, 1\}$ である．(P5) と次の関係式

$$\{\omega \in \Omega \mid \min\{X_1(\omega), X_2(\omega)\} \geq 2\}$$
$$= \{\omega \in \Omega \mid X_1(\omega) \geq 2,\ X_2(\omega) \geq 2\}$$
$$= \{\omega \in \Omega \mid X_1(\omega) \geq 2\} \cap \{\omega \in \Omega \mid X_2(\omega) \geq 2\}$$

が成り立つこと，および「X_1, X_2 の独立性」より，α は次のように計算できる．

$$\alpha = P(\min\{X_1, X_2\} \leq 1 | p_0) = 1 - P(\min\{X_1, X_2\} \geq 2 | p_0)$$
$$= 1 - P(\{X_1 \geq 2\} \cap \{X_2 \geq 2\} | p_0)$$
$$= 1 - P(X_1 \geq 2 | p_0) \times P(X_2 \geq 2 | p_0). \quad \text{(B.21)}$$

ここで，母数 p_0 のもとで各 X_k は $Ge(1/6)$ に従うため，(2.11) より，関係式

$$P(X_k \geq 2 | p_0) = \left(1 - \frac{1}{6}\right)^2 = \frac{25}{36} \quad (k = 1, 2)$$

が成り立つ．この関係式と (B.21) より，$\alpha = 671/1296$ である．次に，母数 p_1 のもとで各 X_k は $Ge(5/6)$ に従うため，X_1, X_2 の独立性と (2.11) より，$\beta(p_1)$ は次のように計算できる．

$$\beta(p_1) = P(\min\{X_1, X_2\} \geq 2 | p_1) = P(\{X_1 \geq 2\} \cap \{X_2 \geq 2\} | p_1)$$
$$= P(X_1 \geq 2 | p_1) \times P(X_2 \geq 2 | p_1)$$
$$= \left(1 - \frac{5}{6}\right)^2 \times \left(1 - \frac{5}{6}\right)^2 = \frac{1}{1296}.$$

付録 C

付　　表

C.1　標準正規分布

表 **C.1**　$Z \sim N(0,1), \quad p(u) = P(0 \leq Z \leq u) = \dfrac{1}{\sqrt{2\pi}} \displaystyle\int_0^u e^{-\frac{z^2}{2}}\, dz.$

u	.00	.01	.02	.03	.04	.05	.06	.07	.08	.09
0.0	0.0000	0.0040	0.0080	0.0120	0.0160	0.0199	0.0239	0.0279	0.0319	0.0359
0.1	0.0398	0.0438	0.0478	0.0517	0.0557	0.0596	0.0636	0.0675	0.0714	0.0753
0.2	0.0793	0.0832	0.0871	0.0910	0.0948	0.0987	0.1026	0.1064	0.1103	0.1141
0.3	0.1179	0.1217	0.1255	0.1293	0.1331	0.1368	0.1406	0.1443	0.1480	0.1517
0.4	0.1554	0.1591	0.1628	0.1664	0.1700	0.1736	0.1772	0.1808	0.1844	0.1879
0.5	0.1915	0.1950	0.1985	0.2019	0.2054	0.2088	0.2123	0.2157	0.2190	0.2224
0.6	0.2257	0.2291	0.2324	0.2357	0.2389	0.2422	0.2454	0.2486	0.2517	0.2549
0.7	0.2580	0.2611	0.2642	0.2673	0.2704	0.2734	0.2764	0.2794	0.2823	0.2852
0.8	0.2881	0.2910	0.2939	0.2967	0.2995	0.3023	0.3051	0.3078	0.3106	0.3133
0.9	0.3159	0.3186	0.3212	0.3238	0.3264	0.3289	0.3315	0.3340	0.3365	0.3389
1.0	0.3413	0.3438	0.3461	0.3485	0.3508	0.3531	0.3554	0.3577	0.3599	0.3621
1.1	0.3643	0.3665	0.3686	0.3708	0.3729	0.3749	0.3770	0.3790	0.3810	0.3830
1.2	0.3849	0.3869	0.3888	0.3907	0.3925	0.3944	0.3962	0.3980	0.3997	0.4015
1.3	0.4032	0.4049	0.4066	0.4082	0.4099	0.4115	0.4131	0.4147	0.4162	0.4177
1.4	0.4192	0.4207	0.4222	0.4236	0.4251	0.4265	0.4279	0.4292	0.4306	0.4319
1.5	0.4332	0.4345	0.4357	0.4370	0.4382	0.4394	0.4406	0.4418	0.4429	0.4441
1.6	0.4452	0.4463	0.4474	0.4484	0.4495	0.4505	0.4515	0.4525	0.4535	0.4545
1.7	0.4554	0.4564	0.4573	0.4582	0.4591	0.4599	0.4608	0.4616	0.4625	0.4633
1.8	0.4641	0.4649	0.4656	0.4664	0.4671	0.4678	0.4686	0.4693	0.4699	0.4706
1.9	0.4713	0.4719	0.4726	0.4732	0.4738	0.4744	0.4750	0.4756	0.4761	0.4767
2.0	0.4772	0.4778	0.4783	0.4788	0.4793	0.4798	0.4803	0.4808	0.4812	0.4817
2.1	0.4821	0.4826	0.4830	0.4834	0.4838	0.4842	0.4846	0.4850	0.4854	0.4857
2.2	0.4861	0.4864	0.4868	0.4871	0.4875	0.4878	0.4881	0.4884	0.4887	0.4890
2.3	0.4893	0.4896	0.4898	0.4901	0.4904	0.4906	0.4909	0.4911	0.4913	0.4916
2.4	0.4918	0.4920	0.4922	0.4925	0.4927	0.4929	0.4931	0.4932	0.4934	0.4936
2.5	0.4938	0.4940	0.4941	0.4943	0.4945	0.4946	0.4948	0.4949	0.4951	0.4952
2.6	0.49534	0.49547	0.49560	0.49573	0.49585	0.49598	0.49609	0.49621	0.49632	0.49643
2.7	0.49653	0.49664	0.49674	0.49683	0.49693	0.49702	0.49711	0.49720	0.49728	0.49736
2.8	0.49744	0.49752	0.49760	0.49767	0.49774	0.49781	0.49788	0.49795	0.49801	0.49807
2.9	0.49813	0.49819	0.49825	0.49831	0.49836	0.49841	0.49846	0.49851	0.49856	0.49861
3.0	0.49865	0.49869	0.49874	0.49878	0.49882	0.49886	0.49889	0.49893	0.49897	0.49900

C.2 標準正規分布と t-分布の上側分位点

表 **C.2** $Z \sim N(0,1)$ と α に対して $\alpha = P(Z > x)$ となる x の値.

確率 α					
0.250	0.100	0.050	0.025	0.010	0.005
0.674	1.282	1.645	1.960	2.326	2.576

表 **C.3** $T \sim t(n)$ と α に対して $\alpha = P(T > x)$ となる x の値.

自由度 n	確率 α					
	0.250	0.100	0.050	0.025	0.010	0.005
1	1.000	3.078	6.314	12.706	31.821	63.657
2	0.816	1.886	2.920	4.303	6.965	9.925
3	0.765	1.638	2.353	3.182	4.541	5.841
4	0.741	1.533	2.132	2.776	3.747	4.604
5	0.727	1.476	2.015	2.571	3.365	4.032
6	0.718	1.440	1.943	2.447	3.143	3.707
7	0.711	1.415	1.895	2.365	2.998	3.499
8	0.706	1.397	1.860	2.306	2.896	3.355
9	0.703	1.383	1.833	2.262	2.821	3.250
10	0.700	1.372	1.812	2.228	2.764	3.169
11	0.697	1.363	1.796	2.201	2.718	3.106
12	0.695	1.356	1.782	2.179	2.681	3.055
13	0.694	1.350	1.771	2.160	2.650	3.012
14	0.692	1.345	1.761	2.145	2.624	2.977
15	0.691	1.341	1.753	2.131	2.602	2.947
16	0.690	1.337	1.746	2.120	2.583	2.921
17	0.689	1.333	1.740	2.110	2.567	2.898
18	0.688	1.330	1.734	2.101	2.552	2.878
19	0.688	1.328	1.729	2.093	2.539	2.861
20	0.687	1.325	1.725	2.086	2.528	2.845
21	0.686	1.323	1.721	2.080	2.518	2.831
22	0.686	1.321	1.717	2.074	2.508	2.819
23	0.685	1.319	1.714	2.069	2.500	2.807
24	0.685	1.318	1.711	2.064	2.492	2.797
25	0.684	1.316	1.708	2.060	2.485	2.787

C.3 カイ二乗分布の上側分位点

表 C.4　$\chi_n^2 \sim \chi^2(n)$ と α に対して $\alpha = P(\chi_n^2 > x)$ となる x の値.

自由度 n	確率 α									
	0.995	0.99	0.975	0.95	0.9	0.1	0.05	0.025	0.01	0.005
1	0.000	0.000	0.001	0.004	0.016	2.706	3.841	5.024	6.635	7.879
2	0.010	0.020	0.051	0.103	0.211	4.605	5.991	7.378	9.210	10.60
3	0.072	0.115	0.216	0.352	0.584	6.251	7.815	9.348	11.34	12.84
4	0.207	0.297	0.484	0.711	1.064	7.779	9.488	11.14	13.28	14.86
5	0.412	0.554	0.831	1.145	1.610	9.236	11.07	12.83	15.09	16.75
6	0.676	0.872	1.237	1.635	2.204	10.64	12.59	14.45	16.81	18.55
7	0.989	1.239	1.690	2.167	2.833	12.02	14.07	16.01	18.48	20.28
8	1.344	1.646	2.180	2.733	3.490	13.36	15.51	17.53	20.09	21.95
9	1.735	2.088	2.700	3.325	4.168	14.68	16.92	19.02	21.67	23.59
10	2.156	2.558	3.247	3.940	4.865	15.99	18.31	20.48	23.21	25.19
11	2.603	3.053	3.816	4.575	5.578	17.28	19.68	21.92	24.72	26.76
12	3.074	3.571	4.404	5.226	6.304	18.55	21.03	23.34	26.22	28.30
13	3.565	4.107	5.009	5.892	7.042	19.81	22.36	24.74	27.69	29.82
14	4.075	4.660	5.629	6.571	7.790	21.06	23.68	26.12	29.14	31.32
15	4.601	5.229	6.262	7.261	8.547	22.31	25.00	27.49	30.58	32.80
16	5.142	5.812	6.908	7.962	9.312	23.54	26.30	28.85	32.00	34.27
17	5.697	6.408	7.564	8.672	10.09	24.77	27.59	30.19	33.41	35.72
18	6.265	7.015	8.231	9.390	10.86	25.99	28.87	31.53	34.81	37.16
19	6.844	7.633	8.907	10.12	11.65	27.20	30.14	32.85	36.19	38.58
20	7.434	8.260	9.591	10.85	12.44	28.41	31.41	34.17	37.57	40.00
21	8.034	8.897	10.28	11.59	13.24	29.62	32.67	35.48	38.93	41.40
22	8.643	9.542	10.98	12.34	14.04	30.81	33.92	36.78	40.29	42.80
23	9.260	10.20	11.69	13.09	14.85	32.01	35.17	38.08	41.64	44.18
24	9.886	10.86	12.40	13.85	15.66	33.20	36.42	39.36	42.98	45.56
25	10.52	11.52	13.12	14.61	16.47	34.38	37.65	40.65	44.31	46.93
26	11.16	12.20	13.84	15.38	17.29	35.56	38.89	41.92	45.64	48.29
27	11.81	12.88	14.57	16.15	18.11	36.74	40.11	43.19	46.96	49.64
28	12.46	13.56	15.31	16.93	18.94	37.92	41.34	44.46	48.28	50.99
29	13.12	14.26	16.05	17.71	19.77	39.09	42.56	45.72	49.59	52.34
30	13.79	14.95	16.79	18.49	20.60	40.26	43.77	46.98	50.89	53.67

参 考 文 献

[1] 藤田岳彦, 弱点克服 大学生の確率・統計, 東京図書, 2019.

[2] 藤田岳彦・吉田直広, 大学生 1・2 年生のためのすぐわかる統計学, 東京図書, 2020.

[3] 舟木直久, 確率論, 朝倉書店, 2004.

[4] 原祐子・齊藤公明・内村佳典, 工学系の基礎 確率・統計 15 週, 学術図書出版社, 2017.

[5] 岩沢宏和, リスクを知るための確率・統計入門 理論と解法のテクニック, 東京図書, 2012.

[6] 黒木学, 数理統計学, 共立出版, 2020.

[7] 松井秀俊・小泉和之, 統計モデルと推測, 講談社, 2019.

[8] 前園宜彦, 概説 確率統計 [第 3 版], サイエンス社, 2018.

[9] 日本統計学会 編, 改訂版 日本統計学会公式認定 統計検定 2 級対応 統計学基礎, 東京図書, 2019.

[10] 日本統計学会 編, 日本統計学会公式認定 統計検定 1 級対応 統計学基礎, 東京図書, 2017.

[11] 野本久夫, やさしい確率論, 現代数学社, 1995.

[12] 尾畑伸明, 数理統計学の基礎, 共立出版, 2016.

[13] 清水泰隆, 統計学への確率論, その先へ, 内田老鶴圃, 2019.

[14] 結城浩, 数学ガール/乱択アルゴリズム, SB クリエイティブ株式会社, 2019.

[15] 結城浩, 数学ガールの秘密ノート/確率の冒険, SB クリエイティブ株式会社, 2020.

本書の内容に関連する推薦図書を紹介する.

数理統計学の推薦図書:

・久保川達也, 現代数理統計学の基礎, 共立出版, 2017.

極値統計学の推薦図書:

・西郷達彦・有本彰雄, R による極値統計学, オーム社, 2020.

索　　引

著者略歴

石 谷 謙 介
<small>いし たに けん すけ</small>

2001 年	東京大学理学部数学科卒業
2007 年	東京大学大学院数理科学研究科数理科学専攻博士課程修了
	博士（数理科学）
2008 年	三菱 UFJ トラスト投資工学研究所研究部研究員
	等を経て，
現　在	東京都立大学理学研究科数理科学専攻准教授
	2015 年度日本応用数理学会論文賞受賞

ライブラリ 新数学基礎テキスト＝ **TK5**

ガイダンス 確率統計
──基礎から学び本質の理解へ──

2021 年 12 月 10 日 ©	初 版 発 行
2023 年 4 月 25 日	初版第3刷発行

著　者　石谷謙介	発行者　森平敏孝	
	印刷者　大道成則	

発行所　　**株式会社　サイエンス社**

〒151-0051　東京都渋谷区千駄ヶ谷 1 丁目 3 番 25 号
営業　☎ (03)5474–8500　（代）　振替 00170–7–2387
編集　☎ (03)5474–8600　（代）
FAX　☎ (03)5474–8900

印刷・製本　（株）太洋社
《検印省略》

ISBN978–4–7819–1526–5
PRINTED IN JAPAN

サイエンス社のホームページのご案内
https://www.saiensu.co.jp
ご意見・ご要望は
rikei@saiensu.co.jp　まで．